Excel解析冶金物理化学及应用

袁章福　张　涛　谢珊珊　张艳维　侯新梅　编著

北　京
冶 金 工 业 出 版 社
2018

内 容 提 要

本书是《Excel 解析化学反应工程学》（冶金工业出版社，2016）的姊妹篇。结合冶金化工过程与材料领域的冶金物理化学应用基础研究内容，本书第1~6章分别针对物质状态变化、热力学、相平衡、化学平衡、化学反应速率、电化学等进行了 Excel 的数值方法解析，并对每章对应内容举例详解习题；第7、8章为实际应用研究结果的实例，分别论述了质能转换过程中物理化学计算和冶金过程 CO_2 资源化应用基础的科研成果。

本书适合于冶金工程、材料工程、资源与能源工程、化学工程与技术等相关专业的本科生、研究生和科研人员学习阅读，对于一般工程科学和生物工程技术等方面的科研工作者学习使用 Excel 软件解决问题也具有参考价值。

图书在版编目(CIP)数据

Excel 解析冶金物理化学及应用/袁章福等编著. —北京：冶金工业出版社，2018. 10

ISBN 978-7-5024-7912-1

Ⅰ. ①E…　Ⅱ. ①袁…　Ⅲ. ①表处理软件—应用—冶金—物理化学　Ⅳ. ①TF01-39

中国版本图书馆 CIP 数据核字(2018)第 237601 号

出 版 人　谭学余
地　　址　北京市东城区嵩祝院北巷 39 号　邮编　100009　电话　(010)64027926
网　　址　www. cnmip. com. cn　电子信箱　yjcbs@ cnmip. com. cn
责任编辑　刘小峰　美术编辑　彭子赫　版式设计　孙跃红
责任校对　石　静　责任印制　李玉山
ISBN 978-7-5024-7912-1
冶金工业出版社出版发行；各地新华书店经销；固安华明印业有限公司印刷
2018 年 10 月第 1 版，2018 年 10 月第 1 次印刷
787mm×1092mm　1/16；13. 75 印张；332 千字；211 页
56. 00 元

冶金工业出版社　投稿电话　(010)64027932　投稿信箱　tougao@cnmip. com. cn
冶金工业出版社营销中心　电话　(010)64044283　传真　(010)64027893
冶金书店　地址　北京市东四西大街 46 号(100010)　电话　(010)65289081(兼传真)
冶金工业出版社天猫旗舰店　yjgycbs. tmall. com

前　　言

科学技术研究都要收集记录数据、编辑加工数据、分析统计数据、以适当的形式表达数据，来解释某个科学现象或者论证某一理论。这些科研数据处理过程和工程放大设计均可在 Microsoft Excel 软件中进行。Excel 集文字、数据、图表和图形为一体，对数据做计算、分析和统计。其特点是：操作简单易行、模型简明直观、函数种类繁多、易生成图表，并且备有一系列数据分析工具，故智能程度高、数据处理能力强。Excel 另一特点是通用性强，能与其他数学分析软件相互传递以及能直接输入现代仪器以 ASCII 语言记录的实验数据。本书重点是 Excel 软件在数值分析上的应用，关于 Excel 的介绍，可参考作者于 2016 年出版的《Excel 解析化学反应工程学》。读者可尝试使用书中未介绍的 Excel 指令，也可应用 Excel 强大的数据库管理功能分析、归纳、总结和存放浩瀚的文献资料和数据信息的功能，遇到困难可利用 Excel 的“帮助”菜单。

本书融入了北京科技大学、北京大学工学院和中国科学院大学本科生和研究生部分课程的教学实践，包括冶金熔体界面物理化学、化学反应工程学、清洁生产过程原理、资源化工原理和工业生态学等，同时结合冶金工程和材料领域的相关科研结果积累，展示了应用 Excel 数值处理和解析冶金物理化学的习题实例，期望能够满足相关课程的教学与科研需求。

本书的宗旨是有益于读者从理论基础开始，加深对冶金与材料物理化学及其应用的理解。本书以冶金物理化学等课程教学和科研中遇到的问题为例，着重介绍 Excel 的数值计算、解方程、线性回归和非线性回归等功能的应用。本书在第 1~6 章分别针对物质状态变化、热力学、相平衡、化学平衡、化学反应速率、电化学等进行了 Excel 的数值方法解析，并对每章对应内容举例详解习题；第 7、8 章为实际应用研究结果的实例，分别论述了作者完成的质能转换过程中物理化学计算和冶金过程 CO_2 资源化应用基础的科研成果，这些内容为国家自然科学基金项目或国家“863”高技术研究发展计划课题的部分内容。第 7

章包含转炉渣与 $CO-CO_2-H_2O$ 气体反应行为、加碳量对转炉渣中生成 CO/H_2 的影响、恒温条件下煤炭与转炉渣和无焓变条件煤炭与炉渣的相关热力学计算。第 8 章的冶金过程 CO_2 资源化应用基础内容涉及 CO_2 炼钢过程中的应用、转炉石灰石造渣的 CO_2 减排、CO_2 在 AOD 炉不锈钢冶炼的资源化和转炉炼铜的喷吹原理等。

张涛负责撰写本书第 1~3 章内容。张涛是复旦大学在职博士生，2008 年 1 月获得大连理工大学应用化学工学硕士学位后，赴日本富士精细化工株式会社工作两年，现任北京振东光明药物研究院副研究员，从事生物化工产品研发及生产工作。

北京科技大学侯新梅教授负责撰写第 4、5 章内容；袁章福教授负责编撰写第 6~8 章内容，并与谢珊珊和张艳维共同完成全书的编著，最终由袁章福执笔总纂定稿。

本书的形成得益于作者在北京科技大学、北京大学、中国科学院大学从事冶金工程、能源与资源工程、化学工程与技术本科生和研究生的教学和科研经历。衷心感谢北京科技大学 2011 钢铁共性技术协同创新中心周国治院士、徐金梧、徐科、孙彦辉、王丽君、何安瑞、陈雨来教授和中国金属学会副理事长赵沛教授等，北京科技大学钢铁冶金新技术国家重点实验室薛庆国、杨天钧、郭占成、胡晓军、包燕平、李京社、李晶、刘青教授和冶金与生态工程学院张立峰、邢献然、郭汉杰、张建良、宋波、王福明、王静松、徐安军教授等专家提供了支持帮助和宝贵意见，借此深表谢意。北京科技大学于湘涛博士、张岩岗博士生、焦楷、齐振、杨竣、王容岳、郭凌波、郝煜辉和施原涛等硕士生，北京大学工学院研究生吴燕、徐秉声、张利娜、傅振祥、战亚鹏、王晨钰、周舟、江涌、吴湖、方艳、吴振华、邱腊松、娄元元和刘敬霞科研助理，中国科学院过程工程研究所王志研究员、赵宏欣副研究员、王文静博士等，对本书的编著进行了文献收集和书稿整理，在此表示感谢。

本书的出版得到国家自然科学基金项目“烧结烟气净化过滤脱硫脱硝一体化集成技术”（U1560101）和“CO_2 溅渣护炉质能转换和炉渣润湿机理的研究”（51174008）的资助，在此特别感谢工程与材料学部的朱旺喜博士和宝武钢铁集团公司汪正浩教授级高工。还得到了国家高技术研究发展计划“863”课题“冶金炉窑微孔陶瓷管膜除尘器研制”（2013AA065105）和国家重点研发计划课题“大气污染全过程防治系列新技术研发”（2016YFC0209302）的支持，借此，衷心感谢国家科技部社发司邓小明司长和中国21世纪议程管理中心王磊、裴志永、王顺兵和樊俊博士等。本书在编著过程中得到了日本东京大学月桥文孝教授、森田一澍教授和松浦宏行副教授的指导和极大关照，在此一并深表诚挚的感谢和崇高的敬意。

由于作者水平和经验所限，书中不妥之处，敬请各位读者和专家给予批评指正。

袁章福

2018年6月

目　　录

1　物质的状态变化

物理化学是化学学科的理论基础，它从物质的物理现象与化学现象的联系入手，去探究化学变化的基本规律[1]。热力学是从宏观方面研究物质变化的学科，由于物质的种种变化通常会伴随能量的输入与输出，所以物理化学中首先要研究热力学[2,3]。化学热力学是物理化学和热力学的一个分支学科，它主要研究物质系统在各种条件下的物理和化学变化中所伴随的能量变化，从而对化学反应的方向和进行的程度做出准确的判断。化学热力学的核心理论：所有的物质都具有能量，能量是守恒的，各种能量可以相互转化，体系总是自发地趋向于平衡态，处于平衡态的物质系统可以用几个可观测的物理量进行描述[4]。

物质通常有气体、液体和固体三种状态，也称为物质的“三态”。物质的这些状态，因温度、压力等因素的变化而变化。

1.1　能量和做功

质量是物质的固有属性，只要物质发生移动，就需要一定形式的能量对应不同形式的运动，能量分为机械能、分子内能、电能、化学能、原子能、内能等。如图 1-1 所示，质量为 m 的物质在作用力 f 的作用下，沿某个方向移动距离为 $\mathrm{d}r$ 时，那么在这个方向上作用力所做的功可以用如下关系式进行表示：

$$\mathrm{d}W = f\mathrm{d}r$$

$$W = \int_{r_0}^{r_1} f\mathrm{d}r = f(r_1 - r_0)$$

$$f = ma = m\frac{\mathrm{d}v}{\mathrm{d}t} \quad v = \frac{\mathrm{d}r}{\mathrm{d}t}$$

$$W = \int_{r_0}^{r_1} m\frac{\mathrm{d}v}{\mathrm{d}t}\mathrm{d}r = m\int_{r_0}^{r_1}\frac{\mathrm{d}r}{\mathrm{d}t}\mathrm{d}v = m\int_{v_0}^{v_1} v\mathrm{d}v = \frac{1}{2}m(v_1^2 - v_0^2)$$

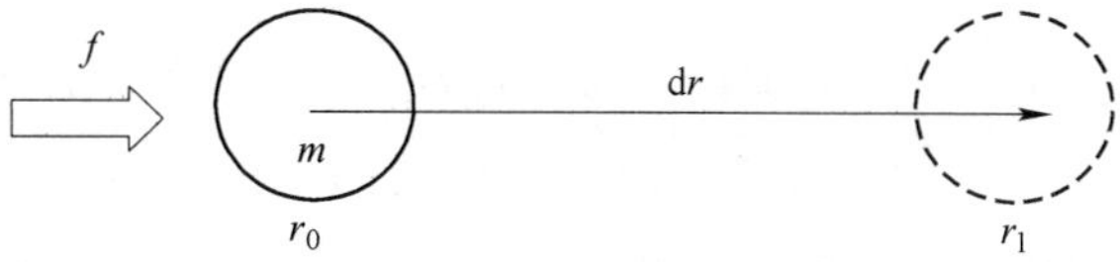

图 1-1　质量为 m 的物质的移动

作用力所做的功 W 是作用力 f 与移动距离 r 的乘积，即：

$$W = f \times r = ma \cdot r\left[\mathrm{g}\frac{\mathrm{cm}}{\mathrm{s}^2}\mathrm{cm}\right]$$

将单位进行量纲分析，单位换算之后的结果如下所示：

$$\mathrm{g}\frac{\mathrm{cm}}{\mathrm{s}^2}\mathrm{cm} = \mathrm{dyne} \cdot \mathrm{cm} = \mathrm{erg} = 10^{-7}\mathrm{J}$$

例题 01

将质量为 8kg 的物体举到 1.5m 的高处时，需要克服重力做多少功？

如图 1-2 所示，将物体上举时，根据加速度 g，克服重力所做的功为 $W=mgh$。计算结果如图 1-3 所示。

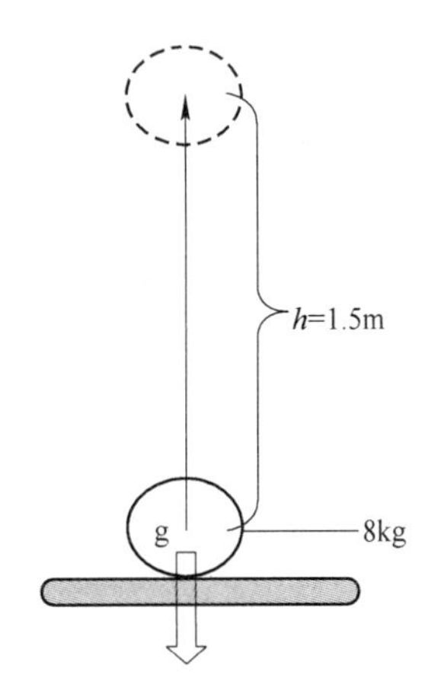

图 1-2　上举物体克服重力做功的示意图

B6　=B3*1000*B5*B4

	A	B	C	D	E
1	机械能				
2					
3	m	8	kg		
4	h	1.5	m		
5	g	980	cm/s^2		
6	W	11760000	erg		
7		1.176	J		
8		0.2811	cal		

图 1-3　计算结果

单元格的设定

单元格 B6　=B3 * 1000 * B5 * B4

单元格 B7　=B6/10000000

单元格 B8　=B7/4. 184

将机械能所做的功，于工作表中“单位 J 或 cal”前面所对应的单元格中录入计算公式、单位换算公式，即可以求出 erg 单位对应其他单位的功分别为 1. 176J、0. 2811cal。

例题 02

当 1L 的气体于 1atm 下压缩至 0. 55L 时，求需要做多少功？

功 W 是压强 p 和体积 V 变化的乘积，即 $W=p(V_2-V_1)$，计算结果如图 1-4 所示。计算单位中，压强的单位为 atm、体积的单位为 L，则功的单位应为 L · atm。SI 单位体系中，帕斯卡（Pa）是国际单位，所以单位相互之间的转换也很重要。1atm 为 1cm^2 上施加 1kg 的作用力，水银的密度 d_{Hg} 为 13595kg/m^3、重力加速度 g 为 9. 80665m/s^2，1atm 下托里拆利试验中的水银柱为 0. 760m。

B7　f_x　=B6*E11*E9

	A	B	C	D	E	F	G
1	气体的压缩						
2							
3	p	1	atm	1atm为1cm²上施加1kg的重力			
4	V_1	1	L	g	9.80665	m/s²	
5	V_2	0.55	L	d_{Hg}	13595	kg/m³	
6	W	-0.450	L.atm	T	237.15	K	
7		-45.6	Pa.m³	水银柱	0.760	m	
8		-4.56	J	1atm	101324.3	N/m²	kg.m/s²·m²
9		-1.09	cal		101324.3	Pa	kg/s²·m
10				1L	1	dm³	
11					0.001	m³	

图 1-4　计算结果

单元格的设定

单元格 E8　=E7 * E5 * E4

单元格 B6　=B3 * (B5-B4)

单元格 B7　=B6 * E11 * E9

单元格 B8　=B6 * E8 * 1000/10000000

单元格 B9　=B8/4.184

在工作表中设定好做功单位的换算公式后进行计算，则压缩所需要做的功为-0.45L · atm，变换单位后为-45.6Pa · m³。如果将单位换成“J”和“cal”，则所做的功为-4.56J、1.09cal。关于单位换算，虽然一直提倡使用SI体系中的国际统一单位，但是，现实生活中的常用单位如“L”和大气压“atm”等仍然被广泛使用，对于科学研究工作者来说，应该掌握单位换算的能力，本书的后续例题中也将随时提到单位换算的问题。

电能，按照做功的定义，电子所做的功 W 可表示为电位差 E 与电量 e 的乘积：

$$W = E(\text{volt}) \times e(\text{coulomb})$$

热能，按照做功的定义，可表示为温度 T 与熵 S 的乘积：

$$W = T(\text{K}) \times S(\text{entropy})$$

有关“熵”方面的问题，后续学习中再进行讨论。

另外，化学能，如果按照做功的定义，可表示为化学势 μ 与摩尔数 n 的乘积：

$$W = \mu(\text{chemical potential}) \times n(\text{mol})$$

有关化学势方面的问题，后续学习中再进行讨论。

总结上述不同形式做功的定义，均可表示为强度因子（f，p，T，μ）和容量因子（r，V，s，n）的乘积。

例题 03

求电压为 150V，2min 内通过 3.5kΩ 的镍铬铁合金线，电流所做的功即电热能为多少？

单位换算：

1(J) = 1(V, volt) × 1(C, coulomb),　1(coulomb) = 1(A, ampere) × 1(s)

于工作表中将电热能按照单位换算的关系式进行设定，单位可由“J”换算成“cal”。根据计算结果（如图1-5所示），电热能 W 为771.4J、184.4cal。

B6　=B3*B3/B4/1000*B5*60

	A	B	C	D	E	F
1	电热能					
2						
3	电压 E	150	V			
4	电阻 R	3.5	kΩ			
5	时间 t	2	min			
6	电热能 W	771.4	J			
7		184.4	cal			

图1-5　计算结果

单元格的设定

单元格 B6　=B3 * B3/B4/1000 * B5 * 60

单元格 B7　=B6/4.184

1.2　理想气体的状态方程

波义耳定律（Boyle's law，又称 Mariotte's law）：在定量定温下，理想气体的体积与气体的压力成反比。英国化学家波义耳（Boyle）在1662年根据实验结果总结提出：“在密闭容器中的定量气体，在恒温下，气体的压力和体积成反比。”

$$V \propto \frac{1}{p}$$

$$pV = \text{const}$$

随后，有关气体的体积 V 与温度 t(℃)的关系，盖·吕萨克（Gray-Lussac）于1801年提出了盖·吕萨克定律：一定质量的气体，在压强不变的条件下，温度每升高（或降低）1℃，增加（或减少）的体积等于它在0℃时体积的100/26666（现今为1/273.15）：

$$V = V_0\left(1 + \frac{t}{273.15}\right)$$

$$\frac{V}{273.15 + t} = \frac{V_0}{273.15} = \text{const}$$

$$\frac{V}{T} = \text{const}$$

T 为绝对温度（t + 273.15）。绝对温度的单位用“K”表示，是用威廉·汤姆森（William Thomson）受勋后名为凯尔文男爵一世或领主凯尔文（1st Baron Kelvin 或 Lord Kelvin）命名的。他是爱尔兰的数学物理学家、工程师，也是热力学温标（绝对温标）的发明人，被称为热力学之父。波义耳定律和盖·吕萨克定律用图表示，如图1-6所示。

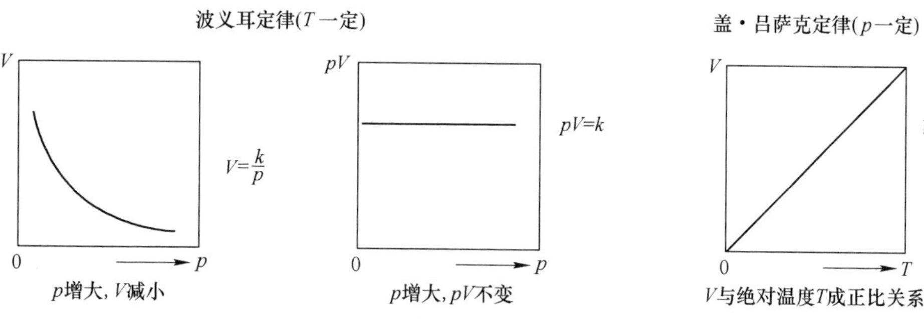

图 1-6 波义耳定律和盖·吕萨克定律图示

体积一定时，可以得到：
$$p = p_0\left(1 + \frac{t}{273.15}\right)$$

将两个定律总结后得到的状态方程，即理想气体所遵守的状态方程：

$$\frac{pV}{T} = \text{const} = R\text{：gas constant(1mol)}$$

$$pV = nRT$$

R 被称为气体常数，其数值与气体种类无关，只与单位有关。

盖·吕萨克定律，早在 1787 年就被查理（J. A. C. Charles）发表了，早年也叫做“查理定律”。理想气体状态方程也被叫做波义耳-查理定律，如图 1-7 所示。

注：其实查理早就发现压强与温度的关系，只是当时未发表，也未被人注意。直到盖·吕萨克重新提出后，才受到重视。早年都称“查理定律”，但为表彰盖·吕萨克的贡献而称为“查理-盖吕萨克定律”。

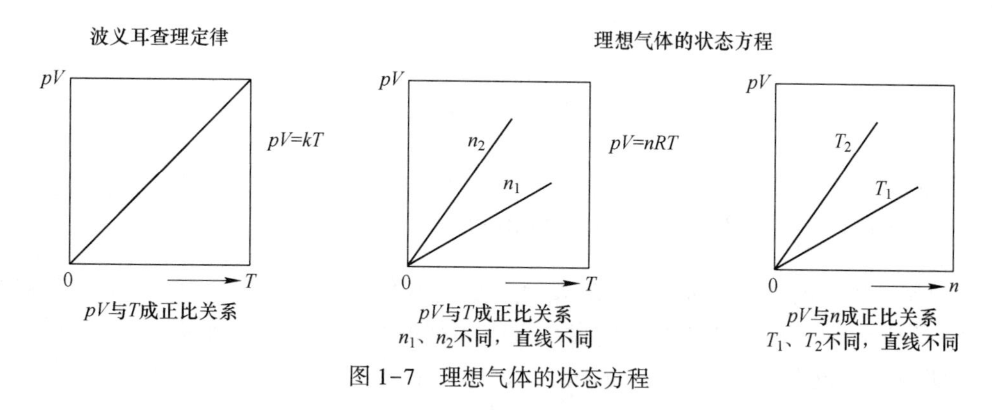

图 1-7 理想气体的状态方程

例题 01

托里拆利实验中水银柱和气压的关系如图 1-8 所示，请换算成气压的单位。

在管内灌满水银，排出空气，用一只手指紧紧堵住玻璃管开口端并把玻璃管小心地倒插在盛有水银的槽里，待开口端全部浸入水银槽内时放开手指，将管子竖直固定，当管内水银液面停止下降时，读出此时水银液柱与水槽中水平液面的竖直高度差，约为 760mm。如图 1-8 所示，管上部的真空部分被称作“托里拆利真空”（Torrricellian vacuum），外部气压为 1atm 时，对应水银柱的高度为 760mm。

1atm = 760mmHg

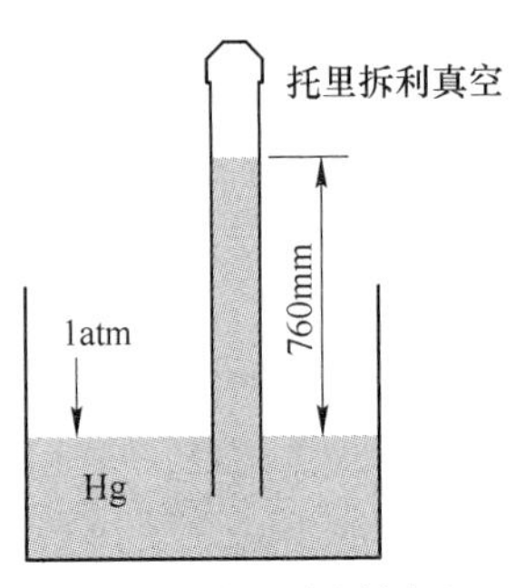

图 1-8 托里拆利真空

将 1atm 换算成帕斯卡（Pa），于工作表中设定换算公式，计算结果如图 1-9 所示。

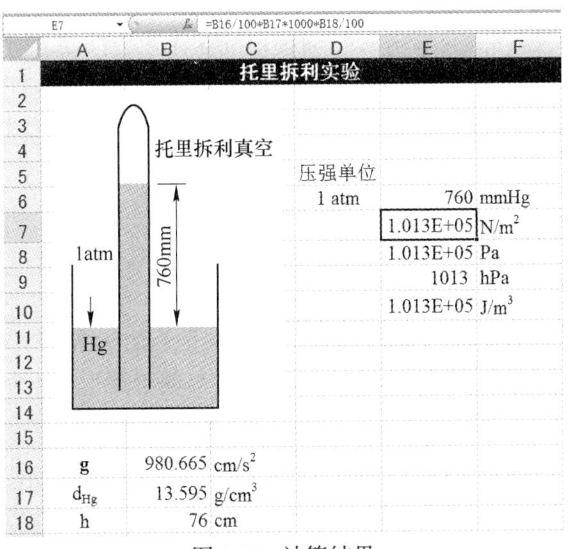

图 1-9 计算结果

单元格的设定

单元格 E7 =B16/100 * B17 * 1000 * B18/100

可以用水银柱的高度（mmHg）来表示定量气体的压强，如图 1-10 所示。当容器内的气体剧烈运动时，U 形管的两端就会出现水银柱的高度差，如水银面 a 受到气体的压强，会使得另一端的水银柱上升 p mmHg，水银柱的高度即表示定量气体的压强。

例题 02

表示变换气体常数的各种单位，并对应表示出各单位下的常数值。

虽然国际 SI 单位中推荐使用 J（焦耳，joule），但是气体常数经单位换算之后有 0.08206L·atm/(K·mol)、8.3144J/(K·mol)、1.987cal/(K·mol)，根据计算的需要分别使用对应的常数值较好。

为了使气体常数 R 使用各种单位进行表示，进行了不同单位下的算式设定，如图 1-11 所示。

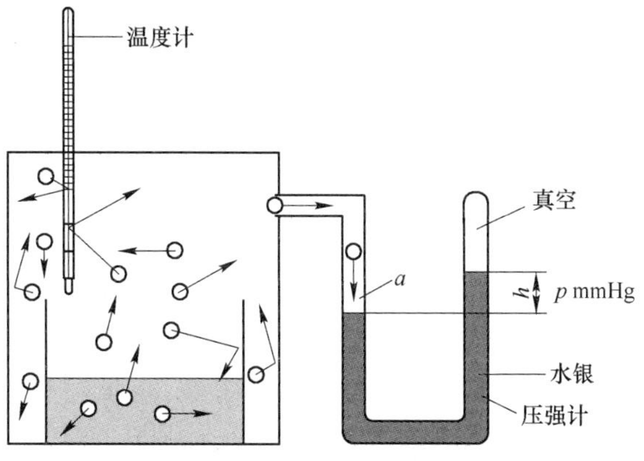

图 1-10 用水银柱表示气体的压强

B9 f_x =B8*E12*E10

	A	B	C	D	E	F	G
1	气体常数 R						
2							
3	气体状态方程式 pV=nRT						
4	p	1	atm	1atm为每cm²上施加1kg的重力			
5	V	22.414	L	g	9.80665	m/s²	
6	T	273.15	K	d_{Hg}	13595	kg/m³	
7	n	1	mol	T	237.15	K	
8	R	0.08206	L.atm/K.mo	水银柱	0.760	m	
9		8.3144	J/K.mol	1atm	101324.3	N/m²	kg.m/s²·m²
10		1.987	cal/K.mol		101324.3	Pa	kg/s²m
11				1L	1	dm³	
12					0.001	m³	
13				1 cal	4.184	J	

图 1-11 计算结果

单元格的设定

单元格 E9 =E8 * E6 * E5

单元格 B8 =B4 * B5/B6/B7

单元格 B9 =B8 * E12 * E10

单元格 B10 =B9/E13

两种以上的理想气体混合时，混合气体的总压等于各组分分压的和，称之为道尔顿“Dalton”分压定律[5]。如下公式所示，成分 i 的分压可以通过分压的摩尔分数 x_i 来表示。

$$p = p_1 + p_2 + \cdots + p_n = \sum_{i=1}^{n} p_i = n_1 \frac{RT}{V} + n_2 \frac{RT}{V} + \cdots$$

$$= (n_1 + n_2 + \cdots) \frac{RT}{V} = n \frac{RT}{V}$$

$$n = \sum_{i=1}^{n} n_i$$

$$\frac{p_i}{p}=\frac{n_i\left(\frac{RT}{V}\right)}{n\left(\frac{RT}{V}\right)}=\frac{n_i}{n}=x_i$$

$$p_i=x_ip$$

例题 03

1atm 下干燥空气的组成（vol%）为：N_2 78.08、O_2 20.95、Ar 0.93、CO_2 0.03，如图 1-12 所示（包含其他微量气体的成分）。分别求出 N_2、O_2、CO_2 的分压和摩尔分数。另外，求出空气的平均分子量和 25℃、1atm 下空气的密度（g/L）。

各组分气体的相对分子质量分别为：N_2 28、O_2 36、CO_2 44、Ar 39.95。

由各组分气体的分压可以求出各组分所占的摩尔分数，从而算出空气的平均分子量，然后再求出 25℃时空气的密度，计算结果如图 1-13 所示。求得的空气的平均分子量为 28.95，25℃时空气的密度为 1.2926g/L。

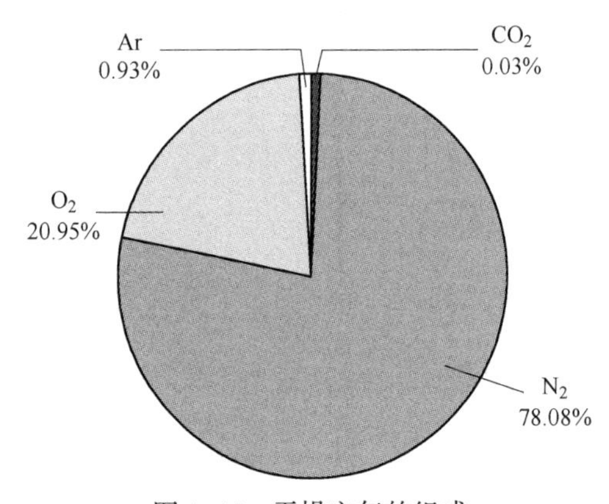

图 1-12　干燥空气的组成

F9　　=F8/0.082/(273.15+C9)

	A	B	C	D	E	F	G
1	干燥空气						
2							
3		vol%	分子量	分压(atm)	摩尔分数	空气	
4	N_2	78.08	28	0.7808	0.7808	21.862	
5	O_2	20.95	32	0.2095	0.2095	6.704	
6	Ar	0.93	39.95	0.0093	0.0093	0.372	
7	CO_2	0.03	44	0.0003	0.0003	0.013	
8					MW =	28.951	
9				25℃时空气密度(g/L)		1.2926	g/L

图 1-13　计算结果

单元格的设定

单元格 D4　=B4/100

单元格 F4　=D4 * C4

单元格 F5　=D5 * C5

单元格 F6　=D6 * C6

单元格 F7　=D7 * C7

单元格 F8　=SUM(F4:F7)

单元格 F9　=F8/0.082/(273.15+C9)

例题 04

容量为 5.0L 的反应容器中加入 N_2 和 O_2 的混合气体，压强为 2atm 时，维持混合气体的温度为 25℃。向容器内放入锌线，通过电流加热使锌线氧化生成 ZnO 的方法将容器内的 O_2 除去。容器中残留的 N_2 的压强 25℃时为 1.5atm。求原来容器中 O_2 的摩尔分数为多少？

如图 1-14 所示，将混合气体中的 O_2 除去，体积和温度一定时，气体的摩尔数与压强成正比。

将混合气体中残留的氮气量减去即可得到氧气所占的量，从而算出各气体组分的摩尔分数，计算结果如图 1-15 所示。

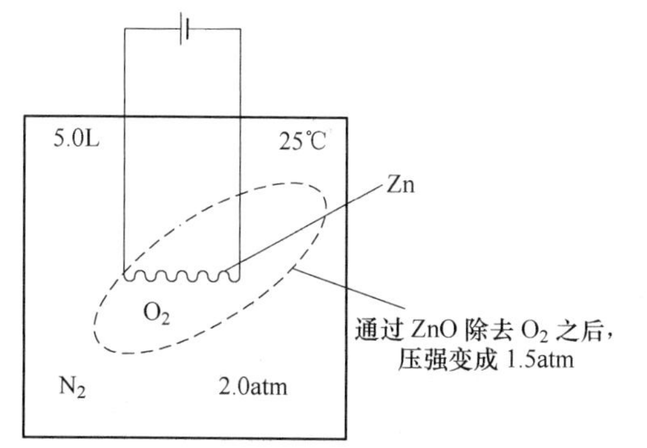

图 1-14 气体反应器

B6 =B4-B5

	A	B	C	D
1	氧气的摩尔分数			
2				
3		开始时(atm)	摩尔分数	除氧后(atm)
4	混合气体的压强(atm)	2		1.5
5	N_2	1.5	0.75	1.5
6	O_2	0.5	0.25	0

图 1-15 计算结果

单元格的设定

单元格 B6 =B4-B5

单元格 C5 =B5/B4

单元格 C6 =B6/B4

根据计算结果，开始时容器中氧气的分压为 0.5atm，摩尔分数为 0.25。

1.3 实际气体

前面所研究的气体都是理想气体（ideal gas），忽略了气体本身的体积和分子间的作用力。实际上气体分子本身占有容积，分子与分子间有相互作用力，如果将其视为是理想气体会产生偏差，这样的气体我们称之为真实气体（real gas），也称为实际气体。气体分子间的平均距离相当大，分子体积与气体的总体积相比可忽略不记，只有在低压、高温时的气体分子才可以近似为理想气体；高压状态下由于分子自身的体积及分子间的相互作用力，会产生较大的偏差。

为了真实反映出真实气体对理想气体的偏差程度，引入压缩因子 z，

$$pV = z \cdot nRT$$

$$z = \frac{pV}{nRT} = 1 + B'P + C'P^2 + \cdots$$

$$pV = A + BP + CP^2 + \cdots$$

上述方程式为维里（Virial）方程式，为实际气体的状态方程。$B=0$ 时，$pV=RT$，此时的温度被称为波义耳温度。将幂级数 P^2 以上的项省略，摩尔数为 1 时，方程式就变为 $pV=RT+Bp$。

实际气体的主要组成成分，N_2(0℃)、H_2(0℃)、CO_2(40℃) 的压缩因子 (z) 与压强 (p) 的关系如图 1-16 所示。

低压情况下 $z<1$，由于气体分子相距较远，分子间的斥力较小，主要表现为吸引力；高压情况下，由于气体分子的体积被压缩，分子间斥力大于引力，分子间的作用力表现为斥力，由于气体分子的排除体积及分子间的斥力，会产生一定的偏差。当 $z=1$ 时，实际气体相当于理想气体的状态。

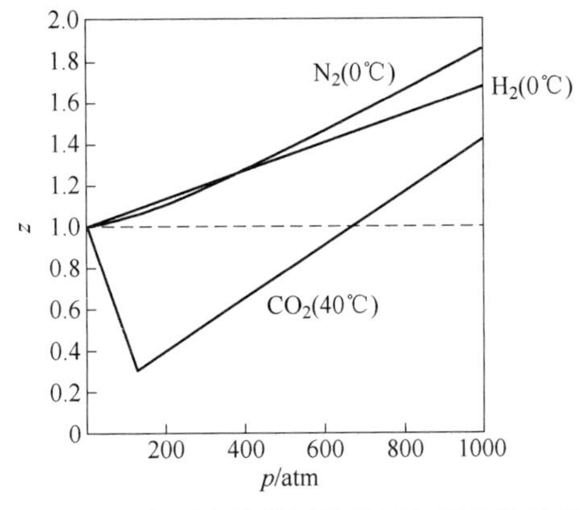

图 1-16　主要成分的压缩因子与压强的关系

有关实际气体的数学模型，科学家们提出了许多状态方程式。其中，荷兰物理学家 van der Waals 提出了范德瓦尔斯方程，用来修正理想气体忽略的气体分子体积和分子间的相互作用力产生的影响。方程式中修正分子间作用力和分子体积产生的原因如图 1-17 所示，方程式表达式如下：

$$\left(p + \frac{n^2 a}{V^2}\right)(V - nb) = nRT$$

(1)　　　(2)

(1) 有关分子间作用力的修正项。分子间的作用力与周围分子的数量成正比，但是分子的密度与气体所占的体积 (V/n) 成反比。碰撞分子的数量也与体积 (V/n) 成反比。

将上述关系组合在一起，则变成 $(V/n)^2$，压强极小的情况下，$\left(p+\frac{n^2 a}{V^2}\right)$就变成了$\frac{n^2 a}{V^2}$。

(2) 有关分子体积的修正项。分子的半径为 r，将 1mol 的排除体积视为 b 时，排除体积如图 1-18 所示，则有：

$$b = \frac{4}{3}\pi(2r)^3 = 8 \times \frac{4}{3}\pi r^3$$

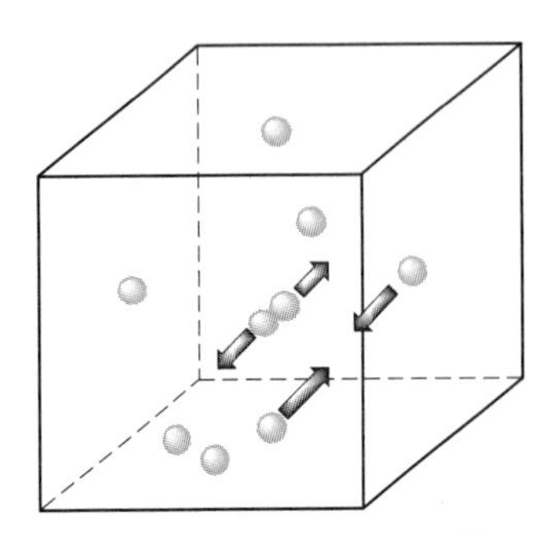
图 1-17　有关分子间作用力修正项与分子间体积修正项的原因

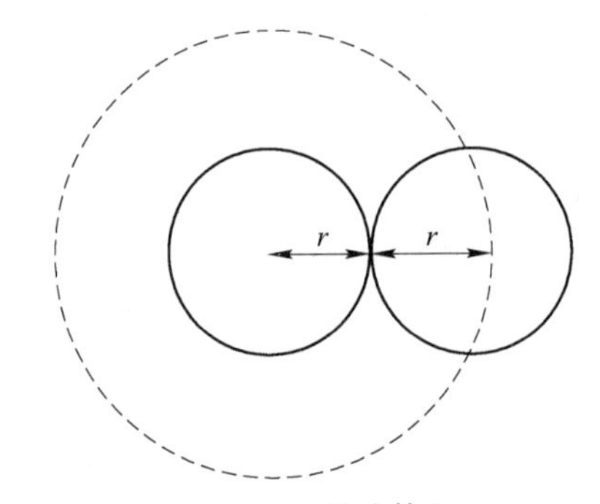

图 1-18　排除体积

分子以成对形式存在时，1 分子所占据的排除体积为分子体积的 4 倍。

按照范德瓦尔斯方程式，实际气体中主要气体的常数 a、b 见表 1-1。

表 1-1 范德瓦尔斯常数 *a*、*b*

实际气体	a/atm · dm^6 · mol^{-2}	b/dm^3 · mol^{-1}
He	0.034	0.0237
H_2	0.245	0.0267
N_2	1.39	0.0391
O_2	1.36	0.0318
CO	1.49	0.0399
CO_2	3.59	0.0427
H_2O	5.46	0.0305
CH_4	2.25	0.0428

例题 01

50℃下1L的容器中装有1mol的实际气体H_2。使用范德瓦尔斯的状态方程式求出理想气体与现实气体的偏差。此时，H_2的范德瓦尔斯常数 $a=0.245$，$b=0.0267$。

$$p_{\text{real}}=\frac{RT}{V-b}-\frac{a}{V^2}$$

$$p_{\text{ideal}}=\frac{RT}{V}$$

偏差为 $p_{\text{real}}-p_{\text{ideal}}$，按照范德瓦尔斯方程式和理想气体的状态方程式输入算式，求出的差值即为偏差。计算的结果如图 1-19 所示，偏差为 0.48atm。

B9 f_x =B6*(273.15+B7)/(B8-B4)-B3/B8^2

	A	B	C
1	实际气体 范德瓦尔斯状态方程式		
2			
3	a	0.245	atm.dm^6/mol^2
4	b	0.0267	dm^3/mol
5	n	1	mol
6	R	0.08206	atm.dm^3/K.mol
7	T	50	℃
8	V	1	dm^3
9	p_{real}	27.00	atm
10	p_{ideal}	26.52	atm
11	ΔP	0.48	atm

图 1-19 计算结果

单元格的设定

单元格 B9 =B6*(273.15+B7)/(B8-B4)-B3/B8^2

单元格 B10 =B6*(273.15+B7)/B8

单元格 B11 =B9-B10

例题 02

请作图表示出二氧化碳压强和体积的关系。分别作出温度为 0℃、10℃、20℃、30℃、40℃、50℃的关系图。此时，二氧化碳的范德瓦尔斯常数为 $a=3.59$，$b=0.0427$。

首先，按照公式计算出对应各温度下压强和体积的数值，用散点图进行作图。如图 1-20 所示，计算得到对应关系的数值后，根据数据用散点图作图，得到如图 1-21 所示的状态图。

B7　　`=$D$4*(273.15+B$6)/($A7-$B$4)-$B$3/$A7^2`

	A	B	C	D	E	F	G	H	I
1				二氧化碳的状态图					
2									
3	a	3.59	n	1	mol				
4	b	0.0427	R	0.08206	atm.dm³/K.mol				
5									
6	V (dm³/mol)	0	10	20	30	40	50	℃	
7	0.05	1634.5	1746.9	1859.3	1971.7	2084.1	2196.6		
8	0.06	298.4	345.9	393.3	440.7	488.2	535.6		
9	0.07	88.4	118.5	148.5	178.6	208.6	238.7		
10	0.1	32.2	46.5	60.8	75.1	89.5	103.8		
11	0.13	44.3	53.7	63.1	72.5	81.9	91.3		
12	0.16	50.9	57.8	64.8	71.8	78.8	85.8		
13	0.19	52.7	58.3	63.9	69.4	75.0	80.6		
14	0.22	52.2	56.9	61.5	66.1	70.8	75.4		
15	0.25	50.7	54.6	58.6	62.6	66.5	70.5		
16	0.28	48.7	52.1	55.6	59.0	62.5	66.0		
17	0.31	46.5	49.6	52.6	55.7	58.8	61.8		
18	0.34	44.3	47.1	49.9	52.6	55.4	58.1		
19	0.37	42.3	44.8	47.3	49.8	52.3	54.8		
20	0.4	40.3	42.6	44.9	47.2	49.5	51.8		

图 1-20　计算结果

于单元格的计算公式中，录入范德瓦尔斯常数后即可根据各温度和体积计算得到对应的压强。公式中的“ $ ”是单元格中指定绝对位置的意思。

单元格的设定

```
单元格 B7   = $D$4 * (273.15+B$6)/($A7-$B$4)-$B$3/$A7^2
单元格 B15  = $D$4 * (273.15+B$6)/($A15-$B$4)-$B$3/$A15^2
单元格 F7   = $D$4 * (273.15+F$6)/($A7-$B$4)-$B$3/$A7^2
单元格 F15  = $D$4 * (273.15+F$6)/($A15-$B$4)-$B$3/$A15^2
```

按照范德瓦尔斯状态方程式作等温线图，如图 1-21 所示的二氧化碳等温线图，临界点附近由于会发生液化，等温线不连续，会发生极大值和极小值的弯曲。

实际气体状态方程式除了范德瓦尔斯状态方程式以外，还有狄特里奇（Dieterici）方程式和伯特洛（Berthelot）方程式，都是后人在范德瓦尔斯状态方程式基础上的改进和完善。

Dieterici 方程式　　$p \cdot e^{\frac{na}{VRT}}(V-nb)=nR$

Berthelot 方程式　　$\left(p+\frac{n^2a}{TV^2}\right)(V-nb)=nR$

1869 年安德鲁斯（Andrews）计算绘制出了二氧化碳的等温线图，如图 1-22 所示。

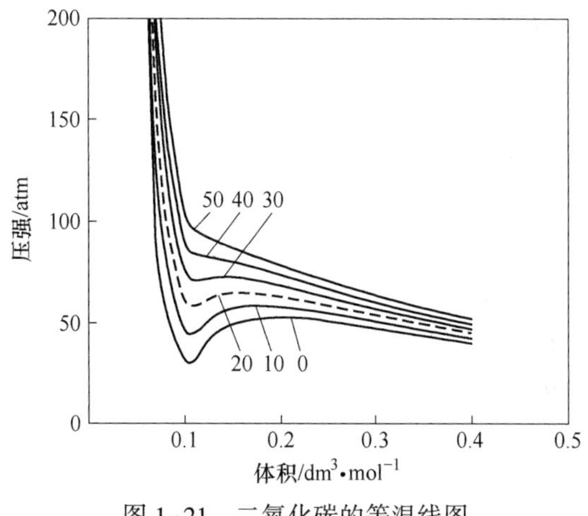

图 1-21　二氧化碳的等温线图

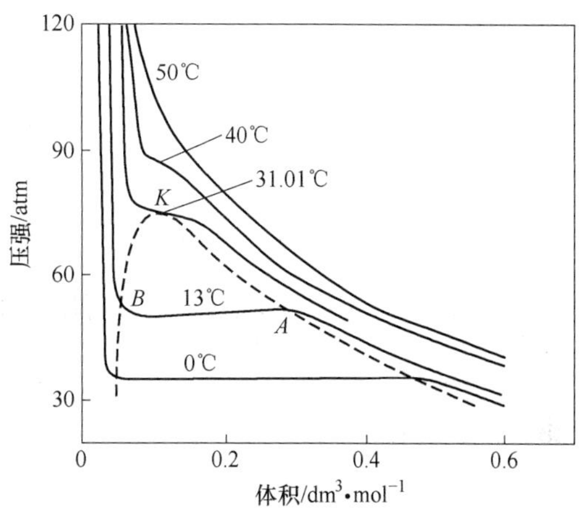

图 1-22　二氧化碳的等温线图

高温时的等温线接近于理想气体；31℃附近的 K 点为临界点；在低温 13℃时，状态发生奇怪的变化，从 A 点到 B 点液化之后，变成曲线。实际的等温线与范德瓦尔斯等温线会有些偏差。

越过临界点的低温状态，如图 1-23 所示液化状态的 BE 部分为过饱和蒸气，EC 部分为过热液体。临界点为水平的弯曲点，如下方程式成立：

$$p=\frac{RT}{V-b}-\frac{a}{V^2} \tag{1}$$

$$\left(\frac{\partial p}{\partial V}\right)_T=0,\quad \left(\frac{\partial^2 p}{\partial V^2}\right)_T=0$$

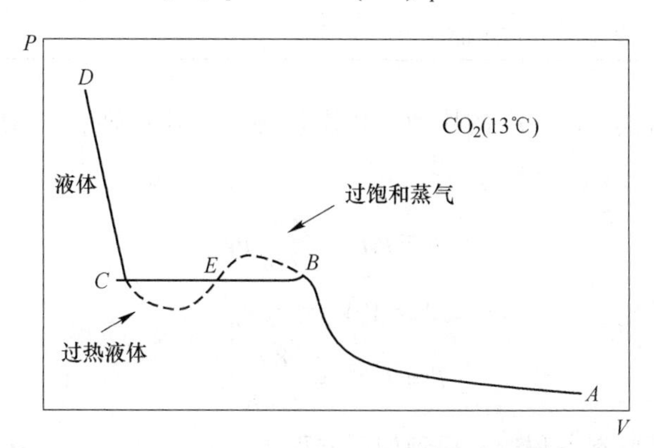

图 1-23　CO_2(13℃) 的等温线图

将方程式（1）换算成微分方程式后，得到如下微分方程式：

$$\left(\frac{\partial p}{\partial V}\right)_T=-\frac{RT}{(V-b)^2}+\frac{2a}{V^3}=0 \tag{2}$$

$$\left(\frac{\partial^2 p}{\partial V^2}\right)_T = \frac{2RT}{(V-b)^3} - \frac{6a}{V^4} = 0 \qquad (3)$$

要求得临界点的温度 T_c 和体积 V_c，根据方程式（2）和（3）可得到 $V_c = 3b$。

$$\begin{cases} \dfrac{RT}{(V_c - b)^2} = \dfrac{2a}{V_c^3} \\ \dfrac{2RT}{(V_c - b)^3} = \dfrac{6a}{V_c^4} \end{cases}$$

$$V_c - b = \frac{2}{3} V_c$$

代入方程式（1）和（2）后，可以求出临界常数：

$$T_c = \frac{8a}{27bR}$$

$$p_c = \frac{a}{27b^2}$$

主要气体的临界常数见表 1-2。

表 1-2　气体的临界常数

气　体	T_c/K	p_c/atm	V_c/L · mol^{-1}
He	5. 3	2. 26	0. 0576
H_2	33. 3	12. 8	0. 0650
N_2	126. 1	33. 5	0. 0900
O_2	153. 4	49. 7	0. 0744
CO_2	304. 2	73. 0	0. 0957
NH_3	405. 6	111. 5	0. 0724
H_2O	647. 2	217. 7	0. 0450
Hg	1823	200	0. 0450

p、V、T 对应的 p_c、V_c、T_c 的比值，依次被称为对比压强 p_R、对比体积 V_R、对比温度 T_R。

$$p = p_c p_R = \frac{a}{27b^2} p_R$$

$$V = V_c V_R = 3bV_R$$

$$T = T_c T_R = \frac{8a}{27bR} T_R$$

代入范德瓦尔斯状态方程后，得到如下方程式：

$$\left(p_R + \frac{3}{V_R^2}\right)\left(V_R - \frac{1}{3}\right) = \frac{8}{3} T_R$$

上述方程式被称为“对应状态定律”，所有实际气体与理想气体的偏差都可以根据 p_R、V_R、T_R 换算得到。

例题 03

氢气的临界温度和临界压强依次为-239.9℃、12.8atm。求出范德瓦尔斯常数 a、b。

临界温度和临界压强的计算公式为：

$$T_c = \frac{8a}{27bR}$$

$$p_c = \frac{a}{27b^2}$$

上述两个方程式构成二元联立方程，可以根据规划求解（Solver）计算得到结果。

规划求解的各个参数设定如图 1-24 所示，将目标单元格 D6 通过 D3 单元格进行设定，目标单元格 D7 通过 p_c（B4 单元格）进行设定，然后再按照规划求解进行计算。

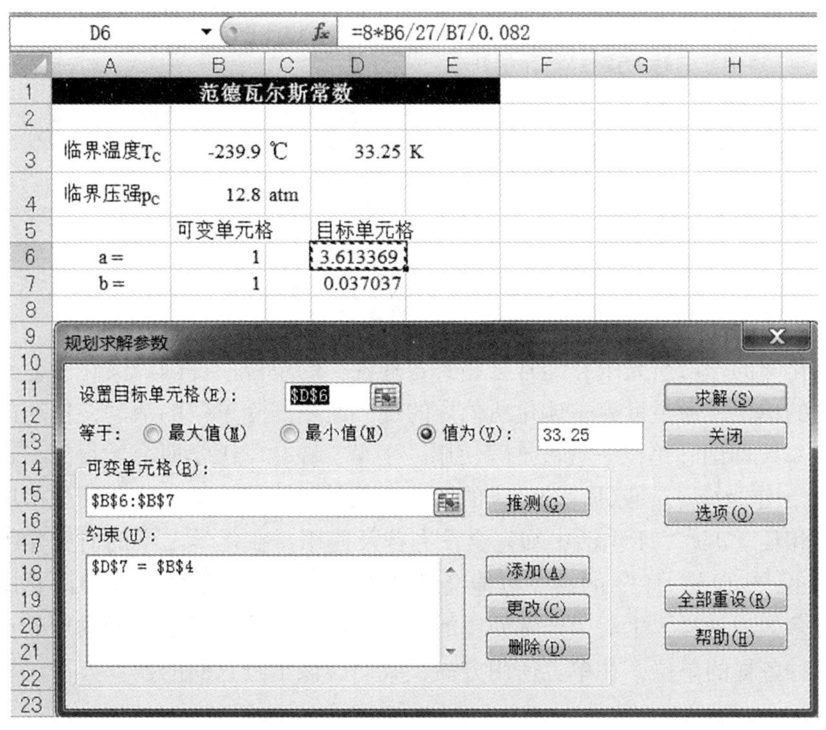

图 1-24 规划求解的参数设定

单元格的设定

可变单元格

单元格 B6 的 a 值先设定为 1

单元格 B7 的 b 值先设定为 1

目的单元格

单元格 D6 =8 * B6/27/B7/0.082

单元格 D7 =B6/27/B7^2

如图 1-25 所示，计算得出的范德瓦尔斯常数 a 为 0.245L^2 · atm/mol^2，b 为 0.0266L/mol。

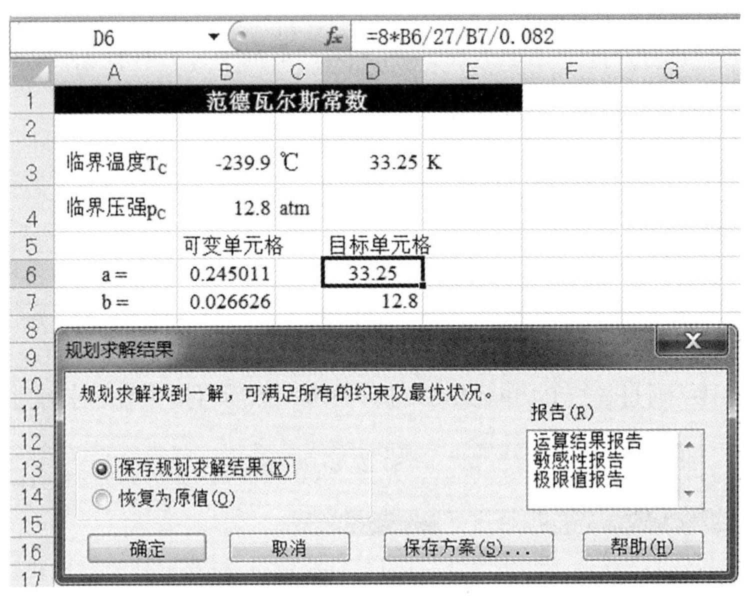

图 1-25　计算结果

1.4　单 位 换 算

在物理化学的学习研究中，经常会碰到各种各样的单位。各国因文化的差异各自延用其习惯所用的单位。通过世界一体化所倡导的统一使用国际单位的活动，使用的这些单位中，SI 单位系统即国际单位一直被推荐使用。于是，在化学工学研究学习中，也有提倡不要使用“L”，作为统一应使用“dm^3”的活动。但是，“升”（L）是我们生活中所经常用到的单位，相反“dm^3”于生活中却完全没有普及使用。在化学工学的研究学习时，如果强制使用“dm^3”代替“L”的话，可能会被认为蒙昧无知。就像知晓外语要比仅会母语能够得到更多知识一样，生活中经常使用的单位，我们也需要了解它们的用处。基于上述原因，有各种各样的单位，在单位使用方面，我们应该学习它们的换算方法，深入研究科学的本质。

前述例题练习中使用了各种各样的单位，按照 SI 单位系统进行整理，基本单位对应的各种物理量见表 1-3。

表 1-3　SI 基本单位

物 理 量	单位名称	单位符号
长度	米	m
质量	千克	kg
时间	秒	s
温度	开尔文	K
物质的量	摩尔	mol
电流	安培	A
光的强度	坎德拉	cd

物体都有大小的尺寸，为了进行尺寸调整，需要加上前缀构成倍数单位，SI 词头见表 1-4。

表 1-4 SI 词头

因 数	名 称	符 号	因 数	名 称	符 号
10^{-1}	deci	d	10	deca	da
10^{-2}	centi	c	10^{2}	hecto	h
10^{-3}	mili	m	10^{3}	kilo	k
10^{-6}	micro	μ	10^{6}	mega	M
10^{-9}	nano	n	10^{9}	giga	G
10^{-12}	pico	p	10^{12}	tera	T
10^{-15}	femto	f	10^{15}	peta	P
10^{-18}	atto	a	10^{18}	exa	E

用 7 个基本单位以代数形式表示推导出导出单位常用的，见表 1-5。

表 1-5 部分 SI 导出单位

物 理 量	名 称	符 号	SI 单位的定义
能量	焦耳	J	$kg \cdot m^2/s^2$
力	牛顿	N	$kg \cdot m/s^2$
压强	帕斯卡	Pa	$kg/(m \cdot s^2)$
功率	瓦特	W	$kg \cdot m^2/s^3$
频率	赫兹	Hz	s^{-1}
电荷	库仑	C	A/s
电压	伏特	V	$kg \cdot m^2/(s^3 \cdot A)$
电阻	欧姆	Ω	$kg \cdot m^2/(s^3 \cdot A^2)$
电导率	西门子	S	$A^2 \cdot m^2/(kg \cdot s^3)$
电容	法拉	F	$A^2 \cdot s^4/(kg \cdot m^2)$

以上是根据 SI 单位系统的规定整理出来的单位，是化学中经常使用的单位。确认基本单位和有关导出单位的惯用单位是非常重要的工作。

体积单位中有“升”（L）、“立方厘米”（cc、cubic centimeter），$1L=(10^{-1}m)^3=(10cm)^3=1000cm^3=1000cc$。

例题 01

能量的单位除焦耳（J）以外，erg、cal、L·atm 也曾使用，请用 Excel 进行单位换算。

有关能量单位的换算如图 1-26 所示。

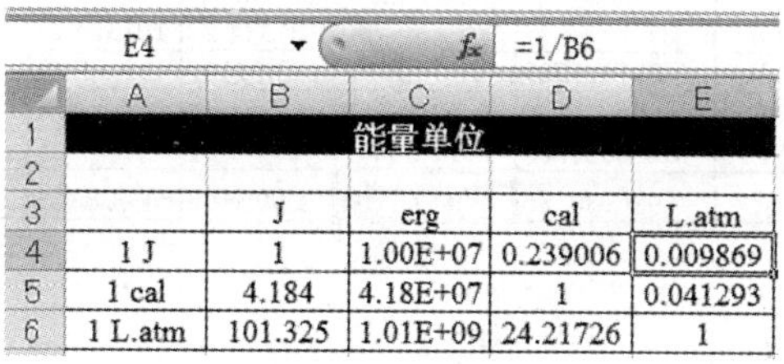

E4 =1/B6

	A	B	C	D	E
1	能量单位				
2					
3		J	erg	cal	L.atm
4	1 J	1	1.00E+07	0.239006	0.009869
5	1 cal	4.184	4.18E+07	1	0.041293
6	1 L.atm	101.325	1.01E+09	24.21726	1

图 1-26 计算结果

单元格的设定

单元格 C5　=B5 * C4

单元格 C6　=B6 * C4

单元格 D4　=1/B5

单元格 D6　=B6/B5

单元格 E4　=1/B6

单元格 E5　=B5/B6

例题 02

体积的单位除 dm^3 以外，L、cm^3、m^3 也经常使用，请使用 Excel 工作表进行单位换算。

有关体积单位的换算如图 1-27 所示。

K18　fx

	A	B	C	D	E
1	体积单位				
2					
3		L	dm^3	cm^3	m^3
4	1 L	1	1	1000	0.001
5	1 dm^3	1	1	1000	0.001
6	1 cm^3	0.001	0.001	1	0.000001
7	1 m^3	1000	1000	1000000	1

图 1-27　计算结果

单元格的设定

由于体积的单位换算都是 10 倍级数的倒数关系，这里省略单元格的设定。

例题 03

压强的单位除 Pa 以外，大气压（atm）、mmHg（毫米汞柱）、N/m^2（牛顿力学理论）也经常使用，请用 Excel 工作表进行单位换算。

有关压强单位的换算如图 1-28 所示。

C8　fx　=1/D5*100000

	A	B	C	D	E	F
1	压强单位					
2						
3		atm	mmHg	N/m^2	Pa	bar
4	1 atm	1	760	101324.27	101324.27	1.0133
5	1 mmHg	0.001315789	1	133.32141	133.32141	1.333E-02
6	1 N/m^2	9.8693E-06	0.00750067	1	1	1.00E-05
7	1 Pa	9.8693E-06	0.00750067	1	1	1.00E-05
8	1 bar	0.986930386	7.501E+02	1.00E+05	1.00E+05	1
9						
10	g	9.80665	m/s^2			
11	d_{Hg}	13595	kg/m^3			

图 1-28　计算结果

单元格的设定

单元格 D4 =C4/1000 * B10 * B11

单元格 D5 =D4 * B5

单元格 C6 =1/D5

单元格 B5 =1/C4

国际单位制（SI）TOPIC

SI 是 International System of Units 的缩写。以 MKSA 国际单位制为基础，1969 年 7 月法国举行的 IUPAC（国际纯粹与应用化学联合会，又译国际理论（化学）与应用化学联合会）通过了将国际上使用的单位进行统一单位制的提案，即国际单位制（SI）。具体的规定如前所述，其特征为国际单位制中所使用的所有物理量单位间的换算基本都可以表示成乘以 10 的关系。

世界各国的文化有差异，都有其使用的语言和单位。因此，有必要将各国所使用的单位统一成共同的表现形式。将单位统一成共同语言及单位的意义很大，遇到文化差异时，可以根据其文化的差异先换算成国际单位，然后再进行计算。使用 Excel 等工具进行单位的换算，正确计算物理量的大小，也是科学工作者必须掌握的综合素质之一。

参 考 文 献

[1] 傅献彩. 物理化学（第 5 版）[M]. 北京：高等教育出版社，2005.
[2] 钟福新，余彩莉，刘峥. 大学化学（第 2 版）[M]. 北京：清华大学出版社，2017.
[3] 陈媛梅. 普通化学 [M]. 北京：高等教育出版社，2016.
[4] 王淑兰. 物理化学 [M]. 北京：冶金工业出版社，2006.
[5] 盛永丽，张卫民. 无机化学 [M]. 北京：科学出版社，2017.

2 热 力 学

物理化学是在物理和化学两大学科基础上发展起来的。它以丰富的化学现象和体系为对象，大量采纳物理学的理论成就与实验技术，探索、归纳和研究化学的基本规律和理论，构成化学科学的理论基础。热力学为物理化学研究的基础，是研究物质的能量变化的学科。

热力学第一定律（the first law of thermodynamics）就是不同形式的能量在传递与转换过程中守恒的定律，表达式为 $Q=\Delta U+W$。可表述为：热量可以从一个物体传递到另一个物体，也可以与机械能或其他能量互相转换，但是在转换过程中，能量的总值保持不变[1,2]。

热力学第二定律（the second law of thermodynamics），研究热运动的方向性，可表述为：不可能把热量从低温物体传到高温物体而不产生其他影响，或不可能从单一热源取热量使之完全转换为有用的功而不产生其他影响，或不可逆热力学过程中熵的微增量总是大于零[3]。

热力学（thermodynamics）在物理化学的基础研究中所用到的专业术语有：焓、熵、亥姆霍兹自由能或吉布斯自由能等。热力学函数的概念比较难以理解，本章尽量用简单、通俗方式进行讲解。

2.1 热力学第一定律

构成物质的微观粒子始终处于无秩序的运动状态，其能量为物质运动过程所做的功与热量传递的综合。能量守恒定律即“封闭（孤立）系统的总能量保持不变”，也称为热力学第一定律。热力学的研究对象简称系统，或热力系、热力系统。它不仅是宏观的，而且是有限的。热力系统与环境之间的界限称为分界面。分界面可以是真实的或虚拟的、固定的或移动的。一般把系统的周围环境称为“系统的外界”或简称“外界”。

如图 2-1 所示，封闭系统的周围是外界开放体系。能量守恒定律也可以说成封闭系统

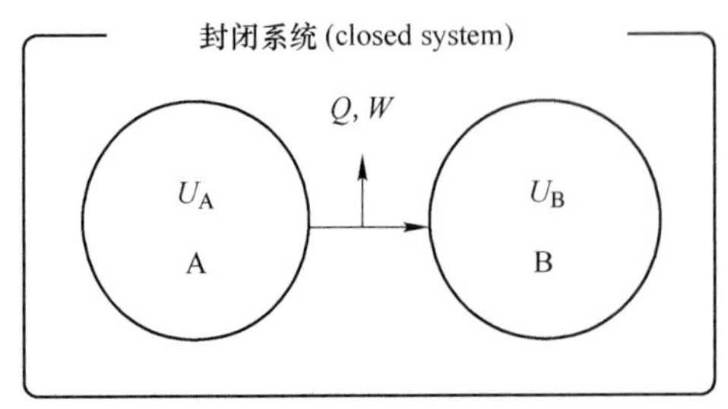

Q：系统内吸收的能量 (thermal capacity)
W：系统内所做的功 (work)
U：内能 (internal energy)

图 2-1　封闭系统的能量移动

内能量变化的总和为零。

如图 2-1 所示，封闭系统内从初始状态 A 变化到终末状态 B 时，系统内吸收的热量 Q、所做的功 W 以及内部能量的变化，遵守能量守恒定律（热力学第一定律），有如下关系式：

$$\Delta U = U_B - U_A$$

$$\Delta U = Q + W$$

例题 01

某循环过程中，假设 1mol 理想气体为体系内内能变化的物质，一个循环周期内体系所做的功 $-W$ 为 80cal。求此时一个循环周期内体系所吸收的热量 Q 为多少？

根据 $\Delta U = Q+W$，循环过程中 $\Delta U = 0$。如图 2-2 所示，求得体系所吸收的热量为 80cal。

按照能量守恒定律，吸收的热量 Q 为 ΔU 与 $-W$ 的和。

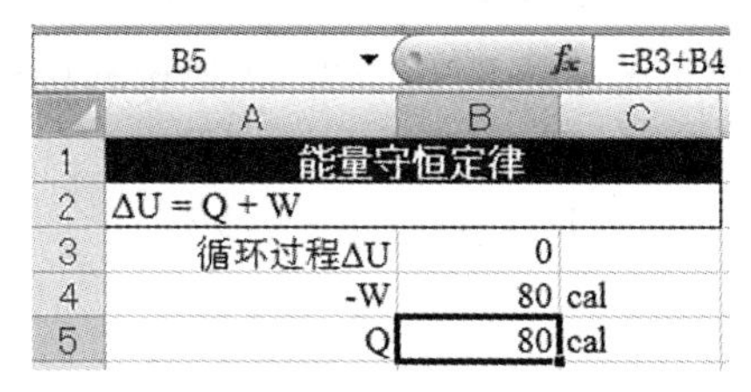

B5 =B3+B4

	A	B	C
1	能量守恒定律		
2	ΔU = Q + W		
3	循环过程ΔU	0	
4	-W	80	cal
5	Q	80	cal

图 2-2 计算结果

单元格的设定

单元格 B5 =B3+B4

如果分析一下含有体积的变化的做功过程，“做功实际为能量从一种力学体系向其他力学体系的移动”。如图 2-3 所示，功 W 可以表示为作用力 f 与其在力的作用点上位移的距离 dr 乘积的积分。横截面积（A）上所承受着的压强 p_e，推动着横截面的运动[4]。

$$dW = f \cdot dr$$

$$W = \int dW = \int_{r_1}^{r_2} f \cdot dr = -\int_{V_1}^{V_2} \frac{f}{A} dV = \int p_e dV$$

功 W 对应的符号“±”的含义是“对体系做功时为正值，表示内能增加；体系对外做功时为负值，表示内能减少”。功与内能（热量）之间相互转化有关符号的规则如图 2-4 所示。

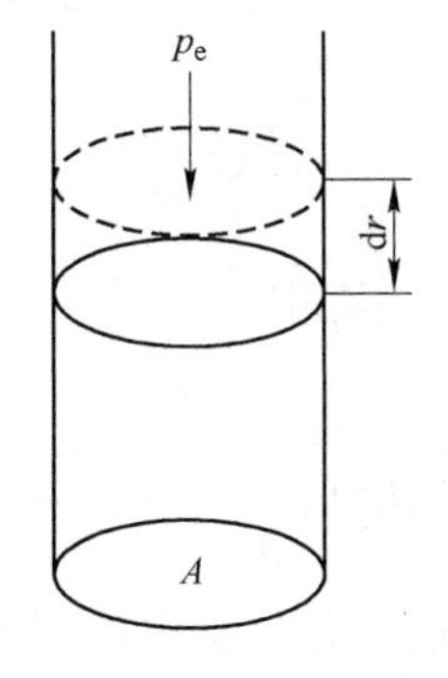

图 2-3 气体的体积变化

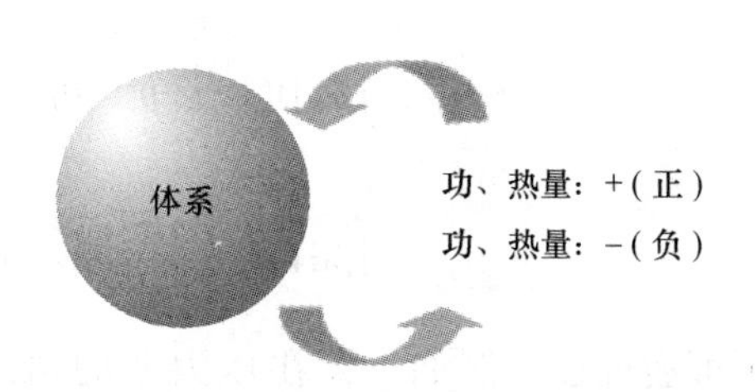

图 2-4 做功与热量吸放热对应符号的规则

向横截面积为 A 的圆筒内注入气体，在外压 p_e 的作用下横截面移动的距离为 dr，体积减小后外压 p_e 所做的功 W 为：

$$p_e = \text{const}$$

$$W = -p_e\int_{V_1}^{V_2}\mathrm{d}V = -p_e(V_2 - V_1) = -p_e\Delta V$$

将内能的变化过程与做功联系起来综合考虑。如图 2-5 所示，整理各个变化过程做功情况：

A_1 变化过程：　　$W_{A_1} = -p_1(V_2 - V_1) = -p_1\Delta V$

A_2 变化过程：　　$W_{A_2} = 0$ （V_2 一定）

B_1 变化过程：　　$W_{B_1} = 0$ （V_1 一定）

B_2 变化过程：　　$W_{B_2} = -p_2(V_2 - V_1) = -p_2\Delta V$

变化过程 A（$A_1 \to A_2$） 和变化过程 B（$B_1 \to B_2$），所做的功不同：

变化 A　　$W_{A_1} + W_{A_2} = -p_1\Delta V$

变化 B　　$W_{B_1} + W_{B_2} = -p_2\Delta V$

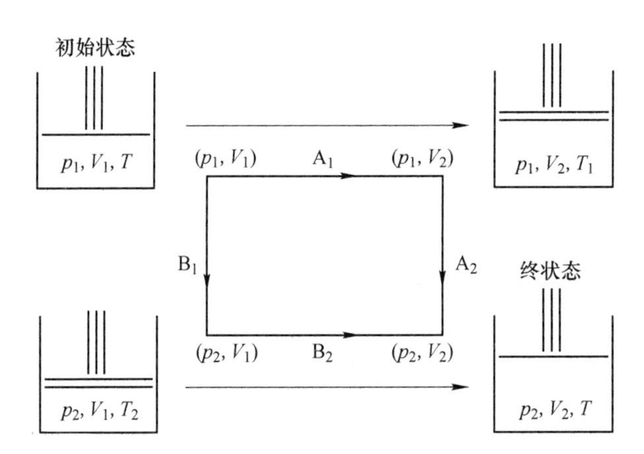

图 2-5　做功的不同变化路线

自然现象中，大都是一旦发生变化，就不能恢复到原来的状态，称为“不可逆过程（irreversible process）”。但是，如果维持在一定的条件下，也会出现变化后仍可恢复到原来状态的情况，这种情况被称为“可逆过程（reversible process）”。将上述两个过程整理之后，得到如下的计算公式：

（1）可逆过程。例如，等温可逆膨胀（温度一定时），体系所做的功为：

$$-W_r = \int_{V_1}^{V_2} p_e\mathrm{d}V = \int_{V_1}^{V_2}(p + \mathrm{d}p)\mathrm{d}V = \int_{V_1}^{V_2} p\mathrm{d}V + \int_{V_1}^{V_2}\mathrm{d}p\mathrm{d}V$$

$$= \int_{V_1}^{V_2} p\mathrm{d}V = \int_{V_1}^{V_2}\frac{nRT}{V}\mathrm{d}V = nRT\ln\frac{V_2}{V_1} = nRT\ln\frac{p_1}{p_2}$$

（2）不可逆过程。例如，存在压力差的情况，自然现象发生变化的过程为不可逆过程。

例题 02

某种理想气体，从体积 V 等温可逆膨胀到 $10V$，此时体系所做的功为 10kcal。最初的压强为 100atm，求出此时的体积 V。单位换算：$1\text{cal}=4.18\times10^{-2}\text{L}\cdot\text{atm}$。

由于是等温可逆膨胀过程，故符合以下运算公式：

$$-W_r = nRT\ln\frac{V_2}{V_1}$$

$$pV = nRT$$

$$V = \frac{nRT}{p}$$

计算结果如图 2-6 所示，求得的体积 V 为 1.82L。

B7 =B5*B6/LN(B3)

	A	B	C	D
1	等温可逆膨胀			
2				
3	体积变化	10	倍	
4	压强 (p)	100	atm	
5	做功 (-W)	10000	cal	
6	1 cal	4.18E-02	L.atm	
7	nRT	181.54		
8	V	1.82	L	

图 2-6 计算结果

单元格的设定

单元格 B7 =B5 * B6/LN(B3)

单元格 B8 =B7/B4

2.2 焓和热容量

关于体系变化的情况，有压强一定的恒压变化情况，还有体积一定的恒容变化情况。

首先，将恒压变化情况总结，有如下关系式：

（1）恒压变化（$p=\text{const}$）：

$$W = -p\Delta V$$

$$\Delta U = Q_p + W$$ 注：恒压条件下，体系吸收的热量为 Q_p。

$$Q_p = \Delta U + p\Delta V = \Delta(U + pV)$$

这里引入焓（H）的概念，焓变等于恒压条件下体系所吸收的热量，即 $H=U+pV$。

（2）恒容变化（$V=\text{const}$）：

$$W = 0$$

$$\Delta U = Q_V$$

注：恒容条件下，体系吸收的热量为 Q_V。

其次，有关热容量（heat capacity）的定义，可以根据恒压条件和恒容条件分别进行定义。

（1）恒压条件下，恒压热容量 C_p：

$$C_p = \frac{dQ_p}{dT} = \left(\frac{\partial H}{\partial T}\right)_p$$

$$dH = C_p dT$$

$$\Delta H = \int_{T_1}^{T_2} C_p dT$$

（2）恒容条件下，恒容热容量 C_V：

$$C_V = \frac{dQ_V}{dT} = \left(\frac{\partial U}{\partial T}\right)_V$$

$$dU = C_V dT$$

$$\Delta U = \int_{T_1}^{T_2} C_V dT$$

恒压热容与恒容热容的差，有如下关系式：

$$\begin{aligned} C_p - C_V &= \left(\frac{\partial H}{\partial T}\right)_p - \left(\frac{\partial U}{\partial T}\right)_V = \left[\frac{\partial(U + pV)}{\partial T}\right]_p - \left(\frac{\partial U}{\partial T}\right)_V \\ &= \left(\frac{\partial U}{\partial T}\right)_p + p\left(\frac{\partial V}{\partial T}\right)_p - \left(\frac{\partial U}{\partial T}\right)_V \end{aligned} \tag{1}$$

关于内能 U，恒压条件下（p=const）有如下关系式：

$$dU = \left(\frac{\partial U}{\partial V}\right)_T dV + \left(\frac{\partial U}{\partial T}\right)_V dT$$

$$\left(\frac{\partial U}{\partial T}\right)_p = \left(\frac{\partial U}{\partial V}\right)_T \cdot \left(\frac{\partial U}{\partial T}\right)_p + \left(\frac{\partial U}{\partial T}\right)_V \tag{2}$$

将式（2）代入到式（1）中，可得：

$$C_p - C_V = \left[p + \left(\frac{\partial U}{\partial V}\right)_T\right]\left(\frac{\partial V}{\partial T}\right)_p$$

此关系式为“外压与物质凝聚力的和”的表现形式。

理想气体在恒容条件下，有如下关系式：

$$\left(\frac{\partial U}{\partial V}\right)_T = 0$$

$$C_p - C_V = p\left(\frac{\partial V}{\partial T}\right)_p = p \cdot \frac{nR}{p}$$

$$C_p - C_V = nR$$

对理想气体的等温可逆膨胀（isothermally reversible expansion），在等温条件下（T 一定），根据 ΔU=0，可得如下关系式：

$$Q_r = -W_r = nRT\ln\frac{V_2}{V_1} = nRT\ln\frac{p_1}{p_2}$$

在绝热可逆膨胀（adiabatically reversible expansion）条件下，Q=0，则 ΔU=W，

$$dU = C_V dT,\ W = -pdV = -\frac{nRT}{V}dV$$

$$C_V dT = -\frac{nRT}{V}dV, \qquad \frac{C_V}{T}dT = -\frac{nR}{V}dV$$

$$\int_{T_1}^{T_2}\frac{C_V}{T}dT=-\int_{V_1}^{V_2}\frac{nR}{T}dV,\quad C_V\ln\frac{T_2}{T_1}=-nR\ln\frac{V_2}{V_1}$$

$$\ln\frac{V_2}{V_1}=\ln\left(\frac{T_1}{T_2}\right)^{\frac{C_V}{nR}},\quad \frac{T_1}{T_2}=\left(\frac{V_1}{V_2}\right)^{\frac{nR}{C_V}}$$

$C_p/C_V=\gamma$，则有：

$$C_p-C_V=nR$$

$$(\gamma-1)C_V=nR,\quad \gamma-1=\frac{nR}{C_V}$$

$$\frac{T_1}{T_2}=\left(\frac{V_2}{V_1}\right)^{\gamma-1}$$

另 $p_1V_1{}^{\gamma}=p_2V_2{}^{\gamma}=\text{const}$，气体为1mol时，恒容热容量 $C_V=\frac{3}{2}R$，恒压热容量 $C_p/C_V=\gamma$，则绝热系数为 $C_p/C_V=\gamma$。

例题 01

温度400K下，体积为7L的2mol理想气体，在外压为1atm的作用下，进行绝热膨胀，当气体的压强为2atm时，停止膨胀。求气体膨胀的后体系温度和气体的体积。

此时，$C_V=3\text{cal/K}$，$1\text{L}\cdot\text{atm}=24.2\text{cal}$。

绝热不可逆膨胀时，由 $Q=0$，$\Delta U=W$，

$$\begin{cases}W=-\int_{V_1}^{V_2}p_e dV\\ \Delta U=nC_V dT\end{cases}$$

$$nC_V(T_2-T_1)=-p_e(V_2-V_1)$$

$$nC_V(T_2-T_1)+p_e(V_2-V_1)=0 \tag{1}$$

$$nRT_2-p_2V_2=0 \tag{2}$$

上述例题的情况，可以利用上述两组算式的方程式，使用规划求解进行计算。如图2-7所示，按照式（1）、式（2）录入算式，此时可变单元格的数值可以录入“1”。

单元格的设定

目的单元格

单元格 D4　=B7 * B11 * (B5-B3)+B8 * (B6-B4)

单元格 D5　=B7 * B13 * B5-B9 * B6

可变单元格

单元格 B5　1

单元格 B6　1

将1atm换算成帕斯卡（Pa），于工作表中设定换算公式。

将两组算式设定之后，使用规划求解进行计算，得到的结果如图2-8所示，求得最终状态的温度 T_2 为322K，气体的体积 V_2 为26.4L。

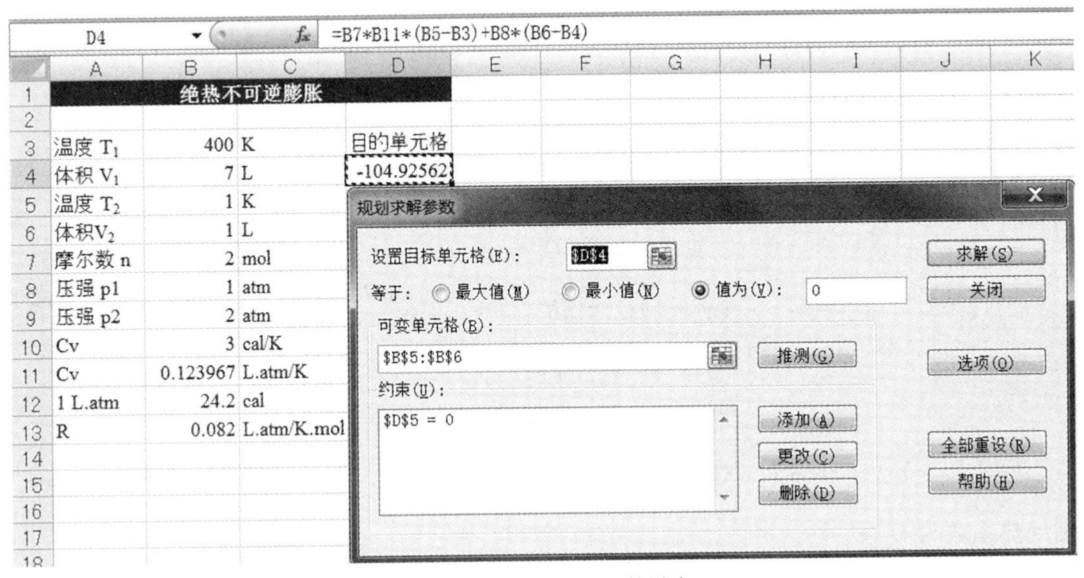

图 2-7　规划求解的函数设定

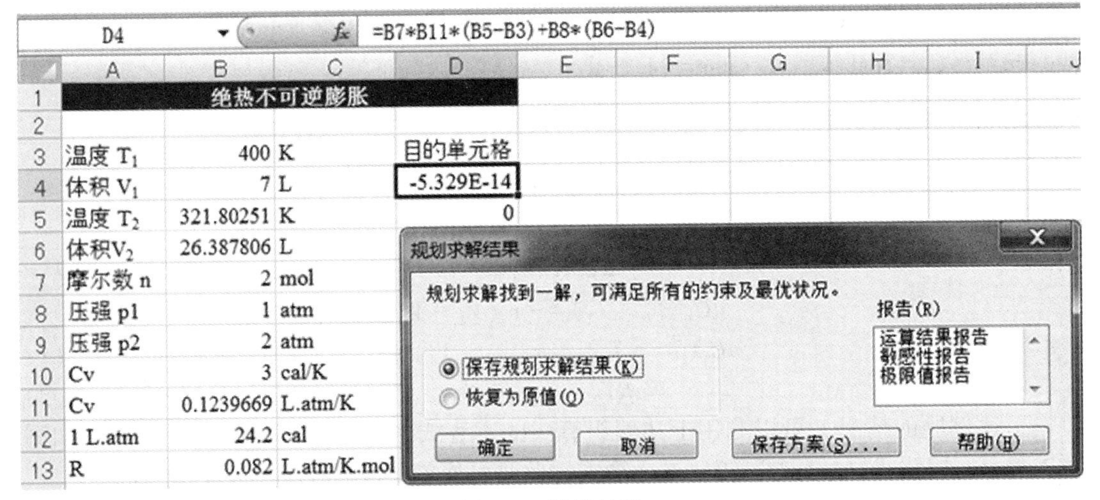

图 2-8　计算结果

2.3　反应热的温度变化

化学变化中，吸收的热量和放出的热量被称为反应热。这种研究物理和化学过程中热效应规律的学科，叫做热化学，是热力学第一定律的应用。化学反应的条件有恒体积和恒压两种情况，恒体积的情况也称为“恒容”。

（1）恒容条件下的恒容反应热：

$$\Delta Q_V = \Delta U$$

（2）恒压条件下的恒压反应热：

$$\Delta Q_p = \Delta H = \Delta U + \Delta(pV) = \Delta U + \Delta n \cdot RT$$

相应地，化学反应中气体摩尔数的增加用 Δn 进行表示。

压力罐式量热计（bomb calorimeter）TOPIC

压力罐式量热计，是用来测定固体物质于固定体积的容器中燃烧时所产生热量的量热计。为了保障容器的气密性，容器外壁设计的比较厚，能够耐受高温、高压。为了能够使测定物质于容器内部完全燃烧，一般采取向容器内充满氧气后，再进行点火。此类量热计一般采用安息香酸作为标准物质在特定的条件下进行量热矫正。

例题 01

使用压力罐式量热计测定安息香酸于25℃时的恒容燃烧热为-770.9kcal/mol。求出安息香酸于25℃的氧气中燃烧时的恒压燃烧热。假设恒压燃烧时，水蒸气浓缩后变成了水：

$$C_6H_5COOH(s) + \frac{15}{2}O_2(g) \longrightarrow 7CO_2(g) + 3H_2O(l)$$

如图2-9所示，已知安息香酸的恒容燃烧热，根据恒容燃烧热与恒压燃烧热的关系式 $\Delta H=\Delta U+\Delta n \cdot RT$ 进行计算。

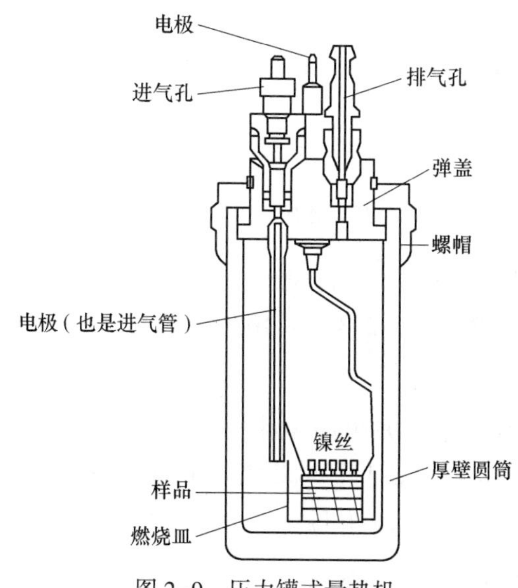

图2-9 压力罐式量热机

恒压燃烧热可以按照前面所述的公式进行设定，摩尔数的变化量可以根据反应式求出。计算后求出的恒压燃烧热如图2-10所示，为-771.2kcal/mol。

单元格的设定

单元格 B4 =B3+B7*(B8+273.15)*B9/1000

单元格 B5 =15/2

单元格 B7 =B6-B5

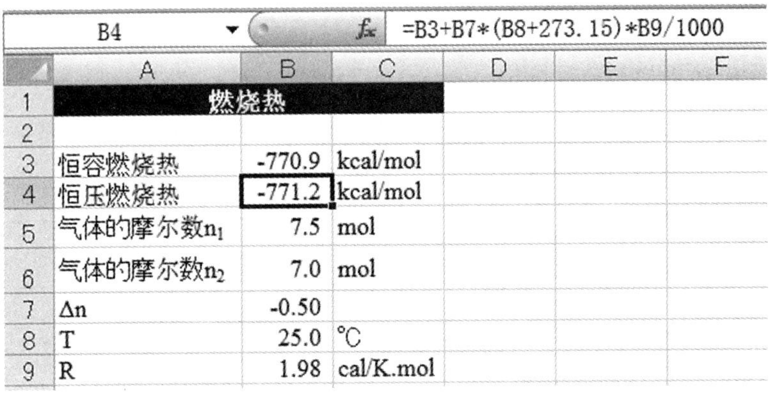

B4　f_x　=B3+B7*(B8+273.15)*B9/1000

	A	B	C	D	E	F
1	燃烧热					
2						
3	恒容燃烧热	-770.9	kcal/mol			
4	恒压燃烧热	-771.2	kcal/mol			
5	气体的摩尔数n1	7.5	mol			
6	气体的摩尔数n2	7.0	mol			
7	Δn	-0.50				
8	T	25.0	℃			
9	R	1.98	cal/K.mol			

图 2-10　计算结果

按照恒压条件下反应前后反应热的变化量，可以得到如下方程式：

$$\left(\frac{\partial \Delta H}{\partial T}\right)_p = \left(\frac{\partial H_{\text{pre}}}{\partial T}\right)_p - \left(\frac{\partial H_{\text{rea}}}{\partial T}\right)_p = (C_p)_{\text{pre}} - (C_p)_{\text{rea}} = \Delta C_p$$

这个方程式也称为“基尔霍夫（Kirchhoff）方程”。

将方程式积分后，可得：

$$\Delta H_2 - \Delta H_1 = \int_{T_1}^{T_2} \Delta C_p \mathrm{d}T = \Delta C_p (T_2 - T_1)$$

$T=0$ 为 $\Delta H^{\ominus}$，则：

$$\Delta H = \Delta H^{\ominus} + \int_0^T \Delta C_p \mathrm{d}T$$

恒压热容量可以用温度的多项式进行表示。例如，水蒸气的摩尔热容量可以表示为：

$$C_p = 7.129 + 2.374 \times 10^{-3} T + 2.67 \times 10^{-7} T^2$$

例题 02

100℃、1atm 下水的蒸发热为 9720cal/mol。求 27℃、1atm 下的蒸发热为多少。此时，水的摩尔热容量为 18.06cal/(K·mol)，水蒸气的摩尔热容量 C_p 如上述表达式所示。

蒸发反应的方程式为：　　$H_2O(l) \longrightarrow H_2O(g)$

根据蒸发反应，得到热容量的差为：

$$\Delta C_p = (C_p)_{\text{pre}} - (C_p)_{\text{rea}}$$

$$\Delta H_{T_2} - \Delta H_{T_1} = \int_{T_1}^{T_2} \Delta C_p \mathrm{d}T = \left(aT + \frac{b}{2}T^2 + \frac{c}{3}T^3\right)_{T_1}^{T_2}$$

$$\Delta H_{T_1} = \Delta H_{T_2} - \int_{T_1}^{T_2} \Delta C_p \mathrm{d}T$$

摩尔热容量的系数 a 为水蒸发前后的热容差。

单元格的设定

单元格 B6 =B5-B9

单元格 B8 =273.15+B7

单元格 B9 =(D3-B4) * (373.15-B8)+E3/2 * (373.15^2-B8^2)+F3/3 * (373.15^3-B8^3)

根据上述的关系式，算式的设定如图 2-11 所示。计算结果得出 27℃时的蒸发热为 10.45kcal/mol。

B11 =(D3-B4)*(373.15-B8)+E3/2*(373.15^2-B8^2)+F3/3*(373.15^3-B8^3)

	A	B	C	D	E	F	G	H	I
1	蒸发热								
2	水蒸气的摩尔热容量			系数 a	系数 b	系数 c			
3	$Cp = a + bT + cT^2$			7.219	2.37E-03	2.67E-07			
4	水的摩尔热容量	18.06	cal/K.mol	Cp=	-9.92				
5	ΔH(100℃)	9720	cal/mol	T=	373.15				
6	ΔH(27℃)	10451	cal/mol						
7	温度	27	℃						
8	T1	300.15	K						
9	T2	373.15	K						
10	n(偶数)	200							
11	∫ΔCp dT	-730.8	cal/mol						

图 2-11 计算结果（1）

本道例题是通过积分算出摩尔热容量，积分中有数值积分，本例题使用 VB 中的宏进行数值积分进行运算。

使用数值积分中的 Simpson 算法，写入宏代码，如图 2-12 所示。

```
Public Sub Simpson()
t1 = Cells(8, 2)
t2 = Cells(9, 2)
n = Cells(10, 2)
h = (t2 - t1) / n
Cells(5, 5) = t1
ft1 = Cells(4, 5)
Cells(5, 5) = t2
ft2 = Cells(4, 5)
fsum = ft1 - ft2
For i = 1 To n - 1 Step 2
    Cells(5, 5) = t1 + h * i
    fi = Cells(4, 5)
    Cells(5, 5) = t1 + h * (i + 1)
    fj = Cells(4, 5)
    fsum = fsum + 4 * fj + 2 * fi
Next i
Cells(11, 2) = h / 3 * fsum
End Sub
```

图 2-12 使用 Simpson 算法进行数值积分的宏代码

为了将摩尔热容量的温度函数进行积分，于工作表上的 E4 单元格中录入函数关系式，单元格 E5 中录入随温度数值变化而变化的计算宏代码，如图 2-13 所示。Excel 中的宏，可以使用 Cells( ) 函数进行单元格数据的运算，也是 Excel 的计算特征之一。有关数值积分中的 Simpson 算法，可以通过专业的工具书详细了解。

E4　　fx　=(D3-B4)+E3*E5+F3*E5^2

	A	B	C	D	E	F
1	蒸发热					
2	水蒸气的摩尔热容量			系数 a	系数 b	系数 c
3	$Cp = a + bT + cT^2$			7.219	2.37E-03	2.67E-07
4	水的摩尔热容量	18.06	cal/K.mol	Cp=	-9.92	
5	ΔH(100℃)	9720	cal/mol	T=	373.15	
6	ΔH(27℃)	10451	cal/mol			
7	温度	27	℃			
8	T1	300.15	K			
9	T2	373.15	K			
10	n(偶数)	200				
11	∫ΔCp dT	-730.8	cal/mol			

图 2-13　计算结果（2）

单元格的设定

单元格 E4　Cells(4,5)=(D3-B4)+E3 * E5+F3 * E5^2　摩尔热容量的函数

单元格 E5　Cells(5,5)　函数中的变量-温度

通过单元格 E4 和 E5 之间数据的换算,可以进行函数数值积分的运算。

单元格 B6　=B5-B11

单元格 B10　200　积分区间数值

单元格 B11　Cells(11,2)　积分值的输出

根据数值积分计算得到的结果与上述结果一致。

使用 Simpson 算法进行数值积分，需要函数于 VB 与单元格之间进行互换运算。

2.4　卡诺循环

从高温热源中吸收热量，然后转化成机械能做功的装置称为热机。能量通过从高温热源获取热量，一部分转化为机械能做功，其余部分流向低温热源。如图 2-14 所示，像这样将热机的做功过程循环操作，被称为“卡诺循环”（Carnot cycle）。

卡诺循环过程有恒温膨胀、绝热膨胀、等温压缩和绝热压缩 4 个步骤。

（1）恒温膨胀（isothermal expansion）。恒温条件下，$\Delta U=0$，温度 T_2 状态下，气体的体积由 V_1 膨胀到 V_2 时，气体所做的功如下：

$$-W_1 = Q_2 = \int_{p_1}^{p_2} p\mathrm{d}V = \int_{V_1}^{V_2} \frac{nRT_2}{V}\mathrm{d}V = nRT_2\ln\frac{V_2}{V_1}$$

$$W_1 = -nRT_2\ln\frac{V_2}{V_1}(<0)$$

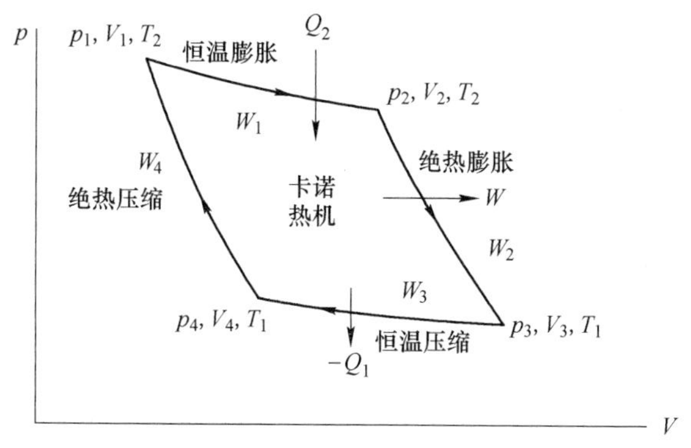

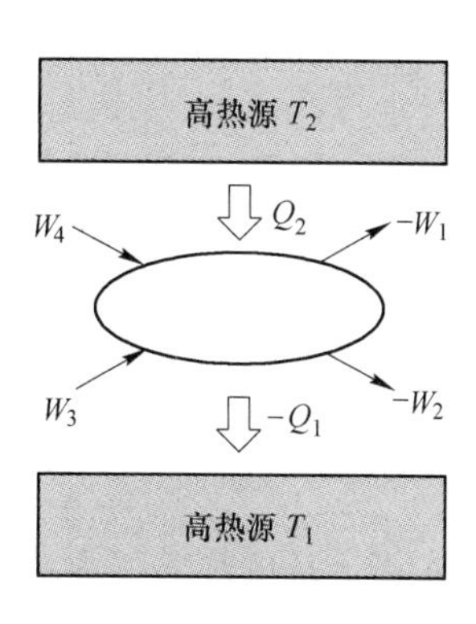

图 2-14 卡诺循环

(2) 绝热膨胀 (adiabatic expansion)。绝热条件下，$Q=0$，体积由 V_2 膨胀到 V_3，温度由 T_2 降到 T_1，气体所做的功如下：

$$-W_2=-\Delta U$$

$$\mathrm{d}U=nC_V\mathrm{d}T$$

$$-W_2=-\int_{T_2}^{T_1}nC_V\mathrm{d}V=-nC_V(T_1-T_2)$$

$$W_2=nC_V(T_1-T_2)(<0)$$

(3) 恒温压缩 (isothermal compression)。等温条件下，$\Delta U=0$，由于热量传递至低温 T_1，为了维持热量的平衡，气体的体积由 V_3 等温压缩至 V_4，气体所做的功如下：

$$W_3=-Q_1=-\int_{p_3}^{p_4}p\mathrm{d}V=-\int_{V_3}^{V_4}\frac{nRT_1}{V}\mathrm{d}V$$

$$W_3=-nRT_1\ln\frac{V_4}{V_3}(>0)$$

(4) 绝热压缩 (adiabatic compression)。绝热条件下，$Q=0$，通过绝热压缩操作，体积由 V_4 压缩到 V_1，温度由 T_1 上升至 T_2，气体所做的功如下：

$$W_4=\Delta U=\int_{T_1}^{T_2}nC_V\mathrm{d}T=nC_V(T_2-T_1)(>0)$$

$$W_4=-W_2$$

综合以上循环操作，体系所做的功 $-W$ 为：

$$\begin{aligned}W&=\sum W_i=W_1+W_2+W_3+W_4\\&=W_1+W_2+W_3-W_2=W_1+W_3\\&=-nRT_2\ln\frac{V_2}{V_1}-nRT_1\ln\frac{V_4}{V_3}\\&=-nR\left(T_2\ln\frac{V_2}{V_1}+T_1\ln\frac{V_4}{V_3}\right)\end{aligned}$$

$$-W=nR\left(T_2\ln\frac{V_2}{V_1}+T_1\ln\frac{V_4}{V_3}\right)$$

绝热过程中：

$$\frac{T_1}{T_2}=\left(\frac{V_2}{V_3}\right)^{\gamma-1}=\left(\frac{V_1}{V_4}\right)^{\gamma-1}$$

得：

$$\frac{V_4}{V_3}=\frac{V_1}{V_2}$$

将上述算式代入体系做功的方程式中，有如下关系式：

$$-W=nR(T_2-T_1)\ln\frac{V_2}{V_1}=Q_2+Q_1$$

则卡诺循环的热效率为：

$$e=\frac{-W}{Q_2}=\frac{Q_2+Q_1}{Q_2}=\frac{T_2-T_1}{T_2}$$

例题 01

求 185℃与 37℃之间工作的卡诺循环热机的热效率为多少。

热效率可以通过 $e=\frac{T_2-T_1}{T_2}$进行求解。

单元格的设定

单元格 B5　=((273.15+B4)-(273.15+B3))/(273.15+B4)

热效率的计算按照上述公式进行设定，如图 2-15 所示。根据计算结果，求得的热效率为 0.323。

B5　f_x　=((273.15+B4)-(273.15+B3))/(273.15+B4)

	A	B	C	D	E	F	G	H
1	可逆热机							
2								
3	温度T1	37	℃					
4	温度T2	185	℃					
5	热效率 e	0.323						

图 2-15　计算结果

例题 02

1mol 的氢气于 75℃、1atm 下，作为可逆循环卡诺热机的作业物质。首先，等温膨胀过程中体积膨胀至原来的 2 倍；其次，绝热膨胀至原来体积的 4 倍；最后，再通过恒温压缩和绝热压缩操作恢复至原来状态。求这个循环过程中，各步骤体系所做的功和该可逆热机的热效率。此时，作业物质的 $\gamma=1.4$。

体积变化 $V_2=2V_1$，$V_3=4V_1$，$V_4=2V_1$。

C_V 可以根据 $C_V=\frac{nR}{\gamma-1}$求解。

假设 T_2 为 75℃，则 T_1 可以根据 $T_1=\frac{T_2V_2^{\gamma-1}}{V_3^{\gamma-1}}$进行计算。

单元格的设定

单元格 D9　=B4 * B3/(B9-1)
单元格 D10　=B4 * B3 * D5 * LN(B8/B7)
单元格 D11　=-B4 * D9 * (D6-D5)
单元格 D12　=-B4 * B3 * D6 * LN(D8/D7)
单元格 D13　=B4 * D9 * (D5-D6)
单元格 D14　=-D10-D11+D12+D13
单元格 D15　=(D5-D6)/D5

将卡诺循环的各个步骤体系所做的功按照计算公式进行设定。

依据计算结果，如图 2-16 所示，体系综合做功-115.7cal，此可逆热机的热效率为 0.242。

D15　=(D5-D6)/D5

	A	B	C	D	E
1	卡诺循环				
2					
3	R	1.98	cal/K.mol		
4	n	1			
5	T2	75	℃	348.15	K
6	T1	-9.30164	℃	263.84836	K
7	V1	1	V3	4	
8	V2	2	V4	2	
9	γ	1.4	Cv	4.95	cal/K.mol
10	（1）恒温膨胀		-W1	477.812	cal
11	（2）绝热膨胀		-W2	417.29311	cal
12	（3）等温压缩		W3	362.11378	cal
13	（4）绝热压缩		W4	417.29311	cal
14	综合做功		W	-115.6982	cal
15	热效率		e	0.2421417	

图 2-16　计算结果

2.5　热力学第二定律

热力学第一定律为能量守恒定律，即 $\Delta U=Q+W$，否定了创造能量和消灭能量的可能性。但是，热力学第二定律阐明了能量变化的方向性，否定了以特殊方式利用能量的可能性[5]。将热力学第二定律的相关原理总结之后，主要有以下三种学说：

（1）Thomson（Kelvin）学说。假设能量不会从高温热源移动到低温热源，循环过程仅从热源获得能量转化成做功是不可能的。如图 2-17 所示，不可能从单一热源获取热量使之完全转变为功，而不发生其他的变化。

（2）Clausius 学说。假设功无法转化为热量，如图 2-18 所示，不可能把热从低温物体传到高温物体而不引起其他变化。

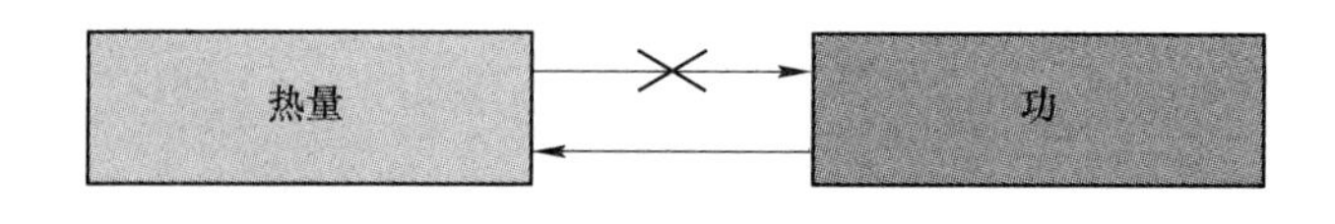

图 2-17 Thomson 学说

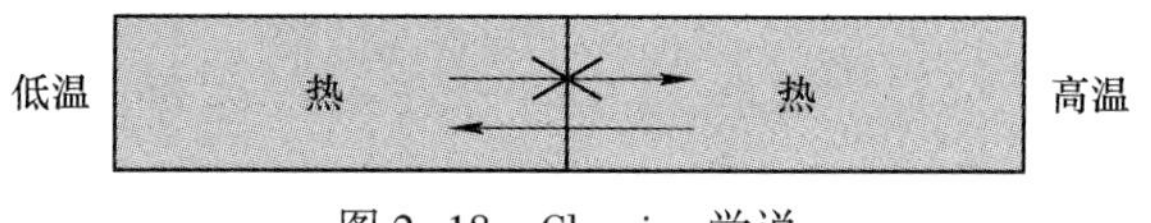

图 2-18 Clausius 学说

（3）Planck 学说。不可能从单一热源吸取热量，并将这热量变为功，而不留下其他任何变化。即“第二类永动机❶是不可能造成的”。

开尔文（Kelvin）TOPIC

开尔文是绝对温度的单位，命名来源于开尔文勋爵（Lord Kelvin）。开尔文勋爵原名汤姆森（William Thomson），10 岁时就进入格拉斯哥大学预科学习，17 岁时曾立志：“科学领路到哪里，就在哪里攀登不息。”1845 年毕业于剑桥大学，在大学学习期间曾获兰格勒奖金第二名，史密斯奖金第一名。毕业后他赴巴黎跟随物理学家和化学家 V. 勒尼奥从事实验工作一年。1846 年受聘为格拉斯哥大学自然哲学（物理学当时的别名）教授，任职达 53 年之久。由于对装设第一条大西洋海底电缆有功，英政府于 1866 年封他为爵士，并于 1892 年晋升为开尔文勋爵，开尔文这个名字就是从此开始的。1890~1895 年任伦敦皇家学会会长。1877 年被选为法国科学院院士。1904 年任格拉斯哥大学校长，直到 1907 年 12 月 17 日在苏格兰的内瑟霍尔逝世为止。

开尔文研究范围广泛，在热学、电磁学、流体力学、光学、地球物理、数学、工程应用等方面都做出了贡献。他一生发表论文多达 600 余篇，取得 70 种发明专利。他在当时科学界享有极高的名望，受到英国本国和欧美各国科学家、科学团体的推崇。他在热学、电磁学及它们的工程应用方面的研究最为出色。

开尔文是热力学的主要奠基人之一，在热力学的发展中做出了一系列的重大贡献。他根据盖·吕萨克、卡诺和克拉伯龙的理论于 1848 年创立了热力学温标。

例题 01

现有理想气体氖 10L，0℃、10atm，将其按照 3 种不同的方式（等温可逆膨胀、绝热可逆膨胀、绝热不可逆膨胀）进行膨胀，求压强为 1atm 时的最终容积和其体系所做的功。假设氖气此类单原子分子的热容量不受温度影响，其热容量 $C_V = 1.5R$。

---

❶ 第一类永动机：一种不消耗任何能量但可以源源不断输出动力的发动机（违反热力学第一定律）。
第二类永动机：不消耗任何能量，吸收周围的能量并输出动力的发动机（违反热力学第二定律）。

相关体积的变化：

（1）等温可逆膨胀：

$$V_2 = \frac{p_1 V_1}{p_2}$$

（2）绝热可逆膨胀：

$$V_2 = \left(\frac{p_1}{p_2}\right)^{\frac{1}{\gamma}} \cdot V_1 = \left(\frac{p_1}{p_2}\right)^{\frac{C_V}{C_p}} \cdot V_1$$

$$V_2 = \frac{nRT_2}{p_2}$$

（3）绝热不可逆膨胀：

按照下列公式，求出各步骤体系所做的功：

$$Q = 0, \qquad W = \Delta U = nC_V(T_2 - T_1)$$

由 $p_2 = \text{const}$ 可得，

$$-W = p_2 \Delta V = p_2(V_2 - V_1) = p_2\left(\frac{nRT_2}{p_2} - \frac{nRT_1}{p_1}\right) = nR\left(T_2 - \frac{T_1 p_2}{p_1}\right)$$

工作表中按照等温可逆膨胀的算式进行设定，如图 2-19 所示。按照绝热可逆膨胀的算式进行设定，如图 2-20 所示。

单元格的设定

单元格 B4　=B3/1013000000 * 10000000
单元格 B10　=3/2 * B3
单元格 B11　=(B10+B3)/B10
单元格 B13　=B7 * B6/B8
单元格 B14　=-B13/B5 * B3 * B9 * LN(B13/B6)

B14　=-B13/B5*B3*B9*LN(B13/B6)

	A	B	C	D	E	F
1	膨胀过程					
2						
3	R	8.31	J/K.mol			
4	R	0.0820336	L.atm/K.mol			
5	体积 V0	22.4	L			
6	体积 V1	10	L			
7	压强 p1	10	atm			
8	压强 p2	1	atm			
9	温度 T1	273.15	K			
10	Cv	12.465				
11	γ	1.6666667				
12	(1)等温可逆膨胀			(2)绝热可逆膨胀		
13	体积 V2	100	L	体积 V2	39.810717	L
14	做功 W1	-23332.96	J	温度 T2	108.70673	K
15				做功 W1	-9150.827	J

图 2-19　计算结果（1）

单元格的设定

单元格 E13 =(B7/B8)^(1/B11) * B6

单元格 E14 =B8 * E13/(B13/B5)/B4

单元格 E15 =B13/B5 * B10 * (E14-B9)

E15 fx =B13/B5*B10*(E14-B9)

	A	B	C	D	E	F
1			膨胀过程			
2						
3	R	8.31	J/K.mol			
4	R	0.0820336	L.atm/K.mol			
5	体积 V0	22.4	L			
6	体积 V1	10	L			
7	压强 p1	10	atm			
8	压强 p2	1	atm			
9	温度 T1	273.15	K			
10	Cv	12.465				
11	γ	1.6666667				
12	(1)等温可逆膨胀			(2)绝热可逆膨胀		
13	体积 V2	100	L	体积 V2	39.810717	L
14	做功 W1	-23332.96	J	温度 T2	108.70673	K
15				做功 W1	-9150.827	J

图 2-20 计算结果（2）

等温可逆膨胀的体积 V_2 可以根据 $p_1V_1=p_2V_2$ 求出，求得的 V_2 为 100L，对应的体系所做的功为-2.33×10^4J。

绝热可逆膨胀的体积 V_2 可按照 $V_2=\left(\frac{p_1}{p_2}\right)^{\frac{1}{\gamma}}\cdot V_1$ 求出，结果为 39.8L；温度 T_2 可根据 $T_2=\frac{p_2V_2}{nR}$求出，结果为 108.7K。此时，体系所做的功为-9.15×10^3J。

对于绝热不可逆膨胀，压强剧烈地减少至 1atm 时，气体将在恒压的抵抗下进行绝热膨胀，使用规划求解进行计算得出 T_2，如图 2-21 所示。规划求解时，温度 T_2 可录入适当的数值 100。

于工作表中按照绝热不可逆膨胀算式进行参数的设定。

单元格的设定

可变单元格

单元格 B17 =100

算式输入单元格

单元格 D18 =B3 * (B17-B8/B7 * B9)+B3 * 3/2 * (B17-B9)

单元格 B18 =B13/B5 * B4 * B17/B8

单元格 B19 =B13/B5 * 3/2 * B3 * (B17-B9)

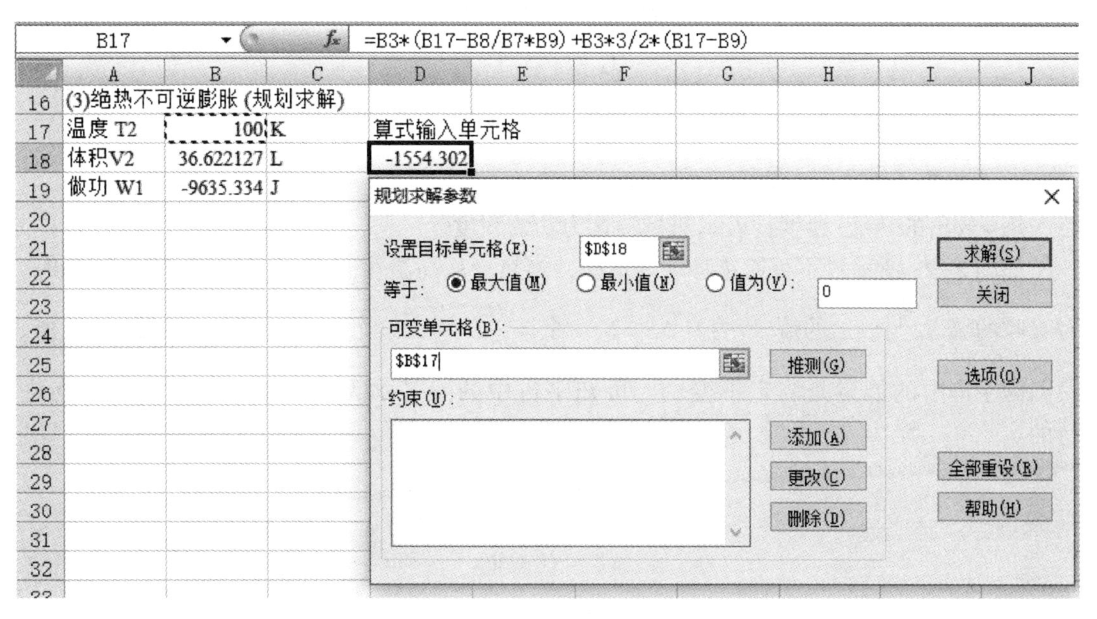

图 2-21　计算（3）规划求解的设定

使用规划求解，按照极限值报告计算得到的结果如图 2-22 所示，温度 T_2 为 174.8K，体积 V_2 为 64.0L，相应的体系所做的功为 -5.47×10^3J。由上述结果可知，绝热不可逆膨胀要比绝热可逆膨胀后的温度稍有下降，可知体系对气体外做了少量的功。

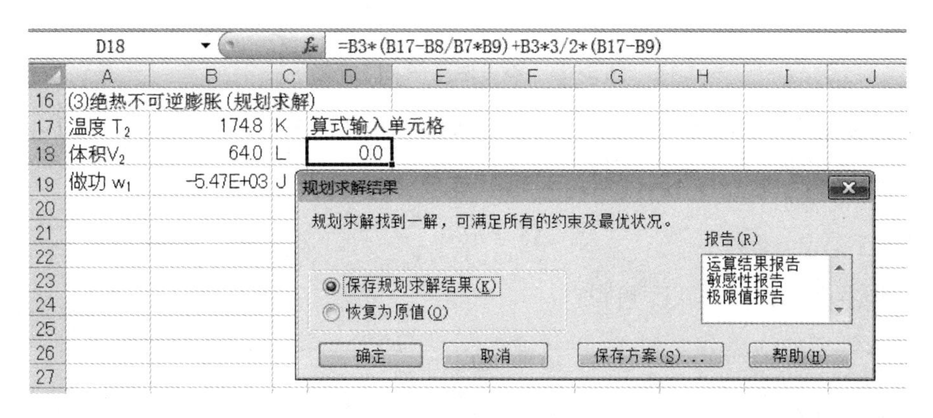

图 2-22　计算结果（3）

2.6　熵

同“焓”一样，“熵”也是能量容量因子一种状态函数。热量循环过程中的热效率 e 有如下关系式：

$$e=\frac{W}{Q}=\frac{T_2-T_1}{T_2}$$

$$W=Q_2-Q_1$$

$$\frac{Q_2 - Q_1}{Q_2} = \frac{T_2 - T_1}{T_2}$$

$$\frac{Q_1}{T_1} = \frac{Q_2}{T_2} = S(\text{entropy})$$

上述关系式也推导出了“熵”的定义，即：

熵=放出的热能/温度，表示热量转化为功的程度。

如图 2-23 所示对不可逆热移动的情况，当热量从高温热源 T_2 向低温热源 T_1 移动时，对吸收的熵 S_1 与放出的熵 S_2 的差 $\Delta S = S_1 - S_2 = \frac{Q}{T_1} - \frac{Q}{T_2} = Q\left(\frac{1}{T_1} - \frac{1}{T_2}\right) > 0$，则 ΔS 为正值。又因为宇宙中的能量是固定不变的，可知宇宙中的熵是永无止境地向着增大的方向进行的。

$$\Delta S = S_B - S_A = \int_A^B \frac{dQ_r}{T} = \frac{\Delta Q}{T}$$

$$\Delta U = Q + W$$

$$dQ = dU - dW = nC_V dT + pdV = nC_V dT + nRT\frac{dV}{V}$$

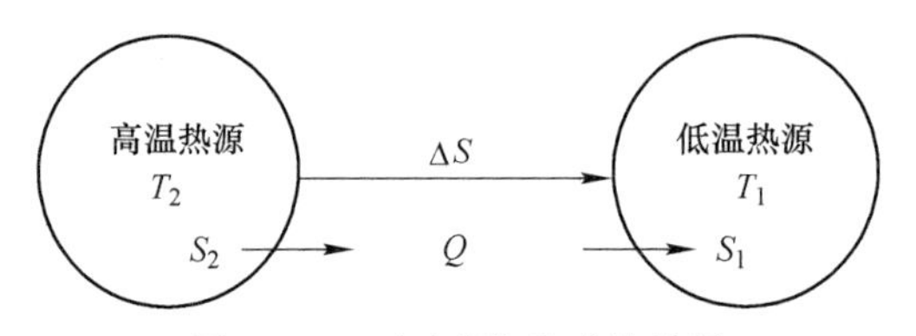

图 2-23　不可逆热移动的情况

由上述关系式可求出 ΔS。将 ΔS 于恒温、恒容、恒压的各条件整理后，有如下关系式：

（1）恒温变化，由 $T_2 = T_1$ 可得：

$$\Delta S = nR\ln\frac{V_2}{V_1}$$

（2）恒容变化，由 $V_2 = V_1$ 可得：

$$\Delta S = nC_V\ln\frac{T_2}{T_1}$$

（3）恒压变化：

$$\Delta S = n(C_p - R)\ln\frac{T_2}{T_1} + nR\ln\frac{V_2}{V_1} = nC_p\ln\frac{T_2}{T_1}$$

（4）混合熵变（两种以上的气体）：

$$\begin{cases} p_1 = x_1 p \\ p_2 = x_2 p \end{cases}$$

$$\Delta S = x_1 R\ln\frac{p}{p_1} + x_2 R\ln\frac{p}{p_2} = -R\left(x_1\ln\frac{p_1}{p} + x_2\ln\frac{p_2}{p}\right)$$

$$= -R(x_1\ln x_1 + x_2\ln x_2) = -R\sum_1^n x_i\ln x_i$$

例题 01

将理想气体 2mol 从 27℃、1atm 的状态变化至 127℃、5atm 的状态。求出此时的焓变 ΔH 和熵变 ΔS，理想气体的 $C_p=5.0\text{cal/(K}\cdot\text{mol)}$。

状态变化过程中伴随焓变和熵变的变化量，可按照如下公式进行计算：

$$\Delta H = nC_p \mathrm{d}T$$

$$\Delta S = nR\ln\frac{p_1}{p_2} + nC_p\ln\frac{T_2}{T_1}$$

单元格的设定

单元格 B10　=B9 * B8 * (B5-B4)

单元格 B11　=B3 * B9 * LN(B6/B7)+B3 * B8 * LN(B5/B4)

于工作表中按照焓变和熵变各变化量的方程式进行算式的设定。

计算结果如图 2-24 所示，求出的 ΔH 为 990cal、ΔS 为-3.50cal/K。

B11　=B3*B9*LN(B6/B7)+B3*B8*LN(B5/B4)

	A	B	C	D	E	F
1	焓变和熵变					
2						
3	n	2	mol			
4	温度 T1	300.15	K			
5	温度 T2	400.15	K			
6	压力 p1	1	atm			
7	压力 p2	5	atm			
8	Cp	5	cal/K.mol			
9	R	1.98	cal/K.mol			
10	ΔH	990	cal			
11	ΔS	-3.497803	cal/K			

图 2-24　计算结果

例题 02

空气的组成为：N_2 79%、O_2 20%、Ar 1%，求出空气的混合熵变。

混合气体的熵变，可以根据下述公式进行计算：

$$\Delta S = -R\sum_{1}^{3} x_i \ln x_i$$

单元格的设定

单元格 B8　=-B7 * (D4 * LN(D4)+D5 * LN(D5)+D6 * LN(D6))

于工作表中按照混合熵变的方程式进行算式的设定。

计算结果如图 2-25 所示，求出的 ΔS 为 1.097cal/(K · mol)。

例题 03

求将 0℃的冰变成 100℃、1atm 的水蒸气，加热所致的熵变增加了多少。此时，冰于 0℃时的溶解热为 1436cal，水于 100℃时的蒸发热为 9720cal。另外，液态水的平均比热为 1.0cal/℃。

B8 =-B7*(D4*LN(D4)+D5*LN(D5)+D6*LN(D6))

	A	B	C	D	E	F
1	混合熵变					
2						
3	空气的组成					
4	N_2	79	%	0.79		
5	O_2	20	%	0.2		
6	Ar	1	%	0.01		
7	R	1.98	cal/K.mol			
8	ΔS	1.0972367	cal/K.mol			

图 2-25 计算结果

如图 2-26 所示，0℃的冰，首先变成 0℃的水，然后温度上升至 100℃的热水，再变成 100℃的水蒸气。

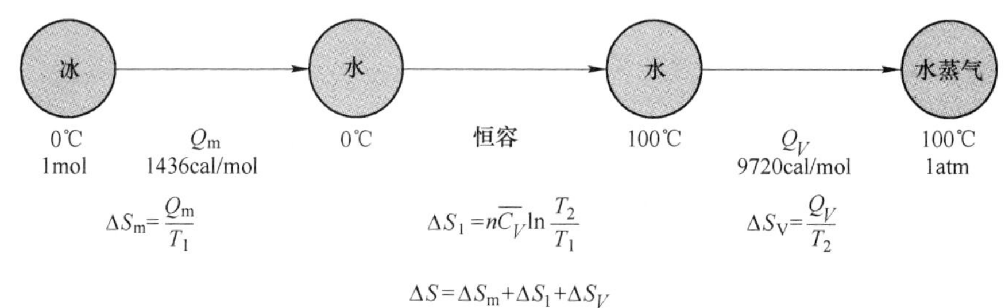

$\Delta S = \Delta S_m + \Delta S_1 + \Delta S_V$

图 2-26 水的状态变化

单元格的设定

单元格 B6 =B3/E3

单元格 B7 =B4 * LN(E4/E3)

单元格 B8 =B5/E

单元格 B9 =SUM(B6:B8)

如上述所示，于各单元格进行算式的设定，求出各个步骤的熵变。

根据计算结果，各个步骤的熵的变化量结果如图 2-27 所示，总的熵变量为 36.9cal/K。

B7 =B4*LN(E4/E3)

	A	B	C	D	E	F
1	水的状态变化过程中伴随的熵的变化					
2						
3	冰的溶解热	1436	cal/mol	熔点	273.15	K
4	定容热容量	18	cal/K.mol	沸点	373.15	K
5	水的蒸发热	9720	cal/mol			
6	ΔS_m	5.257185				
7	ΔS_ℓ	5.615269				
8	ΔS_V	26.04851				
9	ΔS	36.92096	cal/K			

图 2-27 计算结果

为了说明孤立体系中的熵增加的自然现象，如图 2-28 所示，M 个分子在状态 A 下，左半部分存在的概率为 1，而到达状态 B 的情况下，左半部分存在的概率相对于状态 A 有如下关系式：

$$\frac{W_A}{W_B} = \left(\frac{1}{2}\right)^M$$

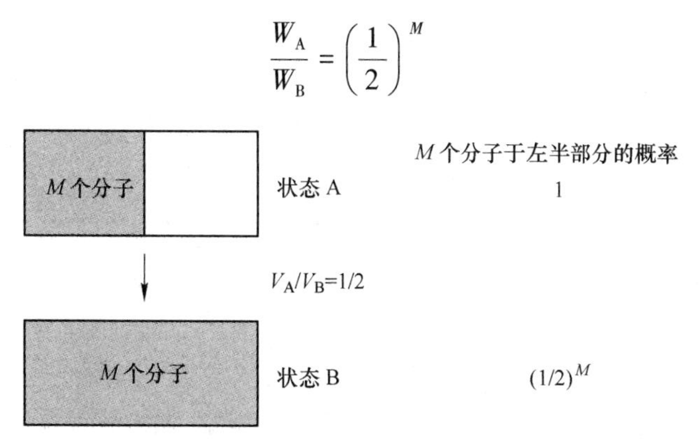

图 2-28　密闭体系中伴随状态变化分子存在的概率

一般情况下，有如下关系式：

$$\frac{W_A}{W_B} = \left(\frac{V_A}{V_B}\right)^M$$

$$\ln\frac{W_A}{W_B} = M\ln\frac{V_A}{V_B}$$

1mol 气体的体积由 V_A 变化到 V_B，对应的熵变为：

$$\Delta S = S_B - S_A = R\ln\frac{V_B}{V_A}$$

M 个气体分子的阿伏伽德罗常数（N_A）相等，则有如下关系式：

$$\Delta S = \frac{R}{N_A}\ln\frac{W_B}{W_A}$$

某状态下的熵，描述的是其体系在某状态下存在概率与自然对数 $\ln W$ 的积，即熵与自然对数 $\ln W$ 成正比。按照玻耳兹曼（Boltzmann）的学说，熵可以定义为玻耳兹曼常数乘以系统分子状态数的对数值：

$$S = \frac{R}{N_A}\ln W = \kappa\ln W$$

$$\kappa = \frac{R}{N_A}\quad(\text{Boltzmann's constant})$$

上述公式中，W 为微观状态数。玻耳兹曼将熵定义为一种特殊状态的概率：原子聚集方式的数量，即熵描述的是微粒体系中因能量分布而导致的微观状态分布的一种函数。

2.7　热力学第三定律和自由能

热力学第三定律，以普朗克（M. Planck，1858～1947）的表述最为适用："在热力学温度零度（即 T=0K）时，一切完美晶体的熵值等于零。"所谓"完美晶体"是指没有任何缺陷的规则晶体，并且只有完美晶体才可以达到绝对零度（0K），其他情况很难冷却到绝对零度。

热力学第三定律中对应温度 T(K) 的熵有如下关系式：

$$S_T = \int_0^T \frac{C_p}{T} dT = \int_0^T C_p d\ln T$$

热力学第三定律下的规定，1atm、1mol 物质对应的标准状态的熵，称为“标准熵”。

普朗克（Max K. E. L. Planck）TOPIC

马克斯·卡尔·恩斯特·路德维希·普朗克（Max Karl Ernst Ludwig Planck，1858 年 4 月 23 日~1947 年 10 月 4 日，享年 89 岁），出生于德国荷尔施泰因，是德国著名的物理学家和量子力学的重要创始人之一。

1874 年，普朗克进入慕尼黑大学攻读数学专业，后改读物理学专业。1877 年转入柏林大学，曾聆听亥姆霍兹和基尔霍夫教授的讲课，1879 年获得博士学位。1930~1937 年任德国威廉皇家学会的会长，该学会后为纪念普朗克而改名为马克斯·普朗克学会。

从博士论文开始，普朗克一直关注并研究热力学第二定律，发表诸多论文。大约从 1894 年起，开始研究黑体辐射问题，发现普朗克辐射定律，并在论证过程中提出能量子概念和常数 h（后称为普朗克常数），成为此后微观物理学中最基本的概念和极为重要的普适常量。1900 年 12 月 14 日，普朗克在德国物理学会上报告这一结果，成为量子理论诞生和新物理学革命宣告开始的伟大时刻。由于这一发现，普朗克获得了 1918 年诺贝尔物理学奖。

例题 01

固态的银 0~60K 的摩尔热容量 C_p(cal/K) 有如下公式：

$$C_p = -0.023T + 2.5 \times 10^{-3}T^2 - 1.9 \times 10^{-5}T^3$$

求出 60K 下固态银的热力学第三定律规定熵。

热力学第三定律下的规定熵可以通过摩尔热容量 C_p 和温度 T 的积分计算得到。

$$S_T = \int_0^T \frac{C_P}{T} dT = \int_0^{60} (a + bT + CT^2) dT = \left[aT + \frac{b}{2}T^2 + \frac{C}{3}T^3 \right]_0^{60}$$

单元格的设定

单元格 B5　=C3 * B4+D3/2 * B4^2+E3/3 * B4^3

于工作表中按照算式进行设定。计算结果如图 2-29 所示，此状态下银的热力学第三定律规定熵为 1.75cal/K。

定义自由能，有恒容条件和恒压条件两种情况：

（1）恒容条件：

$$W = \Delta U - Q_V = \Delta U - T\Delta S = \Delta(U - TS)$$

B5	=C3*B4+D3/2*B4^2+E3/3*B4^3				
	A	B	C	D	E
1	热力学第三定律规定熵S_T				
2			系数 a	系数 b	系数 c
3	$C_p = aT + bT^2 + cT^3$		-0.023	0.0025	-1.9E-05
4	温度	60	K		
5	S_T	1.752	cal/K		

图 2-29 计算结果

$$F = U - TS$$

如上述方程式，恒容条件下定义的自由能被称为亥姆霍兹（Helmholtz）自由能。

(2) 恒压条件：

$$W = \Delta H - Q_p = \Delta H - T\Delta S = \Delta(H - TS)$$

$$G = H - TS$$

如上述方程式，恒压条件下定义的自由能被称为吉布斯（Gibbs）自由能。

例题 02

氖气在 298~398K 的恒容比热容 C_V=2.980cal/(K·mol)。分别求出氖气于 298~398K 加热时的 ΔU、ΔS、ΔF。这里，298K 时氖气的标准熵为 34.95cal/K。另外，假设体系温度上升至 398K 是靠接触特别大的恒温槽进行的，体系温度的变化不会对外界环境造成影响。

内部能量的变化可根据如下方程式求出：

$$\Delta U = C_V \Delta T$$

伴随温度变化所引起的熵变可根据如下方程式求出：

$$\Delta S = C_V \ln(T_2/T_1)$$

亥姆霍兹自由能可根据如下方程式求出：

$$\Delta F = \Delta U - \Delta(TS) = \Delta U - (S_{398}T_{398} - S_{298}T_{298})$$

熵的总变化量可根据如下方程式求出：

$$\Delta S_{total} = \Delta S + \Delta S_s = \Delta S - \frac{\Delta U}{T}$$

单元格的设定

单元格 B7　=B3 * (B6-B5)

单元格 B8　=B3 * LN(B6/B5)

单元格 B9　=B4+B8

单元格 B10　=B7-(B6 * B9-B7 * B4)

单元格 B11　=-B7/B6

单元格 B12　=B11+B8

将对应的各熵变化量于工作表中按照算式进行设定。

根据计算结果如图 2-30 所示，最终总的熵变 ΔS_{total} 为 0.114cal/(K·mol)，得到的值

为正值，则孤立体系中熵增加的现象，包含有外界的体系熵增加的变化趋势，是自然发生的。

B10 =B7-(B6*B9-B7*B4)

	A	B	C	D	E
1	亥姆霍兹自由能				
2					
3	C_V	2.98	cal/K.mol		
4	S_T	34.95	cal/K.mol		
5	T_1	298	K		
6	T_2	398	K		
7	ΔU	298	cal/K.mol		
8	ΔS	0.8622884	cal/K.mol		
9	S_{T2}	35.812288	cal/K.mol		
10	ΔF	-3540.191	cal/mol		
11	ΔS_s	-0.748744	cal/K.mol		
12	ΔS_{total}	0.1135447	cal/Kmol		

图 2-30 计算结果

自由能，于恒容条件下被定义为亥姆霍兹自由能，于恒压条件下被定义为吉布斯自由能。如下方程式所示：

亥姆霍兹自由能（Helmholtz's free energy）：

$$F = U - TS$$

$$\mathrm{d}F = \mathrm{d}U - T\mathrm{d}S - S\mathrm{d}T$$

$$\mathrm{d}U = T\mathrm{d}S - p\mathrm{d}V(\mathrm{d}V = 0)$$

$$\mathrm{d}F = - S\mathrm{d}T$$

$$S = -\left(\frac{\partial F}{\partial T}\right)_V$$

吉布斯自由能（Gibbs' free energy）：

$$G = H - TS = U + pV - TS$$

$$\mathrm{d}G = \mathrm{d}U + p\mathrm{d}V + V\mathrm{d}p - T\mathrm{d}S - S\mathrm{d}T$$

$$\mathrm{d}U = T\mathrm{d}S - P\mathrm{d}V$$

$$\mathrm{d}G = V\mathrm{d}p - S\mathrm{d}T(\mathrm{d}p = 0)$$

$$S = -\left(\frac{\partial G}{\partial T}\right)_p$$

$$G = H + T\left(\frac{\partial G}{\partial T}\right)_p$$

$$\Delta G = \Delta H + T\left(\frac{\partial \Delta G}{\partial T}\right)_p$$

将上述两组自由能的方程式联立之后，得到“吉布斯-亥姆霍兹（Gibbs-Helmholtz）”方程式：

$$\begin{cases} F = U + T\left(\dfrac{\partial F}{\partial T}\right)_V \\ G = H + T\left(\dfrac{\partial G}{\partial T}\right)_p \end{cases}$$

将联立方程稍做变形后，可得：

$$-\frac{\Delta G}{T^2} + \frac{1}{T}\left(\frac{\partial \Delta G}{\partial T}\right)_p = -\frac{\Delta H}{T^2}$$

$$\left[\frac{\partial\left(\dfrac{\Delta G}{T}\right)}{\partial T}\right]_P = -\frac{\Delta H}{T^2}$$

有关理想气体的自由能压强变化情况有如下关系式：

$$dG = Vdp - SdT(dT = 0)$$

$$dG = Vdp$$

$$\left(\frac{\partial G}{\partial p}\right)_T = V$$

$$dG = \frac{nRT}{p}dp$$

$$\Delta G = nRT\int_{p_1}^{p_2}\frac{dp}{p} = nRT\ln\frac{p_2}{p_1}$$

则 $p$atm、1mol 的 Gibbs 自由能 G 为：

$$G = G^{\ominus} + nRT\ln p$$

$G^{\ominus}$为 1atm 下，1mol 理想气体的 Gibbs 自由能。

例题 03

单原子 1mol 理想气体于 0℃、1atm 下等温不可逆膨胀至 44.8L。求出此过程的 ΔS 和 ΔG。实际不可逆过程也遵循可逆过程的规律。

熵的变化和自由能的变化可以根据如下方程式求出：

$$\Delta S = nR\ln\frac{V_2}{V_1}$$

$$\Delta G = nRT\ln\frac{p_2}{p_1}$$

这里，由于体系为理想气体，p_2 可以根据以下公式进行计算：

$$p_2 = \frac{p_1V_1}{V_2}$$

单元格的设定

单元格 B4　=B3 * E3/E4

单元格 B7　=E6 * B6 * LN(E4/E3)

单元格 B8　=E6 * B6 * B5 * LN(B4/B3)

将有关 p_2、ΔS 和 ΔG 的算式于工作表的单元格中进行设定。

计算结果如图 2-31 所示，ΔS 为 1.38cal/K，ΔG 为-376cal。

B4　f_x =B3*E3/E4

	A	B	C	D	E	F
1	等温不可逆膨胀					
2						
3	p1	1	atm	V1	22.4	L
4	p2	0.5	atm	V2	44.8	L
5	T	273.15	K			
6	R	1.987	cal/K.mol	n	1	mol
7	ΔS	1.377283	cal/K			
8	ΔG	-376.205	cal			

图 2-31　计算结果

例题 04

1mol 葡萄糖于 25℃、1atm 下的燃烧反应热为 -2.816×10^6J，自由能的变化为 -2.879×10^6J/mol。求出此反应的熵变化为多少。

ΔS 可以根据 $\Delta G=\Delta H-T\Delta S$ 变形后求出：

$$\Delta S=\frac{\Delta H-\Delta G}{T}$$

单元格的设定

单元格 B6　=(B3-B4)/(273.15+B5)

将上述 ΔS 的公式于工作表的单元格中进行设定。

计算结果如图 2-32 所示，熵的变化量为 211.3J/(K·mol)。

B6　f_x =(B3-B4)/(273.15+B5)

	A	B	C	D	E
1	葡萄糖的燃烧反应				
2					
3	燃烧热ΔH	-2816000	J		
4	自由能ΔG	-2879000	J/mol		
5	温度 T	25	℃		
6	ΔS	211.30304	J/K.mol		

图 2-32　计算结果

例题 05

一氧化碳与水反应的吉布斯自由能 $\Delta G^0=-2.853\times10^4$J。假设各气体均为理想气体，求 10atm 时的 ΔG。

一氧化碳与水的反应如下所示：

$$CO(g) + H_2O(g) \longrightarrow CO_2(g) + H_2(g)$$

$$\left(\frac{\partial \Delta G}{\partial p}\right)_T = \Delta V = 0$$

则：

$$\Delta G = \Delta G^0$$

由于反应物与生成物的气体摩尔数相等，因此，没有必要进行计算，体积也没有发生变化，所以 ΔG 为 -2.853×10^4J。

吉布斯（Josian W. Gibbs）TOPIC

约西亚·威拉德·吉布斯（Josiah Willard Gibbs，1839 年 2 月 11 日～1903 年 4 月 28 日），美国物理化学家、数学物理学家。近代统计力学“系综理论”的首创者。

1866～1869 年曾去欧洲，先后在巴黎、柏林、海德堡等地选听当时数学、物理、化学界一些著名学者的讲课。1871 年任耶鲁大学数学物理教授。1897 年当选为英国皇家学会会员。吉布斯主要从事物理和化学的基础理论研究。他在热力学方面做出了划时代的贡献。1873～1878 年，他发表了 3 篇论文，对经典热力学规律进行了系统总结，从理论上全面地解决了热力学体系的平衡问题，从而将经典热力学原理推进到成熟阶段。其中最重要的是，他于 1876 年提出的相律，是描述物相变化和多相物系平衡条件的重要规律；提出了吉布斯自由能（即吉布斯函数）及化学势，并做了用热力学理论处理界面问题的开创性工作。对此，当时的化学界给予高度的评价。在化学统计力学方面，他主要的贡献是将 L. 玻耳兹曼和 J. C. 麦克斯韦所创立的统计理论发展为系综理论并提出了涨落现象的一般理论。此外，他在数学的矢量分析及天文学、光学等方面都发表过一些论文和著述。他著有《论多相物质的平衡》（1876～1878）和《统计力学的基本原理》（1902）等书。

习 题 详 解

1. 今有 10mol 液态水，在其沸点（373.15K、101.325kPa）下变为同温同压下的水蒸气，试计算该变化的 Q、W 和 ΔU 的值。已知水的摩尔气化焓变值 ΔH=40.69kJ/mol 水蒸气视为理想气体。

解：对于非体积功为零，等压过程：

$$Q_p = n\Delta H$$

$$W = -\int_{V_1}^{V_2} p_e \mathrm{d}V = -p_e(V_2 - V_1) = -p_e(V_g - V_1) \approx -pV \quad (\text{因为 } V_g \gg V_1)$$

若将水蒸气视为理想气体，则：

$$W = -pV = -nRT$$

$$\Delta U = Q_p + W$$

按照上述关系式进行单元格的设定：

单元格 B7　=B3 * B4

单元格 B8　=B3 * 8.314 * B6

单元格 B9　=B7 * 1000+B8

	A	B	C	D
1	同温同压过程			
2				
3	摩尔数n	10	mol	
4	摩尔气化焓ΔH	40.69	kJ/mol	
5	外压p_e	101.325	kPa	
6	温度T	373.15	K	
7	Q_p	406.9	kJ	
8	W	-31023.7	J	
9	ΔU	375876.3	J	

故 $Q_p=406.9$kJ，$W=-31023.7$J，$\Delta U=375876.3$J。

2. 在温度为 273.15K 下，1mol 氩气从体积为 22.41L 膨胀至 50.00L，试求下列两种过程的 Q、W、ΔU、ΔH。已知氩气的恒压摩尔热容 $C_{p,\mathrm{m}}=20.79$J/(mol · K)（氩气视为理想气体）。

（1）恒温可逆过程；

（2）绝热可逆过程。

解：（1）理想气体恒温可逆过程，$\Delta U=\Delta H=0$

$$W=-nRT\ln\frac{V_2}{V_1}$$

$$Q=-W$$

按照上述关系式进行单元格的设定：

单元格 B9　=0

单元格 B7　=-B8

单元格 B8　=-B3 * 8.314 * B4 * LN(B6/B5)

	A	B	C	D	E
1	理想气体恒温可逆过程				
2					
3	摩尔数n	1	mol		
4	温度T	273.15	K		
5	V_1	22.41	L		
6	V_2	50	L		
7	Q	1822.49	J		
8	W	-1822.49	J		
9	ΔU	0			

故 $\Delta U=\Delta H=0$，$W=-1822.49$J，$Q=1822.49$J。

（2）理想气体绝热可逆过程，$Q=0$；$C_{p,\mathrm{m}}=20.79$J/(mol · K)，$C_{V,\mathrm{m}}=3/2R$，故

$$\gamma=\frac{C_{p,\mathrm{m}}}{C_{V,\mathrm{m}}}$$

$$T_2=T_1\left(\frac{V_1}{V_2}\right)^{\gamma-1}$$

$$W = \Delta U = nC_{V,\mathrm{m}}(T_2 - T_1)$$
$$\Delta H = nC_{p,\mathrm{m}}(T_2 - T_1)$$

按照上述关系式进行单元格的设定：

单元格 B11 =B9/B10
单元格 B7 =B6 * (B4/B5)^(B11-1)
单元格 B12 =B3 * B10 * (B7-B6)
单元格 B13 =B12
单元格 B14 =B3 * B9 * (B7-B6)

B14 fx =B3*B9*(B7-B6)

	A	B	C	D
1	理想气体绝热可逆过程			
2				
3	摩尔数n	1	mol	
4	V_1	22.41	L	
5	V_2	50	L	
6	温度T_1	273.15	K	
7	温度T_2	159.92	K	
8	Q	0		
9	$C_{p,m}$	20.79	J/Kmol	
10	$C_{v,m}$	12.47	J/Kmol	
11	γ	1.67		
12	W	-1412.06	J	
13	ΔU	-1412.06	J	
14	ΔH	-2354.00	J	

故 $Q=0$，$W=\Delta U=-1412.06\mathrm{J}$，$\Delta H=-2354\mathrm{J}$。

3. 在一个刚性绝热箱中，用绝热隔板将 O_2 和 N_2 两种气体分开。每种气体的 $C_{V,\mathrm{m}}$ 均是 28.03J/(K · mol)。起始状态如下图所示，求将隔板抽出系统达平衡时的熵变 ΔS。

1mol O_2	2mol N_2
283K	298K
V_1	$V_2=2V_1$

解：设系统达到平衡时的温度为 T_m

$$n(O_2)C_{V,\mathrm{m}}[T_\mathrm{m} - T(O_2)] + n(N_2)C_{V,\mathrm{m}}[T_\mathrm{m} - T(N_2)] = 0$$

等容变温过程：

$$\Delta S_1 = \Delta S(O_2) + \Delta S(N_2) = n(O_2)C_{V,\mathrm{m}}\ln\frac{T_\mathrm{m}}{T(O_2)} + n(N_2)C_{V,\mathrm{m}}\ln\frac{T_\mathrm{m}}{T(N_2)}$$

等温等压混合熵：

达到热平衡后混合前后气体的压力分别为：

$$p(O_2) = \frac{RT_\mathrm{m}}{V_1},\quad p(N_2) = \frac{2RT_\mathrm{m}}{2V_1} = \frac{RT_\mathrm{m}}{V_1},\quad p_{终} = \frac{3RT_\mathrm{m}}{3V_1} = \frac{RT_\mathrm{m}}{V_1}$$

故知混合过程为等温等压过程，则混合熵为：

$$\Delta S_2 = -R\sum_{B} n_B \ln x_B$$

总熵变为：

$$\Delta S = \Delta S_1 + \Delta S_2$$

按照上述公式进行单元格的设定：

单元格 B8　=(B3 * B5+B4 * B6)/(B3+B4)

单元格 B9　=B3 * B7 * LN(B8/B5)+B4 * B7 * LN(B8/B6)

单元格 B10　=-8.314 * (B3 * LN(1/3)+B4 * LN(2/3))

单元格 B11　=B9+B10

B11　fx　=B9+B10

	A	B	C	D
1	混合熵变			
2				
3	$n(O_2)$	1	mol	
4	$n(N_2)$	2	mol	
5	$T(O_2)$	283	K	
6	$T(N_2)$	298	K	
7	$C_{v,m}$	28.03	J/Kmol	
8	平衡T_m	293	K	
9	ΔS_1	0.0248	J/K	
10	ΔS_2	15.88	J/K	
11	ΔS	15.90	J/K	

故 $\Delta S = 15.90$ J/K。

4. 试利用化合物的标准生成吉布斯自由能 $\Delta_f G_B^{\ominus}$ 计算下列两反应的标准吉布斯自由能和标准平衡常数。

$$Mn(s) + FeO(l) = MnO(s) + Fe(l)$$

$$2Cr_2O_3(s) + 3Si(l) = 4Cr(s) + 3SiO_2(s)$$

解：由化合物的标准生成吉布斯自由能与温度的函数关系表，查相关各氧化物的标准生成吉布斯自由能与温度的函数关系式 $\Delta_f G_{m,B}^{\ominus} = A + BT$，然后做线性组合。

(1) 查表，得 MnO(s) 和 FeO(l) 的标准生成吉布斯自由能与温度的函数关系式分别为：

$$Mn(s) + 0.5O_2 = MnO(s)$$

$$\Delta_f G_{m,\ MnO(s)}^{\ominus} = -385360 + 73.75T \quad J/mol \tag{i}$$

$$Fe(l) + 0.5O_2 = FeO(l)$$

$$\Delta_f G_{m,\ FeO(l)}^{\ominus} = -256060 + 53.68T \quad J/mol \tag{ii}$$

线性组合：式（i）-式（ii），得：

$$Mn(s) + FeO(l) = MnO(s) + Fe(l) \tag{iii}$$

$$\Delta_r G_{m(3)}^{\ominus} = \Delta_f G_{m,\ MnO(s)}^{\ominus} - \Delta_f G_{m,\ FeO(l)}^{\ominus} = -129300 + 20.07T \quad J/mol$$

$$\lg K_3^{\ominus} = -\frac{\Delta_r G_{m(3)}^{\ominus}}{19.147T} = \frac{129300 - 20.07T}{19.147T} = \frac{6753}{T} - 1.05$$

(2) 查表，得 $SiO_2(s)$ 和 $Cr_2O_3(s)$ 的标准生成吉布斯自由能与温度的函数关系式分别为：

$$Si(s) + O_2 = SiO_2(s)$$

$$\Delta_f G_{m,\ SiO_2(s)}^{\ominus} = -946350 + 197.64T \quad J/mol \tag{iv}$$

$$2Cr(s) + 1.5O_2 = Cr_2O_3(s)$$

$$\Delta_f G^{\ominus}_{m,\ Cr_2O_3(s)} = -1110140 + 247.32T \quad J/mol \qquad (v)$$

线性组合：式(ⅳ)×3－式(ⅴ)×2，得：

$$2Cr_2O_3(s) + 3Si(l) = 4Cr(s) + 3SiO_2(s) \qquad (vi)$$

$$\Delta_r G^{\ominus}_{m(6)} = 3\Delta_f G^{\ominus}_{m,\ SiO_2(s)} - 2\Delta_f G^{\ominus}_{m,\ Cr_2O_3(s)} = -618770 + 98.28T \quad J/mol$$

$$\lg K^{\ominus}_6 = -\frac{\Delta_r G^{\ominus}_{m(6)}}{19.147T} = \frac{618770 - 98.28T}{19.147T} = \frac{32317}{T} - 5.133$$

5. 在950℃测得固体电解质电池

$$Pt \mid Mo,\ MoO_2 \mid ZrO_2 + (CaO) \mid Fe,\ FeO \mid Pt$$

的电动势 $E^{\ominus} = 3.8mV$，又已知 FeO(s) 在950℃的标准生成吉布斯自由能 $\Delta_f G^{\ominus}_{m,FeO(s)} = -185006J/mol$。求：(1) 化学反应 $2FeO(s) + Mo(s) = MoO_2(s) + 2Fe(s)$ 在950℃时的标准吉布斯自由能 $\Delta_r G^{\ominus}_m$；(2) $MoO_2(s)$ 在950℃时的标准生成吉布斯自由能 $\Delta_f G^{\ominus}_{m,MoO_2(s)}$。

解：(1) 求化学反应 $2FeO(s) + Mo(s) = MoO_2(s) + 2Fe(s)$ 在950℃的标准吉布斯自由能。

正极反应 $\quad 2FeO(s) + 4e = 2Fe(s) + 2O^{2-}$

负极反应 $\quad Mo(s) + 2O^{2-} = MoO_2(s) + 4e$

电池反应 $\quad 2FeO(s) + Mo(s) = MoO_2(s) + 2Fe(s)$

根据已知条件，得所求化学反应 $2FeO(s) + Mo(s) = MoO_2(s) + 2Fe(s)$ 在950℃的标准吉布斯自由能为：

$$\Delta_r G^{\ominus}_m = -4FE^{\ominus}$$

(2) 求 $MoO_2(s)$ 在950℃时的标准生成吉布斯自由能。由解(1)和已知条件可知，下列两化学反应在950℃的标准吉布斯自由能分别为：

$$2FeO(s) + Mo(s) = MoO_2(s) + 2Fe(s) \qquad \Delta_r G^{\ominus}_m = -1467J/mol \qquad (i)$$

$$Fe(s) + 0.5O_2 = FeO(s) \qquad \Delta_f G^{\ominus}_{m,\ FeO(s)} = -185006J/mol \qquad (ii)$$

线性组合：式(ⅰ)+式(ⅱ)×2，得 $MoO_2(s)$ 的生成反应及其标准生成吉布斯自由能分别为：

$$Mo(s) + O_2 = MoO_2(s)$$

$$\Delta_f G^{\ominus}_{m,MoO_2(s)} = \Delta_r G^{\ominus}_m + 2\Delta_f G^{\ominus}_{m,FeO(s)}$$

按照以上公式进行单元格的设定：

单元格 B5 =-4*B3/1000*B4

单元格 B7 =B5+2*B6

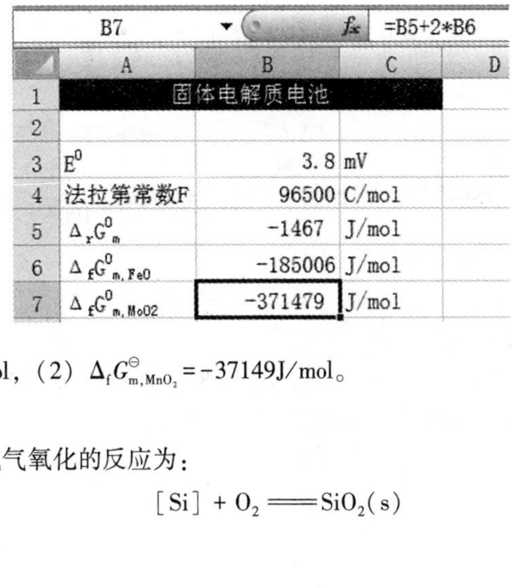

B7 =B5+2*B6

	A	B	C	D
1	固体电解质电池			
2				
3	E^0	3.8	mV	
4	法拉第常数F	96500	C/mol	
5	$\Delta_r G^0_m$	-1467	J/mol	
6	$\Delta_f G^0_{m,FeO}$	-185006	J/mol	
7	$\Delta_f G^0_{m,MoO2}$	-371479	J/mol	

故(1) $\Delta_r G^{\ominus}_m = -1467J/mol$，(2) $\Delta_f G^{\ominus}_{m,MnO_2} = -37149J/mol$。

6. 在1600℃，铁液中硅被氧气氧化的反应为：

$$[Si] + O_2 = SiO_2(s)$$

已知 $\gamma_{Si}^{\ominus}=0.0013$、$p_{O_2}=100kPa$、$M_{Fe}=55.85g/mol$、$M_{Si}=28.09g/mol$、Si(l) 氧化生成 $SiO_2(s)$ 的化学反应及其标准吉布斯自由能的温度关系式为：

$$Si(l) + O_2 = SiO_2(s) \qquad \Delta_f G_{m,\ SiO_2(s)}^{\ominus} = -946350 + 197.64T \quad J/mol$$

试计算铁液中硅的摩尔分数和活度系数分别为 $x_{[Si]}=0.2$ 和 $\gamma_{Si}=0.03$ 时化学反应 $[Si] + O_2 = SiO_2(s)$ 在 1600℃时的吉布斯自由能 $\Delta_r G_m$。铁液中硅的标准态分别为：(1) 纯硅；(2) 假想纯硅；(3) 假想质量 1%溶液。

解：(1) 以纯硅为标准态。

$$Si(l) + O_2 = SiO_2(s) \qquad \Delta_f G_{m,\ SiO_2(s)}^{\ominus} = -946350 + 197.64T \quad J/mol \qquad (\text{i})$$

$$Si(l) = [Si] \qquad \Delta_{sol} G_{m,\ Si(l),\ R}^{\ominus} = 0\text{(纯液态硅标准态)} \qquad (\text{ii})$$

线性组合：式 (i)−式 (ii)，得化学反应：

$$[Si] + O_2 = SiO_2(s) \qquad (\text{iii})$$

的标准吉布斯自由能与温度的关系式为：

$$\Delta_r G_m^{\ominus} = \Delta_f G_{m,SiO_2(s)}^{\ominus} - \Delta_{sol} G_{m,Si(l),R}^{\ominus} = -946350 + 197.64T \quad J/mol$$

以纯液态硅为标准态，铁液中硅的拉乌尔活度为：

$$a_{[Si],R} = \gamma_{Si} x_{[Si]}$$

化学反应 (iii) 在给定条件下的吉布斯自由能为：

$$\Delta_r G_{m,\ 1} = \Delta_r G_m^{\ominus} + RT\ln\frac{a_{SiO_2,\ R}}{a_{[Si],\ R}P_{O_2}/P^{\ominus}} = \Delta_r G_m^{\ominus} + RT\ln\frac{a_{SiO_2,\ R}}{\gamma_{Si}x_{[Si]}P_{O_2}/P^{\ominus}}$$

(2) 以假想纯硅为标准态。

$$Si(l) + O_2 = SiO_2(s) \qquad \Delta_f G_{m,\ SiO_2(s)}^{\ominus} = -946350 + 197.64T \quad J/mol \qquad (\text{iv})$$

$$Si(l) = [Si] \qquad \Delta_{sol} G_{m,\ Si(l),\ H}^{\ominus} = RT\ln\gamma_{Si}^{\ominus}\text{(假想纯硅标准态)} \qquad (\text{v})$$

线性组合：式 (iv)−式 (v)，得化学反应：

$$[Si] + O_2 = SiO_{2(s)} \qquad (\text{vi})$$

的标准吉布斯自由能与温度的关系式为：

$$\Delta_r G_m^{\ominus} = \Delta_f G_{m,SiO_2(s)}^{\ominus} - \Delta_{sol} G_{m,Si(l),H}^{\ominus} = -842867 + 197.64T \quad J/mol$$

将纯物质标准态活度转换为假想纯物质标准态活度为：

$$a_{[Si],H} = \frac{a_{[Si],R}}{\gamma_{Si}^{\ominus}} = \frac{\gamma_{Si}x_{[Si]}}{\gamma_{Si}^{\ominus}}$$

化学反应 (vi) 在给定条件下的吉布斯自由能为：

$$\Delta_r G_{m,2} = \Delta_r G_m^{\ominus} + RT\ln\frac{a_{SiO_2,R}}{a_{[Si],H}P_{O_2}/P^{\ominus}}$$

(3) 以假想质量 1%溶液为标准态。

$$Si(l) + O_2 = SiO_2(s) \qquad \Delta_f G_{m,\ SiO_2(s)}^{\ominus} = -946350 + 197.64T \quad J/mol \qquad (\text{vii})$$

$$Si(l) = [Si] \qquad \Delta_{sol} G_{m,\ Si(l),\ \%}^{\ominus} = RT\ln\gamma_{Si}^{\ominus}\frac{M_{Fe}}{100M_{Si}}\text{(质量 1% 溶液标准态)} \qquad (\text{viii})$$

线性组合：式 (vii)−式 (viii)，得化学反应：

$$[Si] + O_2 = SiO_2(s) \qquad (\text{ix})$$

的标准吉布斯自由能与温度的关系式为：

$$\Delta_r G_m^{\ominus} = \Delta_f G_{m,SiO_2(s)}^{\ominus} - \Delta_{sol} G_{m,Si(l),\%}^{\ominus} = -842867 + 230.2135T \quad J/mol$$

将纯物质标准态活度转换为假想质量 1%溶液标准态活度为：

$$a_{[Si],\%} = \frac{100M_{Si}}{\gamma_{Si}^{\ominus}M_{Fe}}a_{[Si],R} = \frac{100M_{Si}}{\gamma_{Si}^{\ominus}M_{Fe}}\gamma_{Si}x_{[Si]}$$

化学反应（ix）在给定条件下的吉布斯自由能为：

$$\Delta_r G_m = \Delta_r G_m^{\ominus} + RT\ln \frac{a_{SiO_2,R}}{a_{[Si],\%} P_{O_2}/P^{\ominus}}$$

按照上述每问的公式进行单元格的设定：

单元格 B10　=-946350+197.64 * B5+8.314 * B5 * LN(1/(B3 * B4 * B6/100))

单元格 B11　=-842867+197.64 * B5+8.314 * B5 * LN(1/((B3 * B4/B7) * (B6/100)))

单元格 B12　=-842867+230.2135 * B5+8.314 * B5 * LN(1/(100 * B9 * B3 * B4/(B7 * B8) * (B6/100)))

B10 | fx =-946350+197.64*B5+8.314*B5*LN(1/(B3*B4*B6/100))

	A	B	C	D	E	F	G
1	硅被氧气氧化						
2							
3	硅活度系数γ(Si)	0.03					
4	硅摩尔分数x[Si]	0.2					
5	温度T	1873	K				
6	P_{O2}	100	kPa				
7	γ^0_{Si}	0.0013					
8	M_{Fe}	55.85	g/mol				
9	M_{Si}	28.09	g/mol				
10	$\Delta_r G_{m,1}$	-496503	J/mol				
11	$\Delta_r G_{m,2}$	-496503	J/mol				
12	$\Delta_r G_{m,3}$	-496503	J/mol				

故：$\Delta_r G_m = -496503$J/mol。

由以上计算可见，铁液中硅的活度 $a_{[Si]}$ 和各化学反应的标准吉布斯自由能 $\Delta_r G_m^{\ominus}$ 两者均与活度的标准态有关，而各化学反应的吉布斯自由能 $\Delta_r G_m$ 与活度的标准态无关。

7. 碳酸镁分解反应 $MgCO_3(s) = MgO(s) + CO_2$ 在 $T=641$K 时的标准平衡常数 $K_{641K}^{\ominus}=1$，在 $T=298$K 时的 $\Delta_r H_{m,298K}^{\ominus} = 116520$J/mol。若 $\Delta c_{p,m} = -3.05$J/(mol · K)，试求该反应的 $\lg K_T^{\ominus}$ 与温度 T 的关系式及 300℃ 时 $MgCO_3(s)$ 的分解压。

解：设 $MgCO_3(s)$ 分解反应的标准吉布斯自由能与温度的关系式为：

$$\Delta_r G_{m,T}^{\ominus} = \Delta_r H_{m,T}^{\ominus} - T\Delta_r S_{m,T}^{\ominus} \quad (\text{i})$$

在 $T=641$K 时，$MgCO_3(s)$ 分解反应的标准焓和标准吉布斯自由能分别为：

$$\Delta_r H_{m,641K}^{\ominus} = \Delta_r H_{m,298K}^{\ominus} + \int_{298K}^{641K} \Delta c_{p,m} dT$$

$$\Delta_r G_{m,641K}^{\ominus} = -RT\ln K_{641K}^{\ominus}$$

$$\Delta_r S_{m,641K}^{\ominus} = 180.15 \text{J/(mol · K)}$$

将 $\Delta_r H_{m,641K}^{\ominus} = 115474$J/mol 和 $\Delta_r S_{m,641K}^{\ominus} = 180.15$J/(mol · K) 代入式（i）中，得 $MgCO_3(s)$ 分解反应的标准吉布斯自由能与温度的关系式为：

$$\Delta_r G_{m,T}^{\ominus} = 115474 - 180.15T \quad \text{J/mol} \quad (\text{ii})$$

将 $\Delta_r G_{m,T}^{\ominus} = -19.147T\lg K_T^{\ominus}$，$K_{573K}^{\ominus} = p_{CO_2}/p^{\ominus}$ 代入式（ii）中并整理，得 $\lg K_T^{\ominus}$ 与温度 T 的关系式为：

$$\lg K_T^{\ominus} = -\frac{6031}{T} + 9.41 \quad (\text{iii})$$

$$\lg \frac{p_{CO_2}}{p^{\ominus}} = -\frac{6031}{T} + 9.41$$

按照上述公式进行单元格的设定：

单元格 B8　=B7+B5 * (B3-B4)

单元格 B9　=-8.314 * B3 * LN(B6)

单元格 B10　=(B8-B9)/B3

单元格 B12　=10^(-6031/B11+9.41) * 100

B12　f_x　=10^(-6031/B11+9.41)*100

	A	B	C	D	E	F
1	碳酸镁分解反应					
2						
3	温度T_1	641	K			
4	温度T_2	298	K			
5	$\Delta C_{p,m}$	-3.05	J/Kmol			
6	K^{θ}_1	1				
7	$\Delta_r H^{\theta}_{m,2}$	116520	J/Kmol			
8	$\Delta_r H^{\theta}_{m,1}$	115474	J/Kmol			
9	$\Delta_r G^{\theta}_{m,1}$	0				
10	$\Delta_r S^{\theta}_{m,1}$	180.15	J/Kmol			
11	温度T_3	573	K			
12	P_{CO2}	7.67	kPa			

故 p_{CO_2}=7.67kPa。

参考文献

[1] 郭汉杰. 冶金物理化学教程 [M]. 北京：冶金工业出版社，2006.

[2] 田福平，方志刚，林青松. 物理化学教程（第2版）[M]. 北京：大连理工大学出版社，2013.

[3] 钟福新，余彩莉，刘峥. 大学化学（第2版）[M]. 北京：清华大学出版社，2017.

[4] 高静，马丽英. 物理化学 [M]. 北京：中国医药科技出版社，2015.

[5] 任丽萍. 普通化学 [M]. 北京：高等教育出版社，2006.

3 相 平 衡

物质都有三种状态：气态、液态和固态，依据强度因子，各相态之间可以达到相平衡。气态和液态之间达到相平衡时，会伴随有许多的物理现象的变化。如溶液状态下存在着的各种各样的物理现象的改变，相变、沸点上升、凝固点下降、渗透压等，本章尽量使用通俗易懂的方式进行讲解。

3.1 液体的蒸气压

气体在特定压强下会发生液化。以乙醇为例，在一个大气压（1atm）下、78.3℃的交界线处会发生气液相的相互转化，如图 3-1 所示。

水的三态有气态（水蒸气）、液态（水）和固态（冰），曲线 OC 为熔化曲线，曲线 OA 为蒸气压曲线，曲线 OB 为升华曲线，如图 3-2 所示。气体-液体、液体-固体、固体-气体达到相平衡时，描述相平衡状态的曲线 OA、OC、OB 的斜率可以用如下公式表示：

$$\frac{\mathrm{d}p}{\mathrm{d}T}=\frac{\Delta H}{T(V_2-V_1)}$$

上述公式被称为克拉伯龙（Clapeyron-Clausius）方程式。公式中的 V_1、V_2 表示的是相 1 和相 2 的摩尔体积，ΔH 为相 1 转化到相 2 的摩尔相变焓。

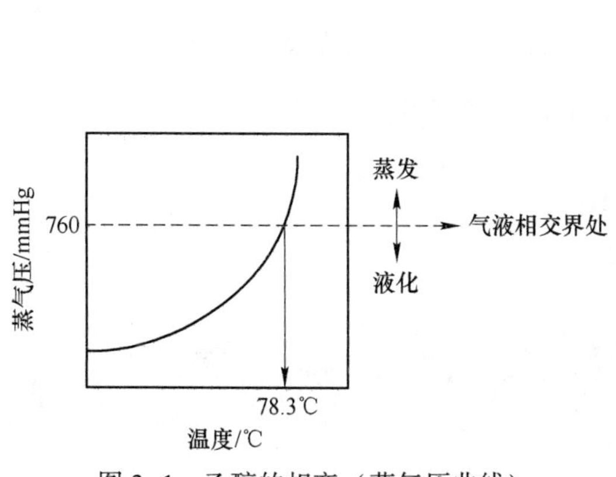

图 3-1 乙醇的相变（蒸气压曲线）

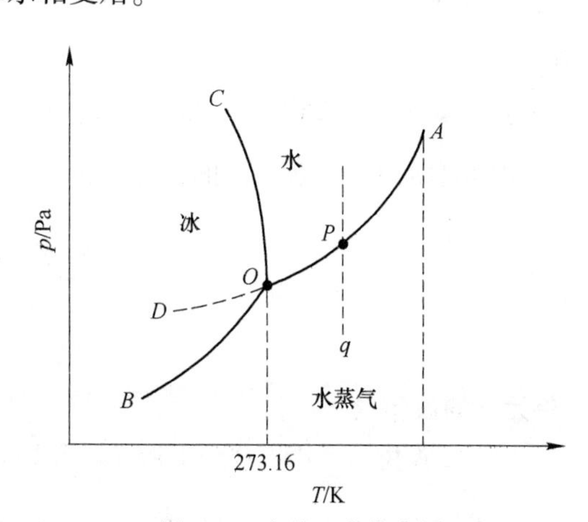

图 3-2 水的三态状态图

气体(g)-液体(l) 的相变：

$$\frac{\mathrm{d}p}{\mathrm{d}T}=\frac{\Delta H_g}{T(V_g-V_l)}$$

$$V_l \ll V_g$$

$$\frac{dp}{dT} = \frac{\Delta H_g}{TV_g}$$

$$V_g = \frac{RT}{p} \quad \text{(Ideal gas)}$$

$$\frac{dp}{dT} = \frac{\Delta H_g p}{RT^2}$$

$$\frac{dp}{p} = \frac{\Delta H_g}{RT^2}dT$$

$$\int \frac{dp}{p} = \int \frac{\Delta H_g}{RT^2}dT$$

$$\ln p = -\frac{\Delta H_g}{RT} + \text{const}$$

依据上述公式的斜率，即可求出蒸发焓 ΔH_g。

克劳修斯（Rudolf J. E. Clausius）TOPIC

鲁道夫·尤利乌斯·埃马努埃尔·克劳修斯（Rudolf Julius Emanuel Clausius，1822 年 1 月 2 日~1888 年 8 月 24 日），德国物理学家和数学家，热力学的主要奠基人之一。他重新陈述了尼古拉·卡诺的定律（又被称为卡诺循环），把热力学理论推至一个更健全的研究基础。他最重要的论文于 1850 年发表，该论文研究热力学理论，首次明确指出了热力学第二定律的基本概念。另外，他还于 1855 年引进了熵的概念。

例题 01

求四氯化碳于 25℃，每增加 1℃，蒸气压增加 4%时的蒸发焓是多少。

温度增加 1℃，蒸气压的增加量可以根据如下公式计算得出：

$$\frac{\frac{dp}{p}}{dT} = \frac{\Delta H_g}{RT^2}$$

单元格的设定

单元格 B6　=B5/100 * B4 * (273.15+B3)^2

蒸气压的增加量，可以按照上述公式进行单元格的设定。

计算结果如图 3-3 所示，得到蒸发焓为 7.06kcal/mol。

例题 02

水的蒸发焓为 9.7kcal/mol，求 150℃水的蒸气压为多少。

	A	B	C	D	E	F
1	蒸发热					
2						
3	温度	25	℃			
4	R	1.987	cal/K.mol			
5	蒸气压增加	4	%			
6	ΔHg	7065	cal/mol			

B6 =B5/100*B4*(273.15+B3)^2

图 3-3 计算结果

可以根据克劳修斯-克拉伯龙方程式计算求出[1]：

$$\ln\frac{p_2}{p_1}=-\frac{\Delta H_g}{R}\left(\frac{1}{T_2}-\frac{1}{T_1}\right)$$

按照上述克劳修斯-克拉伯龙方程式，于工作表中进行单元格的设定，求出蒸气压 p_2。

单元格的设定

单元格 B7 =EXP(-B3 * 1000/1.987 * (1/(273.15+B5)-1/(273.15+B4)))

计算结果如图 3-4 所示，150℃时水的蒸气压为 4.69atm。

	A	B	C	D	E	F	G	H	I
1	蒸气压								
2									
3	ΔHg	9.7	kcal/mol						
4	温度 t1	100	℃						
5	温度 t2	150	℃						
6	蒸气压 p1	1	atm						
7	蒸气压 p2	4.69	atm						

B7 =EXP(-B3*1000/1.987*(1/(273.15+B5)-1/(273.15+B4)))

图 3-4 计算结果

例题 03

100℃水与水蒸气达到相平衡时，水和水蒸气的密度分别为 0.958g/cm^3、5.98×10^{-4}g/cm^3。

求 100℃时 1mol 的水蒸发时的蒸发熵 ΔS_g 为多少。这里，100℃时水的蒸气压曲线的斜率 dp/dT 为 27.15mmHg/K。

可以根据克劳修斯-克拉伯龙方程式计算：

$$\frac{dp}{dT}=\frac{\Delta H_g}{T(V_g-V_l)}$$

$$\Delta S_g=\frac{\Delta H_g}{T}$$

$$\frac{dp}{dT}=\frac{\Delta S_g}{V_g-V_l}$$

按照上述关系式，于单元格中计算求解。由于密度的单位使用 cm^3，若要换算成“L”的话，计算公式中要除以 1000。

蒸发熵的计算，可以按照上述关系式进行单元格的设定。

单元格的设定

单元格 B8　=B7/760 * (B6/B5-B6/B4)/1000

计算结果如图 3-5 所示，100℃时 1mol 水的蒸发熵 ΔS_g 为 1.075L · atm/(K · mol)。

B8　=B7/760*(B6/B5-B6/B4)/1000

	A	B	C	D	E
1	蒸发熵				
2					
3	温度	100	℃		
4	密度(水)	0.958	g/cm³		
5	密度(水蒸气)	5.98E-04	g/cm³		
6	分子量(水)	18			
7	斜率 dp/dT	27.15	mmHg/K		
8	蒸发熵ΔSg	1.075	L.atm/K.mol		

图 3-5　计算结果

特鲁顿规则（Trouton's rule）是估算蒸发焓数据的经验规则。

对非极性液体来说，其正常沸点时的摩尔蒸发焓与正常沸点之比为常数，即各种非极性液体的摩尔蒸发熵为常数（特鲁顿常数），其值约为 88J/(K · mol)。

蒸发熵定义为每摩尔蒸发热和沸点之间的比值，因此此数值也称为特鲁顿比值。

公式：

$$\Delta S_g = \frac{\Delta H_g}{T_b} \approx 21\text{cal}/(\text{K} \cdot \text{mol}) = 88\text{J}/(\text{K} \cdot \text{mol}) = \text{const}$$

3.2　固体的相变

恒压条件下，加热固体会发生熔化、升华。固体达到熔点会熔化成液体达到固液相之间的平衡，称为“固液平衡”。固体与液体间的相互转化关系如图 3-6 所示。

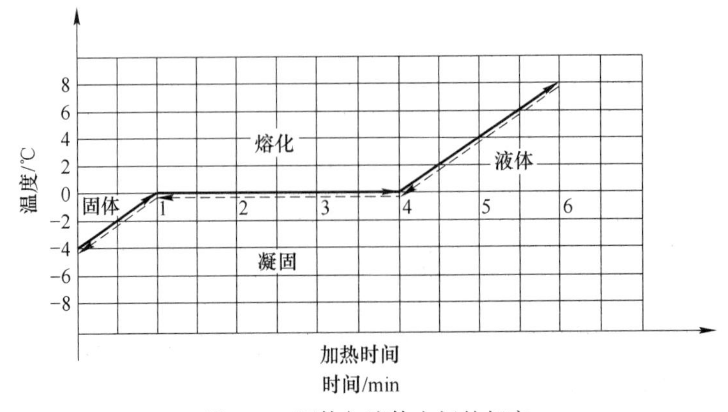

图 3-6　固体与液体之间的相变

固液平衡时，压强随温度的变化可以用克劳修斯-克拉伯龙方程式表示：

$$\frac{dp}{dT}=\frac{\Delta H_m}{T(V_l-V_s)}$$

式中，V_s 为固体的摩尔体积；V_l 为液体的摩尔体积；ΔH_m 为摩尔溶解焓。将上述方程式变换成熔点随压强变化的关系式：

$$\frac{dT}{dp}=\frac{T(V_l-V_s)}{\Delta H_m}$$

一般情况下，由于熔化体积会有所增加（$(V_l-V_g)>0$），所以$\frac{dT}{dp}>0$，因此，随着压强增加，熔点会有所上升；但是，水、锑、铋等物质，熔化后体积会减少（$(V_l-V_g)<0$），所以$\frac{dT}{dp}<0$，因此，随着压强增加，熔点会有所下降。

将固体进行加热后直接变成蒸气的现象称为“升华”，升华过程的蒸气压称为“升华压”，升华压随温度的变化用克劳修斯-克拉伯龙方程式表示如下：

$$\frac{dp}{dT}=\frac{\Delta H_s}{T(V_g-V_s)}$$

式中，V_s 为固体的摩尔体积；V_g 为气体的摩尔体积；ΔH_s 为摩尔升华焓。发生升华的物质有碘、萘、干冰（固体二氧化碳）等，干冰于-78.5℃的升华压为 1atm。

相变 TOPIC

相变指的是物质从一种相转变为另一种相的过程。物质系统中物理、化学性质完全相同，与其他部分具有明显分界面的均匀部分称为相。与固、液、气三态对应，物质有固相、液相、气相。具体例如干冰从固体于室温蒸发变成气体的升华现象，即相变（固相转变为气相）现象。达到热平衡状态的两相条件，温度、压强、化学势必须相等，此时的克劳修斯-克拉伯龙方程式成立。

例题 01

0℃、1atm 下水和冰的摩尔体积分别为 18.02mL、19.64mL。求压强每增加 1atm 熔点会变化多少。

此时，水的溶解热为 76.69cal/g。

温度随压强的变化根据如下公式计算求出：

$$\frac{dT}{dp}=\frac{T(V_l-V_s)}{\Delta H_m}$$

温度随压强的变化，可根据上述公式于工作表中进行单元格的设定。

单元格的设定

单元格 B7　=B6 * 18 * E6

单元格 B8　=273.15 * (B4-B5)/1000/B7

计算结果如图 3-7 所示，熔点的变化量为-0.00747K/atm。

B8　　f_x　=273.15*(B4-B5)/1000/B7

	A	B	C	D	E	F
1	溶解热					
2						
3	温度	0	℃			
4	体积(水)	18.02	mL			
5	体积(冰)	19.64	mL			
6	溶解热	79.69	cal/g	1 cal =	0.04129	L.atm
7		59.23	L.atm/mol			
8	dT/dp	-0.007471	K/atm			

图 3-7　计算结果

参考 3.1 节液体的蒸气压中纯水的状态图，纯水三相的交点为 0.0098℃、610.5Pa。

硫黄的状态图如图 3-8 所示。硫黄的固态于状态图中对应的有斜方硫（phombic，S_1）和单斜硫（monoclinic，S_2）两种固体状态。

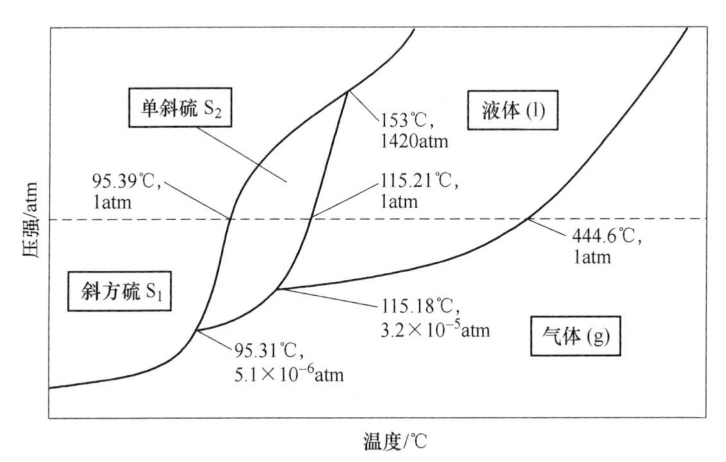

图 3-8　硫的状态图

例题 02

假设斜方硫于 1atm、95.6℃与单斜硫达到平衡，并且斜方硫变为单斜硫，体积会增加 0.447mL/mol。此时，相变转化热为 90cal/mol。求出此时相变温度随压强的变化量。

温度随压强的变化根据如下公式计算求出：

$$\frac{\mathrm{d}T}{\mathrm{d}p}=\frac{T(V_{\mathrm{mo}}-V_{\mathrm{ph}})}{\Delta H_{\mathrm{trans}}}$$

温度随压强的变化，可根据上述公式于工作表中进行单元格的设定，如图 3-9 所示。

B6　　f_x　=(273.15+B4)*B5/1000/B3/E3

	A	B	C	D	E	F
1	转相温度随压强的变化					
2						
3	相变转化热	90	cal/mol	1 cal =	0.04129	L.atm
4	温度	95.4	℃			
5	体积变化 (ΔV)	0.447	mL/mol			
6	dT/dp	0.0443	K/atm			

图 3-9　计算结果

单元格的设定

单元格 B6 =(273.15+B4) * B5/1000/B3/E3

根据计算结果，相变温度随压强的变化量为 0.0443K/atm。

克拉伯龙（Benoit P. E. Clapeyron）TOPIC

伯诺瓦·保罗·埃米尔·克拉伯龙（Benoit Paul Emile Clapeyron，1799 年 2 月 26 日~1864 年 1 月 28 日），法国物理学家，工程师，在热力学研究方面有很大贡献。他曾参与蒸汽机车的设计及建造，对于蒸汽机车的构造进行了理论研究，1834 年他发表了一篇以《热的推动力》为题目的报告，其中他扩展了两年前去世的物理学家尼古拉·莱昂纳尔·萨迪·卡诺的工作。虽然卡诺已经发展了一种分析热机的方法，但仍然使用了繁冗落后的热质说来解释。克拉伯龙则使用了更为简单易懂的图解法，表达出了卡诺循环在 $p-V$ 图上是一条封闭的曲线，曲线所围的面积等于热机所做的功。

3.3 吉布斯相律

吉布斯（J. W. Gibbs）于 1885 年说明了多成分的、特别是成分不均一的相平衡体系，自由度 f 可由相态数目 p 和系统的组元数（例如化合物的数目）c 决定，总结出的经验公式被称为吉布斯相律[2,3]：

$$f = c - p + 2$$

这里有关相态数目的定义，可以用以下案例进行说明。烧杯中加入水和冰，恒定后，用一玻璃皿盖住烧杯的顶部，那么此时的烧杯中同时存在有冰（固态）、水（液态）和水蒸气（气态）三相。此时，一旦向烧杯中加入食盐，烧杯的底部就会出现食盐粒子溶解困难的情况，求出此时烧杯中的相数 p 为多少。

如图 3-10 所示，上述体系的相数为 4。

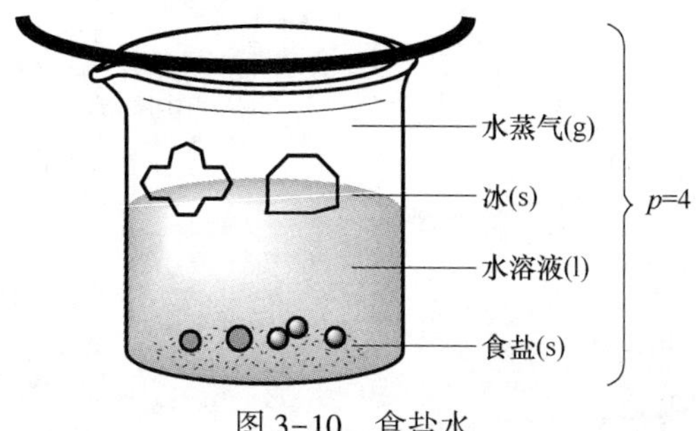

图 3-10 食盐水

接着说明一下组元数的定义，为了描述各相成分的组成，有必要将化学成分不同物质的数目定为组元数。其组成分数，与化学的理论、组分中原子的种类、限制条件等存在一定的当量关系式：

[组元数，c] = [物种数或化合物种数，n] - [独立浓度限制条件或条件式的数目，r] -
[独立的化学平衡数或当量关系数，e]

公式中的当量关系数，是同一相中或达到化学平衡的当量关系的数目。

例题 01

求出五氯化磷发生热分解反应时的组元数和自由度。

$$PCl_5(g) \rightleftharpoons PCl_3(g) + Cl_2$$

由上述反应方程式可知，这个热分解反应为同一相的气相反应，所以 $p=1$，当量关系也是 $e=1$。

分别将组元数及自由度相关的关系式于单元格中进行设定，如图 3-11 所示。

单元格的设定

单元格 B4 =B5-B6-B7

单元格 B10 =B4-B9+2

根据计算结果，组元数为 1，自由度为 2。

例题 02

求固体碳酸钙发生分解反应时的组元数和自由度。

$$CaCO_3(s) \rightleftharpoons CaO(s) + CO_2(g)$$

CaO(s) 和 $CO_2(g)$ 分别为固体和气体，为不同的相态，所以 $e=0$。

分别将组元数及自由度相关的关系式于单元格中进行设定，如图 3-12 所示。

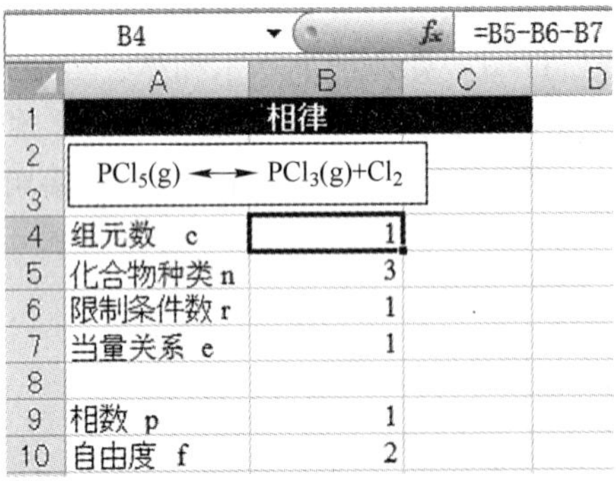

B4 fx =B5-B6-B7

	A	B	C	D
1	相律			
2	$PCl_5(g) \longleftrightarrow PCl_3(g)+Cl_2$			
3				
4	组元数 c	1		
5	化合物种类 n	3		
6	限制条件数 r	1		
7	当量关系 e	1		
8				
9	相数 p	1		
10	自由度 f	2		

图 3-11 计算结果

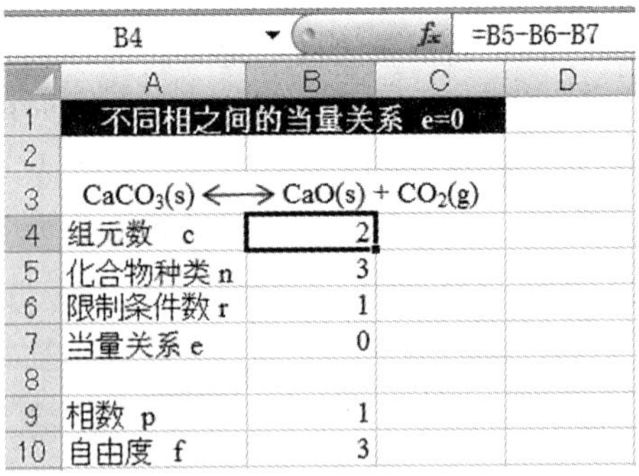

B4 fx =B5-B6-B7

	A	B	C	D
1	不同相之间的当量关系 e=0			
2				
3	$CaCO_3(s) \longleftrightarrow CaO(s) + CO_2(g)$			
4	组元数 c	2		
5	化合物种类 n	3		
6	限制条件数 r	1		
7	当量关系 e	0		
8				
9	相数 p	1		
10	自由度 f	3		

图 3-12 计算结果

单元格的设定

单元格 B4 =B5-B6-B7

单元格 B10 =B4-B9+2

根据计算结果，组元数为 2，自由度为 3。

自由度可以根据物质的状态图进行查询。首先，以单一组分体系为例，研究一下水的自由度。

例题 03

以压强-温度为坐标，做出水的状态图，分别求出各相态相交部分平衡曲线上的自由度。

做水的状态图，升华曲线、溶化曲线、蒸气压曲线三条曲线的交叉点被称为“三相点”。

单元格的设定

单元格 H6 = $H$3-G6+2
单元格 H7 = $H$3-G7+2
单元格 H8 = $H$3-G8+2
单元格 I10 =H7
单元格 I11 =H7
单元格 I12 =H7
单元格 I13 =H8

按照上述算式进行单元格的设定，水的状态图上也可以表示出 3 组曲线上的自由度。计算结果如图 3-13 所示。

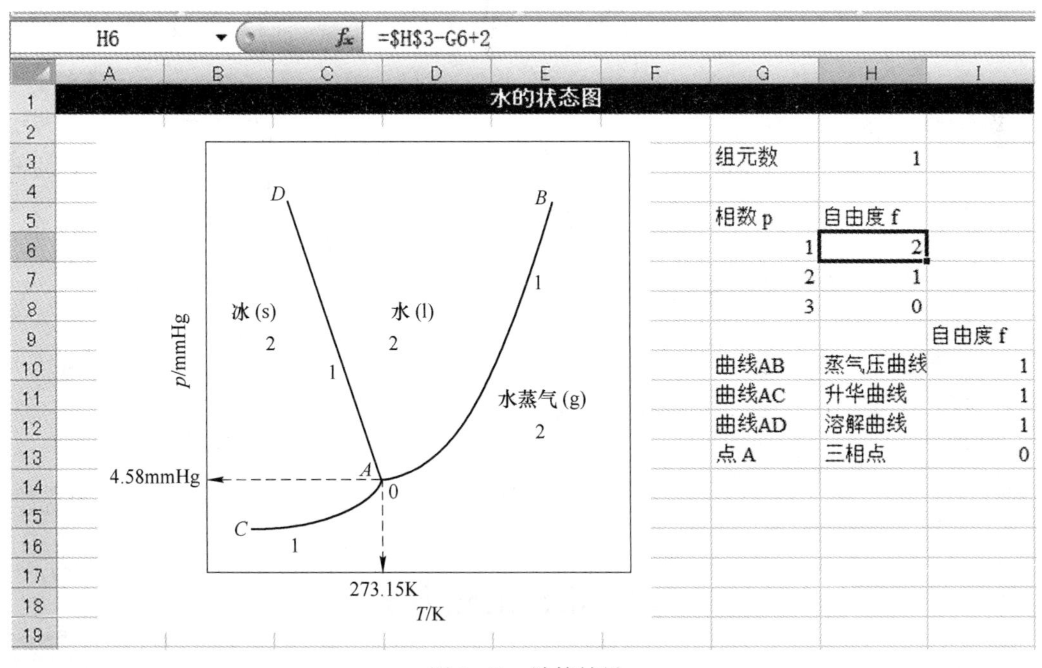

图 3-13 计算结果

例题 04

以温度-组成为坐标，做两组分体系食盐和水体系恒压条件的状态图，分别求出各相态相交部分平衡曲线上的自由度。

以温度-组成为坐标，做食盐和水体系恒压条件下的状态图。

单元格的设定

单元格 H6　= $H$3-G6+2
单元格 H7　= $H$3-G7+2
单元格 H8　= $H$3-G8+2
单元格 H9　= $H$3-G9+2
单元格 H11　= H7
单元格 H12　= H7
单元格 H13　= H7
单元格 H14　= H8
单元格 H15　= H8

按照上述算式进行单元格的设定，状态图上可以表示出 3 组曲线上的自由度。

根据计算结果，恒压条件下食盐和水体系的状态图如图 3-14 所示。点 C 称为“冰晶点”，点 D 称为“包晶点”。

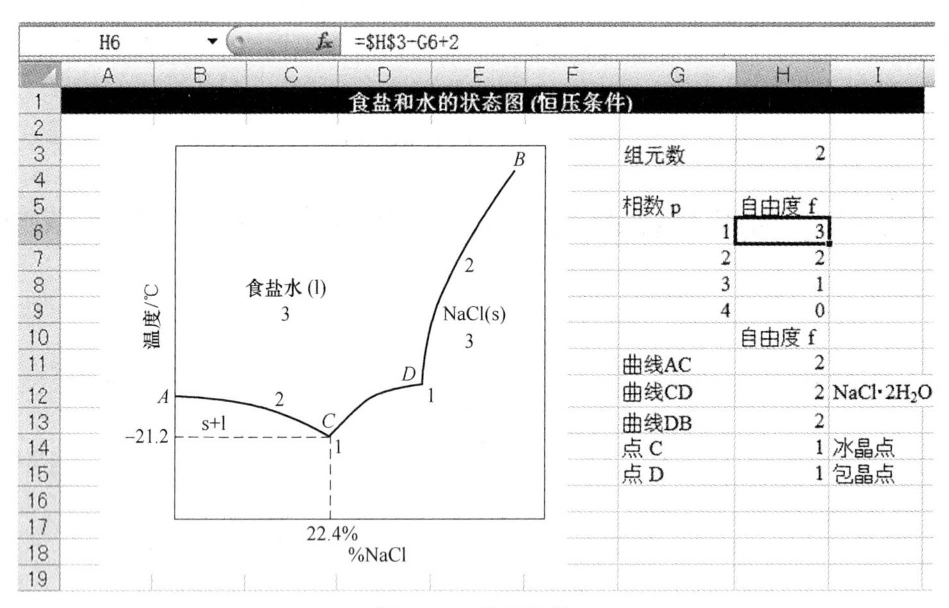

图 3-14　计算结果

3.4　溶液的热力学

作为描述溶液广义性质的状态函数，在考虑体积 V、熵 S、焓 H、吉布斯自由能 G 等与多组分多相系统中组分关系的基础上，若研究某组分的状态函数，可用“偏摩尔量”进行表示。

例如，体积的“偏摩尔量”，可以用如下公式进行表示：

$$\overline{V_i} = \left(\frac{\partial V}{\partial n_i}\right)_{T,\ p,\ n_{j\neq i}}$$

上述定义的公式被称为“偏摩尔体积”。

偏摩尔焓和偏摩尔熵的定义的公式，可用如下公式表示：

$$\overline{H_i} = \left(\frac{\partial H}{\partial n_i}\right)_{T,\ p,\ n_{j\neq i}}$$

$$\overline{S_i} = \left(\frac{\partial S}{\partial n_i}\right)_{T,\ p,\ n_{j\neq i}}$$

对于多种成分的混合体系，偏摩尔体积可以用如下公式表示：

$$V = \sum n_i \overline{V_i}$$

例题 01

某种乙醇-水混合溶液，25℃时的密度为 0.8859g/cm^3。其中，乙醇在溶液中的摩尔分数为 0.375。求乙醇的偏摩尔体积为 57.4cm^3/mol 时水的偏摩尔体积为多少。此时，乙醇的分子量为 46。

首先，求出 1mol 乙醇-水混合溶液的质量，将其除以溶液密度即可以得到混合溶液的体积。

于单元格中设定计算乙醇-水混合溶液偏摩尔体积的算式。

单元格的设定

单元格 D5　=1-D6

单元格 E7　=D6 * C6+D5 * C5

单元格 B5　=(B7-B6 * D6)/D5

单元格 B7　=E7/B3

计算结果如图 3-15 所示，水的偏摩尔体积为 17.0cm^3/mol。

B5　　=(B7-B6*D6)/D5

	A	B	C	D	E	F
1	偏摩尔体积					
2	乙醇-水溶液					
3	密度	0.8859	(g/cm^3 at 25℃)			
4		偏摩尔体积(cm^3/mol)	分子量	摩尔分数	摩尔质量(g/mol)	
5	水	17.0	18	0.625		
6	乙醇	57.4	46	0.375		
7	乙醇-水溶液	32.2			28.5	

图 3-15 计算结果

多组分组成均一混合体系的情况，有混合气体、混合溶液、固溶体的分类。如果是 A 和 B 组成的混合溶液，溶液的组成根据摩尔分数有如下公式：

$$x_A + x_B = 1$$

恒温状态下，溶液与蒸气相达到平衡的共存条件，按照道尔顿（Dalton）定律，有如下关系式：

$$p_A + p_B = p$$

$$p_A = x_A^g p, \quad p_B = x_B^g p$$

上述关系式中，x_A^g、x_B^g 分别为气相中 A、B 的摩尔分数。将上述溶液视为理想溶液有如下关系式：

$$p_A = x_A p_A^0, \quad p_B = x_B p_B^0$$

上述关系式中 p_A^0、p_B^0 分别为纯液体 A、B 的蒸气压。上述关系式被称为拉乌尔（Raoult）定律。将其关系式换算之后，有如下表达式：

$$x_B = \frac{p_A^0 - p_A}{p_A^0}$$

即组分 B 的摩尔分数可以用成分 A 的蒸气压表示出来。对于理想溶液，上述关系式在所有浓度范围内均成立。

某种溶剂 A 和溶质 B 组成的稀溶液，溶剂符合拉乌尔（Raoult）定律，溶质符合亨利（Henry）定律，如图 3-16 所示。

相关化学势的计算，溶液与蒸气相达到相平衡时如图 3-17 所示，将 $p_A = p_A^0 x_A$ 代入关系式后，得：

$$\mu_A^l = \mu_A^0 + RT\ln(p_A^0 x_A) = \mu_A^0 + RT\ln p_A^0 + RT\ln x_A = \mu_A^{0l} + RT\ln x_A$$

$$\mu_A^{0l} = \mu_A^0 + RT\ln p_A^0$$

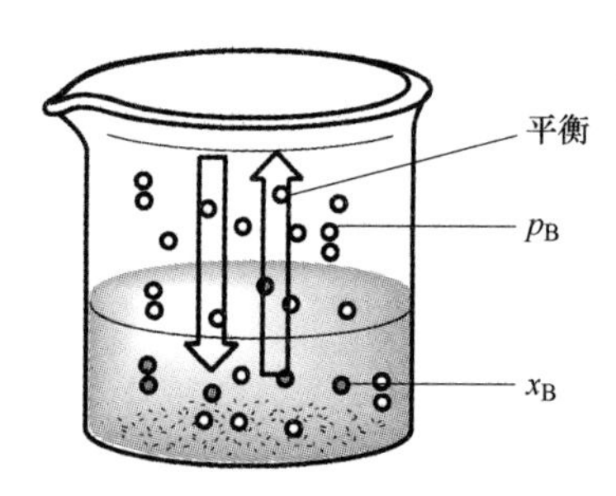

图 3-16　亨利定律

（Raoult's law：$p_A = p_A^0 x_A$；Henry's law：$p_B = kx_B$）

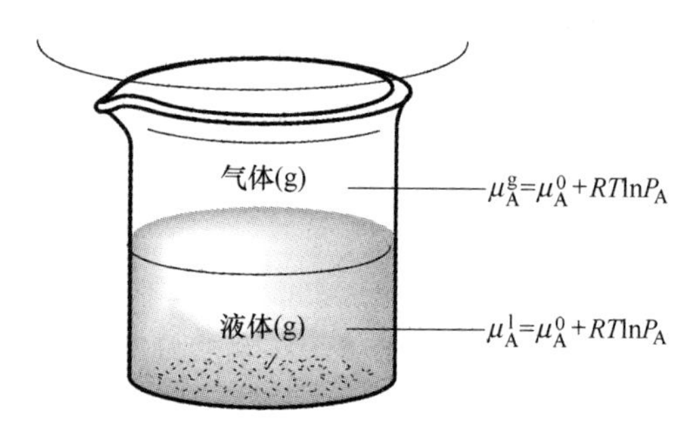

图 3-17　气液平衡的状态

理想溶液的情况下有如下关系式：

$$\mu_A = \mu_A^0 + RT\ln x_A$$

非理想溶液状态下，活度可以替代摩尔分数代入关系式，有如下表达式：

$$\mu_A = \mu_A^0 + RT\ln a_A$$

代入的活度系数有如下关系式：

$$a_A = \gamma_A x_A$$

$$\gamma_A = \frac{a_A}{x_A}$$

$$\lim_{a_A \to x_A} \frac{a_A}{x_A} = 1$$

上述的稀溶液状态或理想溶液的状态下，$\gamma_A = 1$。

由化学势与吉布斯自由能的关系式：

$$G = n_A\mu_A^1 + n_B\mu_B^1$$

$$G = n_A\mu_A^{01} + n_B\mu_B^{01} + n_ART\ln x_A + n_BRT\ln x_B$$

状态1到状态2的变化过程中，溶质B的变化极其微小，可以忽略，则有如下表达关系式：

$$\Delta G = G_2 - G_1 = n_ART\ln\frac{x_{A_2}}{x_{A_1}}$$

例题02

两组分A、B组成的混合溶液有浓度不同的两组溶液。一组溶液中成分A的摩尔分数为0.98，另一组溶液的摩尔分数为0.95，求仅将1mol的成分A从前者的溶液中移动到后者溶液中所引起的吉布斯自由能的变化。假设此时温度为25℃，两组溶液的量足够大，移动1mol组分A的程度不会引起浓度的变化。

上述情况下摩尔数为1，可以根据摩尔分数的比值进行求解。

吉布斯自由能的变化，可根据计算公式于单元格内进行算式的设定。

单元格的设定

单元格C4　=B8*(273.15+B7)*LN(B5/B4)

单元格C5　=B8*(273.15+B7)*LN((1-B5)/(1-B4))

计算结果如图3-18所示，1mol成分A进行移动时的ΔG为-77.1J，1mol成分B进行移动时的ΔG为2271J。

C4　=B8*(273.15+B7)*LN(B5/B4)

	A	B	C	D	E
1	自由能的变化				
2					
3	成分	摩尔分数	移动1mol时的ΔG		
4	A	0.98	-77.1	J	
5	B	0.95	2271.3	J	
6					
7	温度	25	℃		
8	R	8.314			

图3-18　计算结果

3.5　气相-液相间的平衡（气液平衡）

符合拉乌尔（Raoult）定律的溶液称为理想溶液。苯（B）和甲苯（T）组成的混合溶液遵从拉乌尔定律。蒸气压与组成的关系如图3-19所示[4]。

对于理想溶液来说，从分子模型上讲，各组分分子的大小及作用力彼此相似，则苯和甲苯分子的大小和作用力类似。各自对应的摩尔分数有如下关系式：

$$p = p_B + p_T = p_B^{\ominus}x_B + p_T^{\ominus}(1 - x_B)$$

$$x_T^g = \frac{p_T^{\ominus} x_T}{p_T^{\ominus} x_T + p_B^{\ominus}(1 - x_T)}$$

$$x_B^g = \frac{p_B^{\ominus} x_B}{p_B^{\ominus} x_B + p_T^{\ominus}(1 - x_B)}$$

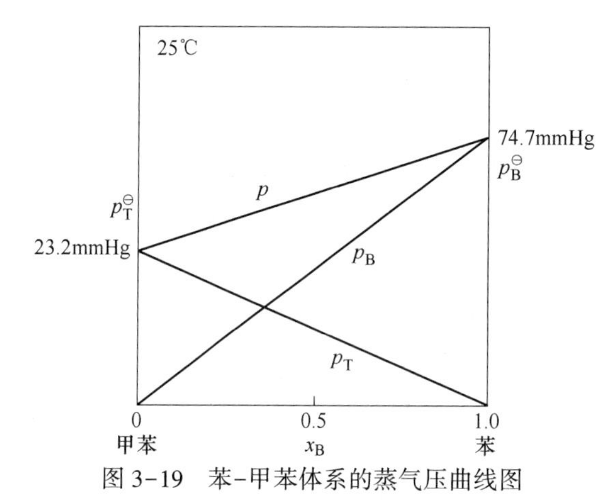

图 3-19　苯-甲苯体系的蒸气压曲线图

例题 01

苯-甲苯混合体系的溶液遵守拉乌尔定律。求 25℃时苯在液相体系的摩尔分数和气相体系的摩尔分数。此时，蒸气相的总压为 61.2mmHg。

苯-甲苯纯溶液体系的蒸气压可以根据前面图 3-19 中（苯-甲苯体系的蒸气压曲线图）读点求出：

$$p = p_B + p_T = p_B^{\ominus} x_B + p_T^{\ominus}(1 - x_B)$$

$$x_B^g = \frac{p_B^{\ominus} x_B}{p_B^{\ominus} x_B + p_T^{\ominus}(1 - x_B)}$$

根据上述算式于工作表中进行单元格的设定，计算求出苯-甲苯体系中苯的摩尔分数。

单元格的设定

单元格 B6　=(B3-B5)/(B4-B5)

单元格 B7　=B4 * B6/(B5 * (1-B6)+B6 * B4)

计算结果如图 3-20 所示，苯于液相中的摩尔分数为 0.738，蒸气相的摩尔分数为 0.901。

B6　f_x　=(B3-B5)/(B4-B5)

	A	B	C	D	E
1	理想溶液 (Raoult's Law)				
2	苯-甲苯的混合溶液				
3	总压 P	61.2	mmHg		
4	p_B^0	74.7	mmHg		
5	p_T^0	23.2	mmHg		
6	x_B	0.738			
7	x_B^g	0.901			

图 3-20　计算结果

例题 02

两组分 A、B 组成的理想溶液于某温度下的蒸气压分别为 15kPa、30kPa。B 组分于蒸气相的摩尔分数为 80%，求气液平衡时各成分的摩尔分数。

蒸气相中的摩尔分数的计算可以按照下述关系式进行计算：

$$x_A + x_B = 1$$

$$x_B^g = \frac{p_B^{\ominus} x_B}{p_B^{\ominus} x_B + p_T^{\ominus}(1 - x_B)}$$

各组分的摩尔分数可以按照上述关系式进行单元格的设定。

单元格的设定

单元格 C4　=1-C5

单元格 C5　=D5 * B4/((1-D5) * B5+D5 * B4)

各组分的摩尔分数如图 3-21 的计算结果所示。

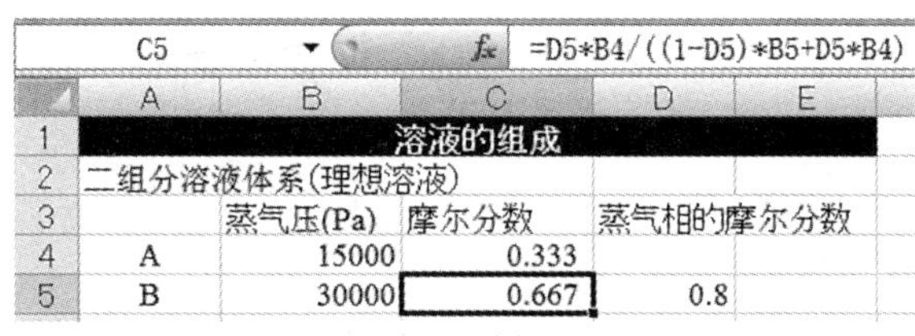

C5　=D5*B4/((1-D5)*B5+D5*B4)

	A	B	C	D	E
1	溶液的组成				
2	二组分溶液体系(理想溶液)				
3		蒸气压(Pa)	摩尔分数	蒸气相的摩尔分数	
4	A	15000	0.333		
5	B	30000	0.667	0.8	

图 3-21　计算结果

例题 03

5.0L 的密闭容器中加入 2.0L 的纯水，然后再于 0℃、1.0×10^{5}Pa 下通入 5.6L 的二氧化碳。求上述密闭体系静置放置一段时间后，最终二氧化碳于混合体系的分压（Pa）为多少。0℃、1.0×10^{5}Pa 下，二氧化碳于 1L 水中的溶解度为 1.7L。

密闭体系中通入二氧化碳，于水中的溶解量和气相中的剩余量可以通过质量守恒定律求出，也可以求出其于气相体系的分压。

二氧化碳：(总摩尔数) = (气相中的摩尔数) + (水中溶解的摩尔数)

气液平衡时二氧化碳分压的计算，可以按照上述关系式进行单元格的设定。

单元格的设定

单元格 C5　=E5 * E6/(B5 * B4+(B3-B4))

计算结果如图 3-22 所示，最终二氧化碳的分压为 87500Pa。

C5　=E5*E6/(B5*B4+(B3-B4))

	A	B	C	D	E	F
1	气液平衡					
2		体积(L)				
3	容器 V	5				
4	水	2	气液平衡		初期	
5	二氧化碳	1.7	87500	Pa	1.00E+05	Pa
6					5.6	L

图 3-22　计算结果

不遵守拉乌尔定律的溶液 TOPIC

前面所述的例题都是遵循拉乌尔定律的理想溶液并达到气液平衡状态的情况，不遵循拉乌尔定律的溶液称为非理想溶液。例如，下图中所示的丙酮与氯仿的混合溶液（a）、四氯化碳与甲醇的混合溶液（b）的蒸气压曲线图。图（a）的情况，有负的偏差，总压出现极小值。丙酮和氯仿分子间的氢原子产生相互作用后，产生负的偏差。此种情况，由于不同种分子间的作用力要比同种分子间的作用力强，混合分子溶液的蒸发较同种分子溶液难。如果不同种分子间的作用力比同种分子间的作用力弱，由于不同分子间存在一定的斥力，会表现相互疏远的趋势，产生正的偏差。例如四氯化碳与甲醇的混合溶液，如图（b）所示，有正的偏差，总压出现极大值。

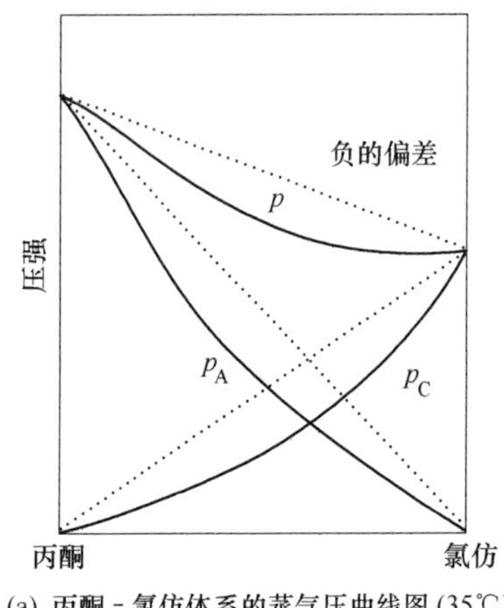

(a) 丙酮－氯仿体系的蒸气压曲线图 (35℃)

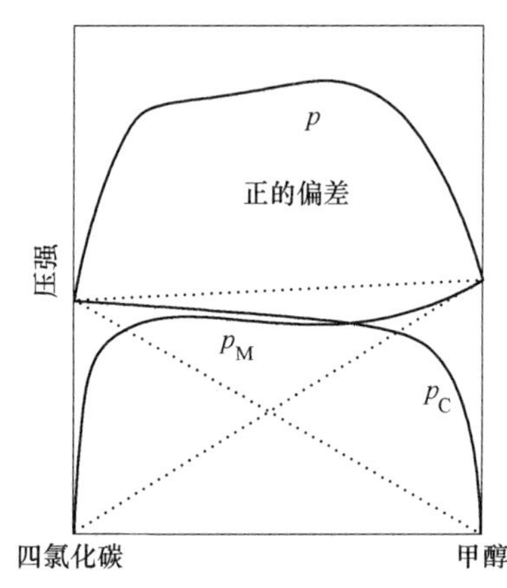

(b) 四氯化碳－甲醇体系的蒸气压曲线图 (35℃)

不遵循拉乌尔定律的蒸气压曲线图

3.6　沸点上升和凝固点下降

不挥发物质作为溶质的情况，其溶液的蒸气压相比纯溶剂的蒸气压会表现出蒸气压下降，沸点升高的现象。蒸气压曲线上表现出沸点上升的现象，如图 3-23 所示。

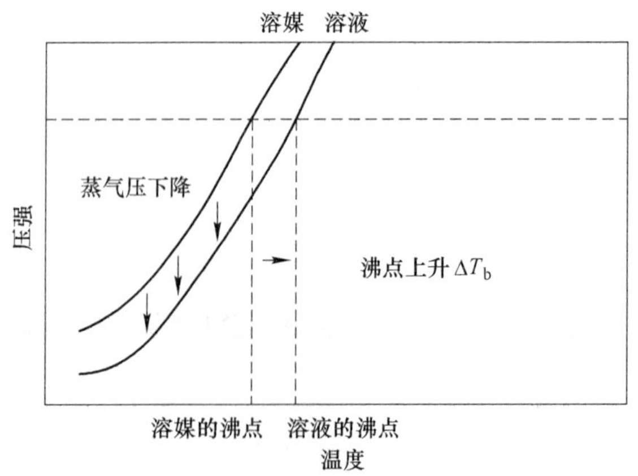

图 3-23　蒸气压曲线上的沸点升高

溶媒 A 的化学势，有如下关系式：

$$\mu_A^l = \mu_A^{\ominus l} + RT\ln x_A$$

溶液与蒸气达到平衡时如图 3-24 所示，又有如下关系式：

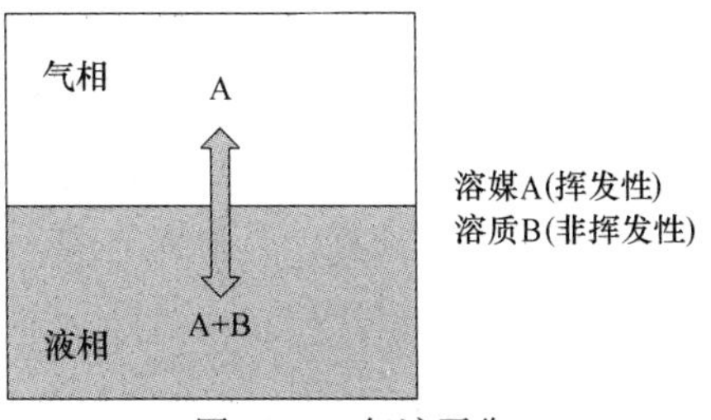

图 3-24 气液平衡

$$\mu_A^l = \mu_A^g = \mu_A^{\ominus g} = \mu_A^{\ominus l} + RT\ln x_A$$

$$\Delta G_g = RT\ln x_A$$

方程式两边都除以 T，就可以得到如下关系式：

$$\frac{\Delta G_g}{RT} = \ln x_A$$

$$\frac{d\ln x_A}{dT} = \left[\frac{\partial}{\partial T}\left(\frac{\Delta G_g}{RT}\right)\right]_p$$

将上述关系式代入到恒压条件下的吉布斯-亥姆霍兹方程式，则有：

$$\left[\frac{\partial}{\partial T}\left(\frac{\Delta G}{T}\right)\right]_p = -\frac{\Delta H}{T^2}$$

$$\frac{d\ln x_A}{dT} = -\frac{\Delta H}{RT^2}$$

$$-\int_0^{\ln x_A} d\ln x_A = \frac{\Delta H_g}{R}\int_{T_0}^{T}\frac{dT}{T^2}$$

$$-\ln x_A = -\frac{\Delta H_g}{R}\left(\frac{1}{T} - \frac{1}{T_0}\right) = -\frac{\Delta H_g}{R}\cdot\frac{\Delta T_b}{T_0^2}$$

溶质 B 的摩尔分数$-\ln x_A = -\ln(1-x_B) \approx x_B$，将其代入后有：

$$x_B = \frac{\Delta H_g}{R}\cdot\frac{\Delta T_b}{T_0^2}$$

则：

$$\Delta T_b = \frac{RT_0^2}{\Delta H_g}x_B$$

沸点上升的温度与 B 的摩尔分数成正比。

使用质量摩尔浓度 m 表示，B 的摩尔分数可以表示成：

$$x_B = \frac{w_B M_A}{w_A M_B}$$

$$m = \frac{w_B}{M_B}\cdot\frac{1000}{w_A}$$

则：

$$x_B = \frac{m}{1000}\cdot M_A$$

将上述关系式联立之后，得：

$$\Delta T_b = \frac{RT_0^2}{\Delta H_g}\cdot\frac{m}{1000}\cdot M_A = \frac{RT_0^2}{1000\cdot l_g}\cdot m = K_b m$$

则沸点上升温度与摩尔浓度也成正比。上述关系式中，ΔH_g 为摩尔蒸发焓，l_g 为每 1g 的蒸发焓。

例题 01

求将化合物 $C_6H_{10}O_5$ 20g 溶解到 250g 的水中，得到的水溶液于 1atm 下溶液的沸点是多少。此时，水的摩尔沸点上升常数为 0. 52。

水的摩尔沸点上升常数为 0. 52，溶液沸点上升的温度可根据 $\Delta T_b = K_B m$ 计算求出。

溶液沸点的计算，可根据上述公式进行单元格的设定。

单元格的设定

单元格 B3　=12 * 6+10+16 * 5

单元格 B5　=E4 * D3

单元格 B6　=100+B5

单元格 D3　=C3/B3 * 1000/C4

计算结果如图 3-25 所示，溶液的沸点为 100. 26℃。

D3　=C3/B3*1000/C4

	A	B	C	D	E
1	沸点上升				
2	化合物	分子量	质量(g)	m	K_b
3	$C_6H_{10}O_5$	162	20	0.493827	
4	水	18	250		0.52
5	溶液 ΔT_b	0.26			
6	溶液 T_b	100.26	℃		

图 3-25　计算结果

溶液中溶解有不挥发物质，其溶液的蒸气压相比纯溶剂的蒸气压表现出蒸气压下降、沸点升高的现象，但凝固点却下降。溶解曲线上表现出凝固点下降的现象，如图 3-26 所示。

溶质 B 溶解到溶媒 A 中形成溶液体系，在固体和液体之间也可以形成平衡即固液平衡，如图 3-27 所示。

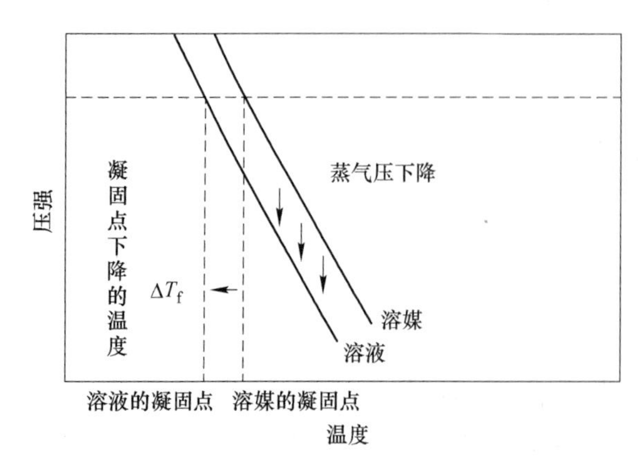

图 3-26　溶解曲线上的凝固点下降

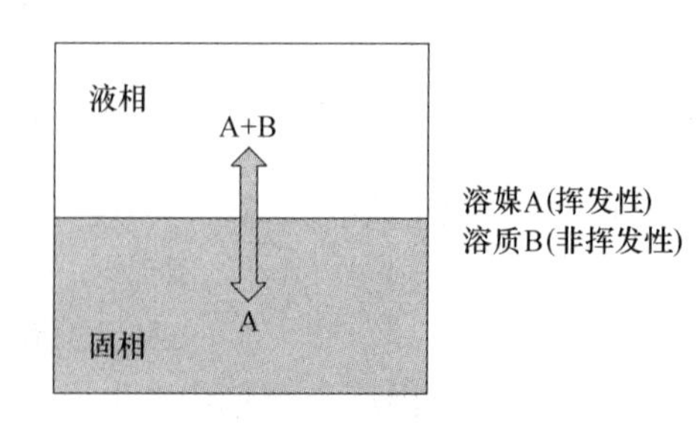

图 3-27　固液平衡的示意图

对于溶媒 A 来说，固液平衡时，$\mu_A^{\ominus s} \equiv \mu_A^l$，则有：

$$\mu_A^{\ominus s} = \mu_A^l = \mu_A^{\ominus l} + RT\ln x_A$$

$$\Delta G_f = \mu_A^{\ominus s} - \mu_A^{\ominus l} = RT\ln x_A$$

将上述关系式代入到恒压条件下的吉布斯-亥姆霍兹方程式，则有：

$$\left[\frac{\partial}{\partial T}\left(\frac{\Delta G}{T}\right)\right]_p = -\frac{\Delta H}{T^2}$$

$$\frac{d\ln x_A}{dT} = \frac{\Delta H_f}{RT^2}$$

上述关系式中，ΔH_f 为溶解焓。稀溶液中，同沸点上升一样，同样可求出凝固点下降的关系式：

$$\ln x_A = -\frac{\Delta H_f \Delta T_f}{RT_0^2}$$

$$\ln x_A \approx -x_B$$

$$x_B = \frac{\Delta H_f}{RT_0^2} \cdot \Delta T_f$$

$$\Delta T_f = \frac{RT_0^2}{\Delta H_f} x_B = K_f m$$

式中，K_f 为摩尔凝固点下降常数。

例题 02

某非电解物质 20.0g 溶解到 1000g 水中，形成的溶液凝固点下降了 0.80℃。此种物质的元素组成为 C 52.17%、O 34.78%、H 13.05%，求出正确的分子量为多少。

此时，水的摩尔凝固点下降常数为 1.86。

质量摩尔浓度有 $m = \frac{\Delta T_f}{K_f} = \frac{w}{M} \cdot \frac{1000}{w_{H_2O}}$，可根据其关系式求出对应的分子量。此外，分子中的原子数目可以根据质量比求出来，将其作为对比可以求出分子式和分子量。

为了求出分子式和分子量，按照关系式进行单元格中算式的设定。设定中用到了 Excel 中的字符串连接或合并函数（CONCATENATE）；为了将 1 列中的数值用整数进行表示，可以使用取整函数 INT( )。

单元格的设定

单元格 C3 =B5/B6
单元格 D3 =B3/C3
单元格 E3 =12 * I3+16 * I4+1 * I5
单元格 H3 =G3/12
单元格 I3 =INT(H3/$H$4)
单元格 E6 =CONCATENATE(F3,I3,F5,I5,F4)

计算结果如图 3-28 所示，分子式为 C_2H_6O，分子量为 46.0。

	A	B	C	D	E	F	G	H	I
1	凝固点下降								
2		质量(g)	m	M_{calc}	$M_{元素组成}$		元素组成占比	元素组成占比	
3	化合物	20	0.430	46.5	46.0	C	0.5217	0.043475	2
4	水	1000				O	0.3478	0.021738	1
5	ΔT_f	0.8	℃		分子式	H	0.1305	0.1305	6
6	K_f	1.86			C2H6O				

E6　=CONCATENATE(F3, I3, F5, I5, F4)

图 3-28　计算结果

例题 03

1.11g 氯化钙加入到 100g 纯水中形成的溶液，测定凝固点 ΔT_f 为-0.333℃，求出其于水中的电离度。

水的摩尔凝固点下降常数为 1.86K · kg/mol。氯化钙的摩尔质量为 111。

达到电离平衡时，摩尔浓度的关系式如下：

$$CaCl_2 \xrightleftharpoons{\alpha} Ca^{2+} + 2Cl^-$$

$t=0$　　C

$t=t$　　$C(1-\alpha)$　　$C\alpha$　　$2C\alpha$　　合计 $C(1+2\alpha)$

根据上述关系式，计算求出电离度 α。按照电离度 α 的计算公式进行单元格的设定。

单元格的设定

单元格 E3　=B3/D3/B4 * 1000

单元格 B6　=(B5/E5/E3-1)/2

计算结果如图 3-29 所示，氯化钙于水中的电离度为 0.395。

	A	B	C	D	E	F
1	电离度					
2				分子量	摩尔浓度(mol/kg)	
3	$CaCl_2$	1.11	g	111	0.10	
4	水	100	g			
5	ΔT_f	0.333	℃	K_f	1.86	K.kg/mol
6	电离度α	0.395				

B6　=(B5/E5/E3-1)/2

图 3-29　计算结果

溶剂和溶质 TOPIC

溶媒也被叫做溶剂，是构成溶液的成分之一，是溶质进行溶解的媒介。如果是两种溶媒组成的混合溶液，一般把多量的溶媒称为溶剂，少量存在的称为溶质。如果将溶剂按照极性分类，可分为非极性溶媒和极性溶媒，或非极性物质和极性物质。溶质分子与溶媒分子间发生相互作用，会产生“溶媒合”，水作为溶剂时，与溶质产生的作用被称为“水合”。

3.7 渗透压

容器中间设定有半透膜，溶媒一侧和溶有溶质的溶液一侧通过半透膜隔开，如图 3-30 所示，溶质无法通过半透膜，仅溶媒可以通过半透膜，会产生一定的渗透压。一般情况下，植物的细胞壁都为半透膜，蔬菜等使用食盐、米糠酱进行腌制时，会因渗透压将细胞内部的水移动到外侧。

如图 3-31 所示，稀溶液中溶媒从溶剂侧通过半透膜向溶液侧移动，直到溶液侧的压强 P 和溶媒侧压强 P_0 达到平衡位置，其压力差称为“渗透压”。

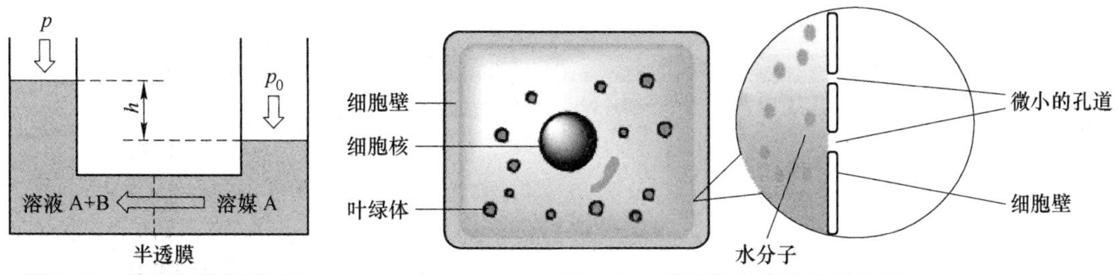

图 3-30 渗透压的概念图

图 3-31 腌制物的细胞和渗透压

稀溶液中达到平衡状态时，两侧的化学势相等，则有如下关系式：

$$\mu_A^0(p) + RT\ln x_A = \mu_A^0(p_0)$$

由偏摩尔体积公式，可得：

$$\overline{V_A} = \left(\frac{\partial \mu_A}{\partial p}\right)_T$$

$$\mu_A^0(p) - \mu_A^0(p_0) = \int_{p_0}^{p} V_A \mathrm{d}p = V_A(p - p_0) = \pi V_A$$

$$\pi V_A = -RT\ln x_A$$

$$\pi = -\frac{RT}{V_A}\ln x_A = \frac{RT}{V_A}x_B \approx \frac{RT}{V_A} \cdot \frac{n_B}{n_A} = \frac{w_B}{M_B V}RT$$

则：

$$\pi = c_B RT$$

如上述关系式，渗透压可以用体积摩尔浓度表示。这种表示方式被称为范德霍夫(van’t Hoff) 定律。

半透膜附近的水分子通过半透膜的状态如图 3-32 所示。

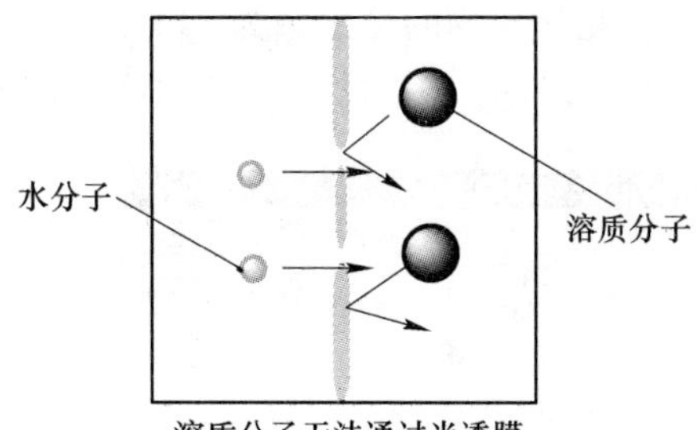

图 3-32 半透膜附近水分子通过半透膜的状态图

例题 01

有一 U 形管，中间由半透膜隔开，27℃时的横截面积为 1.00cm²。一侧加入 1.0g 淀粉溶解到 100mL 水中组成的溶液，另一侧加入 100mL 纯水，求最终的液面差为 10.0cm 时的渗透压为多少，并求出淀粉的分子量。假设水溶液与水的压强差为 1Pa 时，对应的液面的高度差为 1×10^{-2}cm。

将计算渗透压、淀粉分子量的公式于工作表的单元格中进行设定，计算求解。液面差为 10.0cm 时，可知发生移动的液体量为 5.0cm。计算结果如图 3-33 所示，得到的渗透压为 1.0×10^{3}Pa，淀粉的分子量为 23800。

E3　=B3/D3*1000*E8*(B5+273.15)/B8

	A	B	C	D	E	F
1	渗透压					
2		质量(g)	溶液初始状态(mL)	移动后溶液(mL)	分子量	
3	淀粉	1	100	105	2.38E+04	
4						
5	温度	27	℃			
6	U型管的横截面积	1	cm²			
7	液面高度差	10	cm	1 Pa =	1.00E-02	cm
8	渗透压	1.00E+03	Pa	R	8.31E+03	Pa.L/K.mol

图 3-33　计算结果

单元格的设定

单元格 D3　=C3+B6 * B7/2

单元格 E3　=B3/D3 * 1000 * E8 * (B5+273.15)/B8

单元格 B8　=B7/E7

例题 02

将 34.23g 非电解质化合物溶解到 1000g 的水中，30℃测定其渗透压为 250.2kPa。求此化合物的分子量为多少。假设此时水的密度为 1g/cm³。

可根据范德霍夫定律，$\pi=\frac{w_B}{M_B V}RT$，于工作表中进行单元格的设定并计算求解。

单元格的设定

单元格 D3　=B3/0.001 * B7 * (273.15+B6)/(B5 * 1000)

计算结果如图 3-34 所示，此化合物的分子量为 344.8。

D3　=B3/0.001*B7*(273.15+B6)/(B5*1000)

	A	B	C	D	E	F
1	渗透压2					
2		质量(g)	密度(g/cm³)	分子量		
3	化合物	34.23		344.8		
4	水	1000	1			
5	渗透压	250.2	kPa			
6	温度	30	℃			
7	R	8.314	J/K.mol			

图 3-34　计算结果

例题 03

如图所示，密闭容器中放入两组烧杯，分别盛有 A 溶液和 B 溶液。A 溶液为 0.10mol 的非挥发性物质溶解到 100g 的水中；B 溶液为 0.20mol 的非挥发性物质溶解到 100g 的水中。将上述两组溶液于密闭体系长时间放置后，求 A 溶液的摩尔浓度和 B 溶液中水量是多少。

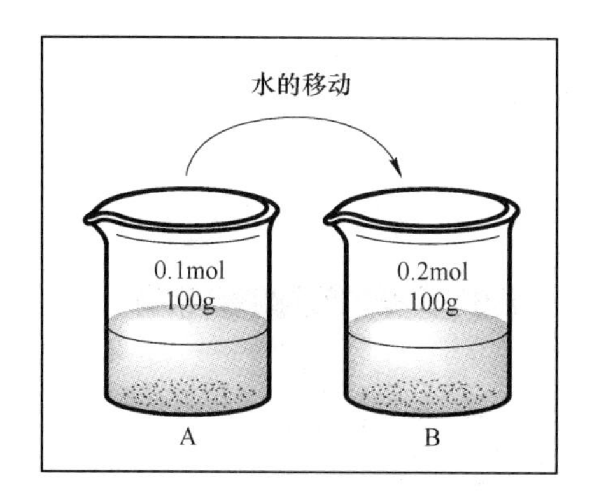

最终密闭容器中的水蒸气压强恒定，溶液 A 和溶液 B 的摩尔浓度相等。也就是说，浓度小的溶液向浓度大的溶液进行了水（水蒸气形式）的迁移，直到两组溶液的浓度相等为止。最终，溶液 B 由于浓度大，水的量增加，溶质的量不发生变化，仍为 0.20mol。

将 A 摩尔浓度和 B 水量的计算公式，于工作表中进行单元格的设定。

单元格的设定

单元格 B6　=B3/0.001 * B7 * (273.15+B6)/(B5 * 1000)

单元格 B7　=B6

单元格 C6　=B3/B6 * 1000

单元格 C7　=B4/B7 * 1000

计算结果如图 3-35 所示，A 的摩尔浓度为 1.5（mol/kg）、B 溶液中的水总量为 133.3g。

C7　fx　=B4/B7*1000

	A	B	C	D
1	水蒸气压			
2		摩尔数(mol)	水(g)	
3	A	0.1	100	
4	B	0.2	100	
5		摩尔浓度(mol/kg)		
6	$A_{平衡}$	1.5	66.7	
7	$B_{平衡}$	1.5	133.3	

图 3-35　计算结果

习 题 详 解

1. 指出如下各系统的组分数、相数和自由度数各为多少？

（1）$NH_4Cl(s)$ 在抽真空容器中，部分分解为 $NH_3(g)$，$HCl(g)$ 达平衡；

（2）$NH_4Cl(s)$ 在含有一定量 $NH_3(g)$ 的容器中，部分分解为 $NH_3(g)$，$HCl(g)$ 达平衡；
（3）$NH_4HS(s)$ 分解为 $NH_3(g)$ 和 $H_2S(g)$，在任意量的 $NH_3(g)$ 和 $H_2S(g)$ 混合达平衡；
（4）在 900K，C(s) 与 CO(g)、$CO_2(g)$、$O_2(g)$ 达平衡。

解：（1）$NH_4Cl(s) \rightleftharpoons NH_3(g) + HCl(g)$

$$c = n - e - r$$

$$p = 2(1\text{个固相，}1\text{个气相})$$

$$f = c - p + 2$$

根据以上算式进行单元格的设定：

单元格 B4　=B5-B6-B7

	A	B	C	D
1	相律			
2				
3	$NH_4Cl(s) \rightarrow NH_3(g)+HCl(g)$			
4	组成分数c	1		
5	化合物数n	3		
6	限制条件数r	1		
7	当量关系e	1		
8				
9	相数P	2		
10	自由度f	1		

故 $f=1$。

（2）在上述系统中加入少量 $NH_3(g)$ 后，浓度限制条件消失了，即 $r=0$，则

$$c = n - e - r = 3 - 1 - 0 = 2$$

$$p = 2(1\text{个固相，}1\text{个气相})$$

$$f = c - p + 2 = 2 - 2 + 2 = 2$$

（3）$NH_4HS(s) \rightleftharpoons NH_3(g) + H_2S(g)$

$$c = n - e - r = 3 - 1 - 0 = 2$$

$$p = 2(1\text{个固相，}1\text{个气相})$$

$$f = c - p + 2 = 2 - 2 + 2 = 2$$

（4）$C(s) + \frac{1}{2}O_2(g) \rightleftharpoons CO(g)$

$CO(g) + \frac{1}{2}O_2(g) \rightleftharpoons CO_2(g)$

$$c = n - e - r = 4 - 2 - 0 = 2$$

$$p = 2(1\text{个固相，}1\text{个气相})$$

$$f = c - p + 2 = 2 - 2 + 2 = 2$$

2. 在 360K 时，水（A）与异丁醇（B）部分互溶，异丁醇在水相中的摩尔分数为 $x_B=0.021$。已知水相中的异丁醇符合 Henry 定律，Henry 系数 $k_{x,B}=1.58\times10^6$Pa。试计算在与之平衡的气相中水与异丁醇的分压。已知水的摩尔蒸发焓为 40.66kJ/mol，且不随温度而变化。设气体为理想气体，在 298K 时，纯水的饱和蒸气压 3167.4Pa。

解：部分互溶液体上方水（A）与异丁醇（B）的压力可用任意一层液相的浓度进行计算。溶质异丁醇符合 Henry 定律，溶剂水符合 Raoult 定律。现利用水相进行运算如下：

（1）异丁醇的分压

$$p_B = k_{x,B}x_B = 1.58 \times 10^6\text{Pa} \times 0.021 = 33180\text{Pa}$$

（2）水的分压

$$p_A = p_A^* x_A$$

298K 时水的饱和蒸气压为 3167.4Pa。在 360K 时水的饱和蒸气压可用下式获得：

$$\ln\frac{p_2}{p_1} = \frac{\Delta_{vap}H_m}{R_b}\left(\frac{1}{T_1} - \frac{1}{T_2}\right)$$

$$p_A = p_A^* x_A$$

根据以上两式进行单元格的设定：

单元格 B7 =EXP(B3 * 1000/8.314 * (1/B4-1/B5)) * B6

单元格 B9 =B7 * (1-B8)

B9 =B7*(1-B8)

	A	B	C
1	蒸气压		
2			
3	$\Delta_{vap}H_m$	40.66	kJ/mol
4	温度T_1	298	K
5	温度T_2	360	K
6	蒸气压P_1	3.1674	kPa
7	蒸气压P_2	53.48	kPa
8	B在水中的摩尔分数x_B	0.021	
9	水的分压P_A	52.36	kPa

故 p_2 = 53.48kPa，p_A = 52.36kPa。

3. 氢醌的蒸气压实验数据如下：

	固-气		液-气	
温度/K	405.5	436.6	465.15	489.6
压力/kPa	0.1333	1.334	5.3327	13.334

求：（1）氢醌的升华热、蒸发热、熔化热（设它们均不随温度变化）；

（2）气、液、固三相共存时的温度与压力；

（3）在 500K 沸腾时的外压。

解：（1）$\ln\frac{p_2}{p_1} = \frac{\Delta H_m}{R}\left(\frac{1}{T_1} - \frac{1}{T_2}\right)$

根据上式进行单元格的设定：

单元格 B3 =LN(B7/B6)/((1/B4-1/B5)/(8.314/1000))

B3 =LN(B7/B6)/((1/B4-1/B5)/(8.314/1000))

	A	B	C	D	E	F	G
1	升华热						
2							
3	$\Delta_{sub}H_m$	109.02	kJ/mol				
4	温度T_1	405.55	K				
5	温度T_2	436.65	K				
6	蒸气压P_1	0.1333	kPa				
7	蒸气压P_2	1.3334	kPa				

	A	B	C	D	E	F	G
1	蒸发热						
2							
3	$\Delta_{vap}H_m$	70.833	kJ/mol				
4	温度T_1	465.15	K				
5	温度T_2	489.65	K				
6	蒸气压P_1	5.3327	kPa				
7	蒸气压P_2	13.334	kPa				

B3　=LN(B7/B6)/((1/B4-1/B5)/(8.314/1000))

$$\Delta_{sub}H_m = 109.02\text{kJ/mol}$$
$$\Delta_{vap}H_m = 70.833\text{kJ/mol}$$
$$\Delta_{fus}H_m = \Delta_{sub}H_m - \Delta_{vap}H_m = 38.167\text{kJ/mol}$$

（2）设三相平衡共存时的温度为 T，压力为 p，则有：

$$\ln\frac{p}{0.1333\text{kPa}} = \frac{\Delta_{sub}H_m}{8.314\text{J}\cdot\text{mol}^{-1}\cdot\text{K}^{-1}}\times\left(\frac{1}{405.55\text{K}}-\frac{1}{T}\right)$$
$$\ln\frac{p}{5.3327\text{kPa}} = \frac{\Delta_{vap}H_m}{8.314\text{J}\cdot\text{mol}^{-1}\cdot\text{K}^{-1}}\times\left(\frac{1}{465.15\text{K}}-\frac{1}{T}\right)$$

以上两式联立得：$T=444.9\text{K}$，$p=2.316\text{kPa}$。

（3）沸腾时蒸气压等于外压，即有：

$$\ln\frac{p}{5.3327\text{kPa}} = \frac{70833\text{J}\cdot\text{mol}^{-1}}{8.314\text{J}\cdot\text{mol}^{-1}\cdot\text{K}^{-1}}\times\left(\frac{1}{465.15\text{K}}-\frac{1}{500\text{K}}\right)$$
$$p = 19.1\text{kPa}$$

4. 两个挥发性液体 A 和 B 构成一理想溶液，在某温度时溶液的蒸气压为 54.1kPa，在气相中 A 的摩尔分数为 0.45，液相中为 0.65，求此温度下纯 A 和纯 B 的蒸气压。

解：由题意知：

$$p_A^* x_A + p_B^*(1 - x_A) = p$$
$$y_A = \frac{p_A^* x_A}{p}$$

根据以上两式进行单元格的设定：

单元格 B4　=C4 * B6/D4

单元格 B5　=(B6-B4 * D4)/(1-D4)

	A	B	C	D
1	各组分蒸气压			
2				
3		蒸气压（kPa）	气相中摩尔分数	液相中摩尔分数
4	A	37.45	0.45	0.65
5	B	85.01		
6	二组分理想溶液	54.1		

B5　=(B6-B4*D4)/(1-D4)

$$p_A^* = 37.45\text{kPa},\quad p_B^* = 85.01\text{kPa}$$

5. 某溜冰人的体重为 60kg，所用冰鞋下面的冰刀与冰接触的长度为 7.62×10^{-2}m，宽为 2.45×10^{-5}m。试求在该压力下冰的熔点。已知冰的熔化热为 6.01kJ/mol。在标准压力 $p^{\ominus}$时，冰的熔点为 273.16K，水的密度为1000kg/m³，冰的密度为920kg/m³。

解：一双溜冰鞋下有两把冰刀，与冰接触的总面积为$S(\mathrm{m^2})$，冰面受的力为$F(\mathrm{N=kg\cdot m/s^2})$，压强为$p(\mathrm{Pa=kg/(m\cdot s^2)})$。

$$p=\frac{F}{S}=\frac{60\mathrm{kg}\times 9.8\mathrm{m/s^2}}{2\times 7.62\times 10^{-2}\mathrm{m}\times 2.45\times 10^{-5}\mathrm{m}}=1.575\times 10^{8}\mathrm{Pa}$$

据克拉伯龙方程：

$$\frac{\mathrm{d}p}{\mathrm{d}T}=\frac{\Delta H_{\mathrm{m}}}{T\Delta V_{\mathrm{m}}}$$

$$\Delta V_{\mathrm{m}}=V_{\mathrm{m}}(\mathrm{l})-V_{\mathrm{m}}(\mathrm{s})$$

$$\int_{p_1}^{p_2}\mathrm{d}p=\frac{\Delta H_{\mathrm{m}}}{\Delta V_{\mathrm{m}}}\int_{T_1}^{T_2}\frac{1}{T}\mathrm{d}T=\frac{\Delta H_{\mathrm{m}}}{\Delta V_{\mathrm{m}}}\ln\frac{T_2}{T_1}$$

$$(1.575\times 10^{8}-101325)\mathrm{Pa}=\frac{6010\mathrm{J\cdot mol^{-1}}}{-1.565\times 10^{-6}\mathrm{m^3\cdot mol^{-1}}}\ln\frac{T_2}{273.16\mathrm{K}}$$

根据以上公式进行单元格的设定：

单元格B7　=0.018*(1/B5-1/B6)

单元格B8　=EXP((B2-101325)*B7/(B3*1000))*B4

B8　=EXP((B2-101325)*B7/(B3*1000))*B4

	A	B	C	D	E	F
1	冰的熔点					
2	冰的压力P	1.58E+08	Pa			
3	冰的熔化热ΔH_m	6.01	kJ/mol			
4	标准压力冰的熔点T_1	273.16	K			
5	水的密度	1000	kg/m³			
6	冰的密度	920	kg/m³			
7	ΔV_m	-1.57E-06	m³/mol			
8	该压力下冰的熔点T_2	2.62E+02	K			

故$\Delta V_{\mathrm{m}}=-1.57\times 10^{-6}\mathrm{m^3/mol}$，$T_2=262.2\mathrm{K}$。

参 考 文 献

[1] 郭汉杰．冶金物理化学教程［M］．北京：冶金工业出版社，2006.

[2] 王淑兰．物理化学［M］．北京：冶金工业出版社，2006.

[3] 张家芸．冶金物理化学［M］．北京：冶金工业出版社，2004.

[4] 黄希祜．钢铁冶金原理［M］．北京：冶金工业出版社，2002.

4 化学平衡

发生化学反应时，为了表示达到平衡状态的反应体系，描述其反应朝着哪个方向进行，可以使用“箭头”标识。反应只朝一个方向进行的情况，称为不可逆反应，可以使用“→”表示。还有一种情况，经过短时间的反应，化学反应貌似停止了，但是却达到了一种化学平衡的状态，称为可逆反应，可以使用“⇌”表示。理想情况下，所有的化学反应都可称为可逆反应，但是反应只可以朝着正方向进行而逆反应难以进行时，就变成了不可逆反应。本章所有的例题中可逆和不可逆反应，均分别使用向正方向的“→”和正反两方向的“⇌”表示。

4.1 质量守恒定律

对于两种组分以上的体系，将吉布斯自由能进行完全微分之后，可使用以下关系式进行表示[1]：

$$dG = \left(\frac{\partial G}{\partial T}\right)_{p,\ n_i} dT + \left(\frac{\partial G}{\partial p}\right)_{T,\ n_i} dp + \left(\frac{\partial G}{\partial n_i}\right)_{T,\ p,\ n_{j\neq i}} dn_i$$

$$\left(\frac{\partial G}{\partial p}\right)_T = V, \qquad \left(\frac{\partial G}{\partial T}\right)_p = -S$$

$$dG = -SdT + Vdp + \sum_i \left(\frac{\partial G}{\partial n_i}\right)_{T,\ p,\ n_{j\neq i}} dn_i$$

$$dG = -SdT + Vdp + \sum_i \mu_i dn_i$$

恒温、恒压条件下，

$$dG = \sum_i \mu_i dn_i$$

组成一定的体系，整体的物质的量增加的话，吉布斯自由能为各部分的摩尔数与化学势乘积之后的和。

化学势可表示为成分 i 每 1mol 的吉布斯自由能，有如下关系式：

$$G = G^{\ominus} + RT\ln p$$

$$\mu_i = \mu_i^{\ominus} + RT\ln p_i$$

上述关系式为理想混合气体的热力学的定义。$\mu_i^{\ominus}$ 为成分 i 的 1atm（标准状态）下的化学势。

一般的可逆反应可表示为：

$$v_1A_1 + v_2A_2 + \cdots \rightleftharpoons v'_1A'_1 + v'_2A'_2 + \cdots$$

可逆反应的进行程度可以用反应进度 ξ 表示。反应开始时 $\xi=0$，反应完成后 $\xi=1$，吉布斯自由能的变化可以使用如下关系式进行表示：

$$G = \sum_i v_i \mu_i$$

$$\mathrm{d}G = \left(\sum_i v'_i \mu'_i - v_i \mu_i \right) \mathrm{d}\xi$$

平衡状态时[2]：

$$\sum_i v'_i \mu'^{\mathrm{eq}}_i - \sum_i v_i \mu^{\mathrm{eq}}_i = 0$$

$$\mu^{\mathrm{eq}}_i = \mu^{\ominus}_i + RT\ln p^{\mathrm{eq}}_i$$

$$\sum_i v'_i (\mu'^{\ominus}_i + RT\ln p'^{\mathrm{eq}}_i) - \sum_i v_i (\mu^{\ominus}_i + RT\ln p^{\mathrm{eq}}_i) = 0$$

将上述关系式进行变换之后，可得：

$$\sum_i v'_i \mu'^{\ominus}_i - \sum_i v_i \mu^{\ominus}_i = - RT\left(\sum_i v'_i \ln p'^{\mathrm{eq}}_i - \sum_i v_i \ln p^{\mathrm{eq}}_i \right)$$

则：

$$\Delta G^{\ominus} = - RT\ln \frac{\prod (p'^{\mathrm{eq}}_i)^{v'_i}}{\prod (p^{\mathrm{eq}}_i)^{v_i}} = - RT\ln K_p$$

K_p 为恒温条件下的标准压强平衡常数，上述关系式被称为质量作用定律。

压强一定时，

$$K_p = \frac{p'^{v'_1}_1 p'^{v'_2}_2 \cdots p'^{v'_n}_n}{p^{v_1}_1 p^{v_2}_2 \cdots p^{v_n}_n} \tag{4-1}$$

浓度一定时，

$$K_C = \frac{[A'_1]^{v'_1} [A'_2]^{v'_2} \cdots [A'_n]^{v'_n}}{[A_1]^{v_1} [A_2]^{v_2} \cdots [A_n]^{v_n}} \tag{4-2}$$

K_C 为浓度平衡常数。联立理想气体 K_p 和 K_C 的关系式（4-1）和式（4-2）可得：

$$p = \frac{n}{V}RT = CRT$$

$$K_p = \frac{(C'_1RT)^{v'_1}(C'_2RT)^{v'_2}\cdots}{(C_1RT)^{v_1}(C_2RT)^{v_2}\cdots} = \frac{C'^{v'_1}_1 C'^{v'_2}_2 \cdots}{C^{v_1}_1 C^{v_2}_2 \cdots}(RT)^{(v'_1+v'_2+\cdots)-(v_1+v_2+\cdots)} = K_C(RT)^{\Delta v}$$

$$\Delta v = 0$$

$$K_p = K_C$$

由上述公式可知，摩尔数不发生变化时，压强平衡常数和浓度平衡常数相等，溶液反应的情况一般只使用 K_C 进行计算。

例题 01

400K 的恒温条件下，某含有氢气的混合气体，其氢气的分压为 2.0atm。另有恒温条件下的混合气体，氢气的分压为 5.0atm，含量为 0.50mol，是从最初的状态转变至现在的状态，求这个转变过程中吉布斯自由能 ΔG 的变化为多少。

注：整个过程的混合气体均为理想气体。

氢气的分压从 p_1 变化至 p_2，可根据下述关系式进行计算[3]。

$$\Delta G = nRT\ln \frac{p_2}{p_1}$$

自由能 ΔG 的变化的计算，可按照上述公式进行单元格的设定。

单元格的设定

单元格 B8　=B5 * B7 * B6 * LN(B4/B3)

计算结果如图 4-1 所示，自由能 ΔG 的变化为 362.9cal。

B8　=B5*B7*B6*LN(B4/B3)

	A	B	C	D	E
1	自由能的变化				
2					
3	氢气的分压 p1	2	atm		
4	氢气的分压 p2	5	atm		
5	摩尔数 n	0.5	mol		
6	温度 T	400	K		
7	R	1.98	cal/K.mol		
8	ΔG	362.9	cal		

图 4-1　计算结果

例题 02

1L 的容器中，如下所述的反应达到平衡时，混合气体中 SO_3 为 0.600mol、NO 为 0.400mol、NO_2 为 0.100mol、SO_2 为 0.800mol。求此时的 K_p 为多少。

$$SO_2 + NO_2 \rightleftharpoons SO_3 + NO$$

压强平衡常数 K_p 与浓度平衡常数 K_C 有如下关系式：

$$K_p = K_C(RT)^{\Delta v}$$

$$K_C = \frac{[SO_3][NO]}{[SO_2][NO_2]}$$

压强平衡常数 K_p 的计算可以按照上述关系式进行单元格的设定，如图 4-2 所示。

B8　=B6*B7/B4/B5

	A	B	C	D	E
1	压强平衡常数				
2					
3	Δv	0			
4	$[SO_2]$	0.800	mol		
5	$[NO_2]$	0.100	mol		
6	$[SO_3]$	0.600	mol		
7	[NO]	0.400	mol		
8	Kp	3.00			

图 4-2　计算结果

由化学方程式可知，反应前后摩尔数的变化 Δv 为 $(1+1)-(1+1)=0$，$K_p=K_C$。根据计算结果可知，K_p 为 3.00。

单元格的设定

单元格 B3 =1+1-(1+1)

单元格 B8 =B6 * B7/B4/B5

气体反应中，标准状态为 1atm、单体的自由能为 0 时，各化合物成分的自由能被称为标准生成自由能 $\Delta G_f^\ominus$。

例如，计算水蒸气的情况，温度为 25℃时，有：

$$H_2(1atm) + 1/2O_2(1atm) \longrightarrow H_2O(g, 1atm), \Delta G_{298}^\ominus = -228.6kJ$$

由各个化合物的 $\Delta G_f^\ominus$ 可以求出气体反应的 $\Delta G_f^\ominus$：

$$\Delta G = \sum v_i'(\Delta G_f^\ominus)_i' - \sum v_i(\Delta G_f^\ominus)_i$$

$$\Delta G^\ominus = \Delta H^\ominus - T\Delta S^\ominus$$

$$\Delta H^\ominus = \sum v_i'(\Delta H_f^\ominus)_i' - \sum v_i(\Delta H_f^\ominus)_i$$

$$\Delta S^\ominus = \sum v_i'S_i^{\ominus'} - \sum v_iS_i^\ominus$$

例题 03

下述反应 2000K 时的 K_p 为 1.0×10^{-3} atm$^{1/2}$，$\Delta S^\ominus$ 为 21cal/K。求 2000K 时的 $\Delta G^\ominus$ 和 $\Delta H^\ominus$。

$$CO_2 \rightleftharpoons CO + \frac{1}{2}O_2$$

可以根据下述关系式，进行求解：

$$\Delta G^\ominus = -RT\ln K_p$$

$$\Delta H^\ominus = \Delta G^\ominus + T\Delta S^\ominus$$

$\Delta G^\ominus$和 $\Delta H^\ominus$的解可以按照上述关系式进行单元格的设定。

单元格的设定

单元格 B7 =-B3 * B4 * LN(B5)

单元格 B8 =B7+B4 * B6

计算结果如图 4-3 所示，$\Delta G^\ominus$为 27.4kcal，$\Delta H^\ominus$的解为 69.4kcal。

B7 fx =-B3*B4*LN(B5)

	A	B	C	D
1	标准吉布斯自由能的变化			
2				
3	R	1.98	cal/K · mol	
4	T	2000	K	
5	Kp	1.00E-03	atm$^{1/2}$	
6	ΔS^0	21	cal/K	
7	ΔG^0	2.74E+04	cal	
8	ΔH^0	6.94E+04	cal	

图 4-3 计算结果

例题 04

25℃时的正丁烷和异丁烷的标准生成自由能分别为－15.71 kJ/mol 和－17.97kJ/mol，求两者达到平衡时正丁烷和异丁烷的比例为多少。

根据关系式 $\Delta G^{\ominus}=-RT\ln K_p$ 可以求出 K_p，则正己烷和异己烷的摩尔分数可以根据下述关系式求出：

$$K_p = \frac{x_{\text{iso}}}{x_n} = \frac{1 - x_n}{x_n}$$

$$x_n = \frac{1}{1 + K_p}$$

求出 K_p 之后，正己烷和异己烷的摩尔分数可以按照上述关系式进行单元格的设定。

单元格的设定

单元格 B6　=B5-B4
单元格 B8　=EXP(-B6*1000/8.31/(237.15+B7))
单元格 B9　=1/(1+B8)
单元格 B10　=1-B9

计算结果如图 4-4 所示，正己烷的摩尔分数为 0.262，异丙烷的摩尔分数为 0.738。

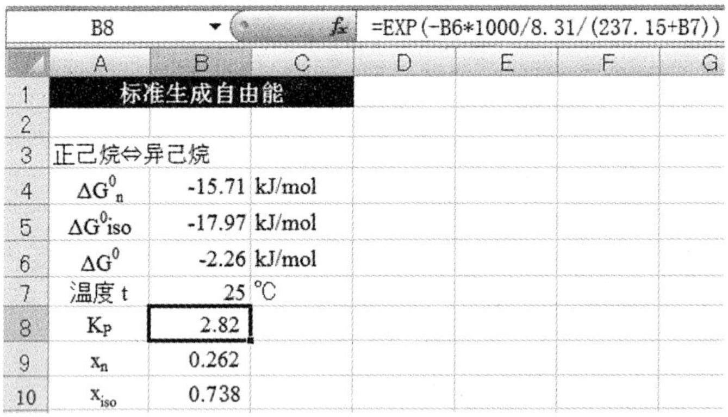

B8　=EXP(-B6*1000/8.31/(237.15+B7))

	A	B	C	D	E	F	G
1	标准生成自由能						
2							
3	正己烷⇔异己烷						
4	ΔG^0_n	-15.71	kJ/mol				
5	$\Delta G^0 iso$	-17.97	kJ/mol				
6	ΔG^0	-2.26	kJ/mol				
7	温度 t	25	℃				
8	Kp	2.82					
9	x_n	0.262					
10	x_{iso}	0.738					

图 4-4　计算结果

4.2　气相化学平衡

下面研究气体反应达到化学平衡的案例。氢气和碘于密闭体系进行恒温反应时有如下关系式[4]：

$$H_2 + I_2 \rightleftharpoons 2HI$$

$t=0$　　$a$mol　$b$mol　0mol

$t=t_{eq}$　　$(a-x)$　$(b-x)$　$2x$

浓度平衡常数为：

$$K_C = \frac{[HI]^2}{[H_2][I_2]} = \frac{4x^2}{(a-x)(b-x)}$$

气相反应 TOPIC

气相反应为参与化学反应的反应物均为气态化学物质的反应，理论上为单纯的气体反应体系。适用于以气体运动论为基础的碰撞理论，可以购建化学反应论。一次反应和二次反应的分子形态符合林德曼原理（Lindemann mechanism）。这个理论是林德曼以单分子反应的机理为基础，认为气相单分子反应 A→P，部分反应物分子 A 是经过分子间的碰撞获得能量而达到活化状态 A^*，获得足够能量的活化分子 A^* 并不立即反应，而是经过一个分子内部能量的传递过程，以便把能量集中到要破裂的键上。因此在碰撞之后与反应之间出现停滞时间。此时，活化分子可能进行反应，也可能消除活化而重新变成普通反应物分子。

例题 01

分别将 1.0mol 的碘和氢气放进 600K 的容器中，反应之后，达到平衡状态时氢气的量为 0.20mol，求此时的浓度平衡常数 K_C。

根据关系式 $K_C = \frac{[HI]^2}{[H_2][I_2]} = \frac{4x^2}{(a-x)(b-x)}$ 进行计算。

K_C 的计算要按照上述关系式进行单元格的设定。

单元格的设定

单元格 B6 =B3-B5

单元格 B7 =4 * B6^2/B5/(B4-B6)

计算结果如图 4-5 所示，K_C 的值为 64mol/L。

另外，对于解离反应来说，通过解离度 α 达到解离平衡，如图 4-6 所示。图 4-6(a) 为加压状态，无色；图 4-6(b) 为减压状态，红褐色。

B7 =4*B6^2/B5/(B4-B6)

	A	B	C	D	E	F
1	浓度平衡常数 KC					
2						
3	a	1				
4	b	1				
5	a-x	0.2				
6	x	0.8				
7	K_C	64	mol/L			

图 4-5 计算结果

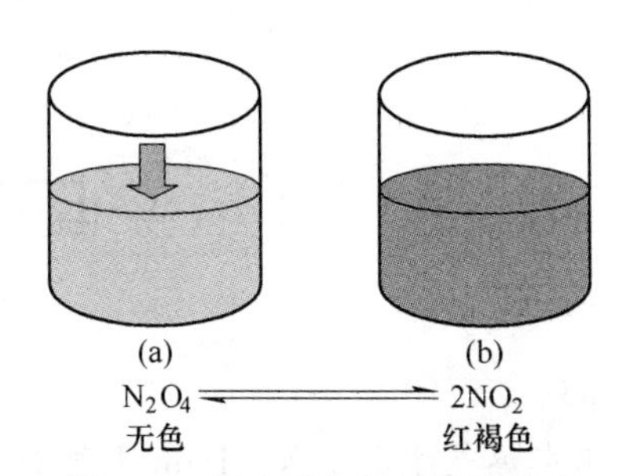

图 4-6 解离平衡与压强的影响

此时，摩尔数的和为 $(1-\alpha)+2\alpha=1+\alpha$，假设总压为 p，则有如下关系式：

$$p_{N_2O_4} = \frac{1-\alpha}{1+\alpha}p, \quad p_{NO_2} = \frac{2\alpha}{1+\alpha}p$$

$$K_p = \frac{p_{NO_2}^2}{p_{N_2O_4}} = \frac{4\alpha^2}{1-\alpha^2}p$$

则：

$$\alpha = \sqrt{\frac{K_p}{K_p + 4p}}$$

由上述关系式可知，总压 p 越大，解离度越小。这种关系式被称为“勒夏特列原理”，又名“化学平衡移动原理”。其具体内容为：如果改变可逆反应的条件（如浓度、压强、温度等），化学平衡就向能减弱这种改变的方向移动。也就是说，相对于外部因素所引起体系的变化，体系会朝着相反的方向进行重新达到平衡状态。例如，如果温度升高，体系会朝着温度降低的方向进行。

例题 02

解离反应 $N_2O_4 \xrightleftharpoons{\alpha} 2NO_2$，在体积一定的情况下，通入 N_2O_4 的压强为 1.0×10^6Pa，求当反应达到平衡时的平衡常数 K_p 和解离度 α。此时，总压为 1.2×10^6Pa。

参照上述例题 01，根据其关系式进行计算。反应前后，由 $pV=nRT$ 可得摩尔比等于压强比，即有如下关系式：

$$\frac{n(1+\alpha)}{n} = \frac{p}{p_{N_2O_4}}$$

按照计算平衡常数 K_p 和解离度 α 的关系式进行单元格的设定。

单元格的设定

单元格 B5　=B3/B4-1

单元格 B6　=4 * B5^2/(1-B5^2) * B3

计算结果如图 4-7 所示，解离度 α 为 0.20，平衡常数 K_p 为 2.0×10^5Pa。

B6　fx　=4*B5^2/(1-B5^2)*B3

	A	B	C	D	E
1	解离反应				
2					
3	总压 P	1.20E+06	Pa		
4	P_{N2O4}	1.00E+06	Pa		
5	解离度α	0.20			
6	K_P	2.00E+05	Pa		

图 4-7　计算结果

例题 03

求水蒸气于 2257K、1atm 下有 1.77%的解离时的平衡常数 K_p 和 K_C。

$$2H_2O \xrightleftharpoons{2\alpha} 2H_2 + O_2$$

摩尔数的和为 $1-2\alpha+2\alpha+\alpha=1+\alpha$，则有如下关系式：

$$K_p = \frac{p_{H_2}^2 p_{O_2}}{p_{H_2O}^2} = \frac{\left(\frac{2\alpha}{1+\alpha}p\right)^2\left(\frac{\alpha}{1+\alpha}p\right)}{\left(\frac{1-2\alpha}{1+\alpha}p\right)^2} = \frac{4\alpha^3}{(1-2\alpha)^2(1+\alpha)}p$$

$$K_C = \frac{K_p}{RT}$$

按照计算平衡常数 K_p 和 K_C 的关系式进行单元格的设定。

单元格的设定

单元格 B6 =2+1-2

单元格 B7 =4 * (B5/2)^3/(1-B5)^2/(1+B5/2)

单元格 B8 =B7/B9/B3

计算结果如图 4-8 所示，Δv 为 2+1-2=1，平衡常数 K_p 为 2.85×10^{-6}atm，K_C 为 $1.54\times10^{-8}L^{-1}$。

B7 =4*(B5/2)^3/(1-B5)^2/(1+B5/2)

	A	B	C	D	E	F
1	水蒸气的解离反应					
2						
3	温度	2257	K			
4	压强	1	atm			
5	解离度2α	0.0177				
6	Δv	1				
7	Kp	2.85E-06	atm			
8	Kc	1.54E-08	L^{-1}			
9	R	0.082	Latm			

图 4-8 计算结果

除气相反应外，也有包括固相的反应，也叫含有浓缩相的反应。典型的案例如碳酸钙的解离反应：

$$CaCO_3(s) \rightleftharpoons CaO(s) + CO_2(g)$$

假设平衡状态下固体的分压为 1，也就是说固体的化学势因压强的变化几乎不受影响，即 $K_p = p_{CO_2}$。

例题 04

1L 的容器中下述反应达到平衡时，容器中的 C(s) 为 0.16mol、$H_2O(g)$ 为 0.58mol、CO(g) 为 0.15mol、$H_2(g)$ 为 0.15mol。求此反应的平衡常数 K_C。

$$C(s) + H_2O(g) \rightleftharpoons CO(g) + H_2(g)$$

浓度平衡常数有如下关系式：

$$K_C = \frac{[CO(g)][H_2(g)]}{[C(s)][H_2O(g)]}$$

反应的平衡常数 K_C 可以按照上述关系式进行单元格的设定。

单元格的设定

单元格 B7 =B5 * B6/B4

计算结果如图 4-9 所示，浓度平衡常数 K_C 为 0.0388mol/L。

B7　f_x =B5*B6/B4

	A	B	C	D
1	包含浓缩相的化学平衡			
2				
3	[C(s)]	1		
4	[H_2O(g)]	0.58	mol	
5	[CO(g)]	0.15	mol	
6	[H_2(g)]	0.15	mol	
7	K_C	0.0388	mol/L	

图 4-9　计算结果

4.3　平衡常数的温度变化

吉布斯-亥姆霍兹关系式如下：

$$\left[\frac{\partial}{\partial T}\left(\frac{\Delta G^{\ominus}}{T}\right)\right]_p = -\frac{\Delta H^{\ominus}}{T^2} \tag{4-3}$$

$$\Delta G^{\ominus} = -RT\ln K_P \tag{4-4}$$

将式（4-3）代入式（4-4），有如下关系式：

$$\frac{\mathrm{d}\ln K_p}{\mathrm{d}T} = \frac{\Delta H^{\ominus}}{RT^2}$$

$$\ln K_p = -\frac{\Delta H^{\ominus}}{RT^2} + \mathrm{const}$$

上述关系式被称为范德霍夫（van't Hoff）的恒压平衡关系式。

依据 $\Delta H^{\ominus}$的值为正值还是负值，可知反应为吸热反应还是放热反应。

平衡常数 TOPIC

达到化学平衡时，依据特定温度下的质量守恒定律可以求出平衡常数。标准吉布斯自由能的变化可根据关系式 $\Delta G^{\ominus} = -RT\ln K_p$ 求出。平衡常数 K 通过直接实验难以求出，也可以通过计算各成分的吉布斯自由能，然后再计算得到平衡常数 K。

例题 01

气相反应 $H_2+I_2 \rightleftharpoons 2HI$，$\Delta H^{\ominus}_{298} = -10.38$kJ，25℃的 $K_p = 870$，求 130℃时的 K_p 为多少？

根据关系式 $\ln\left(\frac{K_p^{130}}{K_p^{25}}\right) = \frac{\Delta H^{\ominus}}{R}\left(\frac{1}{T_{25}} - \frac{1}{T_{130}}\right)$ 计算求解。

130℃时的反应的平衡常数 K_p 可以按照上述关系式进行单元格的设定。

单元格的设定

单元格 B8 =　B7 * EXP(B5 * 1000/B6 * (1/(273.15+B3)-1/(273.15+B4)))

计算结果如图 4-10 所示，130℃的平衡常数 K_p 为 292.3。

B8 =B7*EXP(B5*1000/B6*(1/(273.15+B3)-1/(273.15+B4)))

	A	B	C	D	E	F	G	H	I
1	随温度变化的平衡常数								
2									
3	温度 t_1	25	℃						
4	温度 t_2	130	℃						
5	ΔH^0	-10.38	kJ						
6	R	8.314	J/Kmol						
7	K^{25}	870							
8	K^{130}	292.3							

图 4-10 计算结果

例题 02

气体 COF_2 1000℃时通过催化剂发生化学反应 $2COF_2 \rightleftharpoons CO_2+CF_4$，达到化学平衡时，总压为 10atm、混合气体的体积为 500cm^3、COF_2 和 CO_2 的总体积为 300cm^3。求此时的平衡常数 K_p。另计算出 1000℃附近每上升 1℃、K_p 增加 1%时的 $\Delta H^{\ominus}$、$\Delta G^{\ominus}$、$\Delta S^{\ominus}$。

依据范德霍夫恒压平衡关系式，进行计算：

$$\frac{\mathrm{d}\ln K_p}{\mathrm{d}T}=\frac{\Delta H^{\ominus}}{RT^2}$$

$$\frac{\mathrm{d}K_p}{K_p\mathrm{d}T}=\frac{\Delta H^{\ominus}}{RT^2}$$

$$\Delta G^{\ominus}=-RT\ln K_p$$

$$\Delta S^{\ominus}=\frac{\Delta H^{\ominus}-\Delta G^{\ominus}}{T}$$

根据图 4-11 计算的结果，平衡常数 K_p 为 4.0、$\Delta H^{\ominus}$为 32.1kcal、$\Delta G^{\ominus}$为 3.49cal，$\Delta S^{\ominus}$为 27.95cal/K。

$\Delta H^{\ominus}$、$\Delta G^{\ominus}$、$\Delta S^{\ominus}$的计算可按照上述关系式进行单元格的设定如图 4-11 所示。

B10 =G9*G8/G7^2

	A	B	C	D	E	F	G	H
1	催化反应中的恒压平衡							
2								
3	温度	1000	℃					
4	全压 P	10	atm					
5	混合気体 V	500	cm^3					
6	$V_{COF2}+V_{CO2}$	300	cm^3					
7	V_{COF2}	100	cm^3	X_{COF2}	0.20	P_{COF2}	2.0	atm
8	V_{CO2}	200	cm^3	X_{CO2}	0.40	P_{CO2}	4.0	atm
9	V_{CF4}	200	cm^3	X_{CF4}	0.40	P_{CF4}	4.0	atm
10	K_P	4.0						
11	dK_P/K_PdT	1	%					
12	R	1.98	cal/Kmol					
13	ΔH^0	32094	cal					
14	ΔG^0	-3494.6	cal					
15	ΔS^0	27.95	cal/K					

图 4-11 计算结果

单元格的设定

单元格 B7　=B5-B8-B9
单元格 B8　=B9
单元格 B9　=B5-B6
单元格 B10　=G9 * G8/G7^2
单元格 B13　=B11/100 * B12 * (B3+273.15)^2
单元格 B14　=-B12 * (B3+273.15) * LN(B10)
单元格 B15　=(B13-B14)/(B3+273.15)
单元格 E7　=B7/$B$5
单元格 E8　=B8/$B$5
单元格 E9　=B9/$B$5
单元格 G7　=E7 * $B$4
单元格 G8　=E8 * $B$4
单元格 G9　=E9 * $B$4

例题 03

下述反应中，$\Delta G^{\ominus}_{298}=-9.098\text{kcal}$，$\Delta H^{\ominus}_{298}=-13.672\text{kcal}$，温度为 298K 和 1500K 区间 ΔC_p 可以使用下述函数表达式，求出 1500K 时的 $\Delta H^{\ominus}$。

$$2HCl(g)+\frac{1}{2}O_2(g)\rightleftharpoons H_2O(g)+Cl_2(g)$$

$$\Delta C_p=-1.7170+2.3067\times10^{-3}T-9.28\times10^{-7}T^2$$

$$\Delta H^{\ominus}_{1500}=\Delta H^{\ominus}_{298}-\int\Delta c_p\mathrm{d}T$$

$$=\Delta H^{\ominus}_{298}-\left(-1.7170T+\frac{1}{2}\times2.3067\times10^{-3}T^2-\frac{1}{3}\times9.28\times10^{-7}T^2\right)_{298}^{1500}$$

可根据上述关系式进行计算。

1500K 时 $\Delta H^{\ominus}$的计算可以按照上述关系式进行单元格的设定，如图 4-12 所示。

根据计算结果，求得的 $\Delta H^{\ominus}_{1500}$为-13.06kcal。

单元格的设定

单元格 B8　=B5-(D3 * (B7-B6)+F3/2 * (B7^2-B6^2)+H3/3 * (B7^3-B6^3))/1000

B8　=B5-(D3*(B7-B6)+F3/2*(B7^2-B6^2)+H3/3*(B7^3-B6^3))/1000

	A	B	C	D	E	F	G	H
1	标准自由能的变化							
2								
3	$\Delta C_P=a+bT+cT^2$		a=	-1.717	b=	2.3067E-03	c=	-9.28E-07
4	ΔG^0_{298}	-9.098	kcal					
5	ΔH^0_{298}	-13.672	kcal					
6	温度T_1	298	K					
7	温度T_2	1500	K					
8	ΔH^0_{1500}	-13.06	kcal					

图 4-12　计算结果（1）

本道例题可以使用积分处理进行计算，尝试使用数值积分中的辛普森方法进行计算求解。使用 VB 宏代码中的程序（参照 2.3 节宏的制作、辛普森积分法），按照原模板进行使用，使用 Cells( ) 对单元格的配置进行重新设定，如图 4-13 所示。

单元格的设定

单元格 E4　Cells(4,5)= D3+E3 * E5+F3 * E5^2　摩尔热容量的函数

单元格 E5　Cells(5,5)　函数中的温度参数,E4 单元格中的函数以 E5 的数据来进行数值积分

单元格 B6　=B5-B11/1000

单元格 B10　200　积分区间的参数(偶数)

单元格 B11　Cells(11,2)　输出积分结果

E4　fx　=D3+E3*E5+F3*E5^2

	A	B	C	D	E	F
1	数值积分 辛普森方法2					
2	摩尔热容量			系数 a	系数 b	系数 c
3	$\Delta Cp = a + bT + cT^2$			-1.717	2.31E-03	-9.28E-07
4	ΔG^0_{298}	-9.098	kcal	ΔCp =	-0.345	
5	ΔH^0_{298}	-13.672	kcal	T =	1500.	
6	ΔH^0_{1500}	-13.07	kcal			
7						
8	温度T_1	298	K			
9	温度T_2	1500	K			
10	n (偶数)	200				
11	ΔCp =	-605.51	cal			

图 4-13　计算结果（2）

辛普森数值积分，需要相关的函数进行 VB 和单元格的交互计算。

亥姆霍兹（H. L. F. von Helmholtz）TOPIC

亥姆霍兹，德国生理学家和物理学家。他对能量保存法则进行了系统的研究，首次提出了能量守恒定律，并提出了亥姆霍兹自由能，在电化学领域提出了“电波二重和声”。另外，他是用反应时法对神经的传导速率提供经验测量的第一人。

4.4　活化配合物

碘分子与氢分子碰撞之后，产生足以越过其活化能的能量，才使得两种分子可以越过活化配合物状态（过渡态）反应生成碘化氢。上述反应经过活化配合物状态的机理如图 4-14 所示。

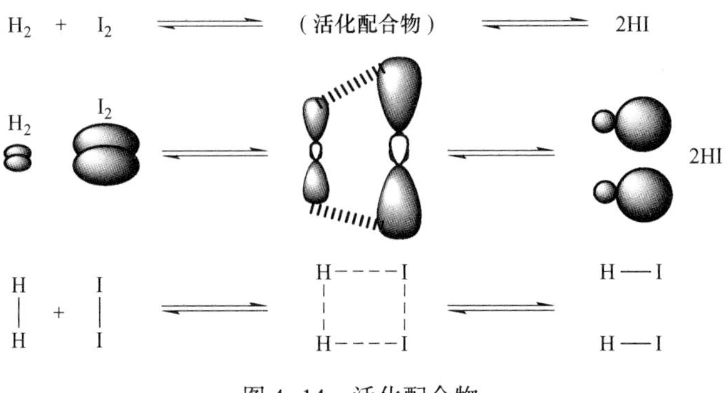

图 4-14　活化配合物

碘分子中碘原子间的结合、氢原子间的结合和碘原子与氢原子的结合会形成活化配合物（过渡态）。碰撞分子发生反应的概率，按照玻耳兹曼分布函数，活化配合物 1mol 的能量 E_a，有如下关系式：

$$\text{发生碰撞的分子发生反应的概率} \propto \exp\left(\frac{-E_a}{RT}\right)$$

向右的正反应（合成）$H_2 + I_2 \rightarrow 2HI$，其反应速率可表示为：

$$\frac{d[HI]}{dt} = A\exp\left(-\frac{E_a}{RT}\right)[H_2][I_2] = k[H_2][I_2]$$

向左的逆反应（分解）$H_2 + I_2 \leftarrow 2HI$，其反应速率可表示为：

$$-\frac{d[HI]}{dt} = A'\exp\left(-\frac{E'_a}{RT}\right)[HI]^2 = k'[HI]^2$$

上述两组反应达到平衡时，按照质量守恒定律，其平衡常数可表示为：

$$K = \frac{[HI]^2}{[H_2][I_2]}$$

上述两组反应达到平衡时反应速率相等，则有如下关系式：

$$A\exp\left(-\frac{E_a}{RT}\right)[H_2][I_2] = A'\exp\left(-\frac{E'_a}{RT}\right)[HI]^2$$

$$\frac{[HI]^2}{[H_2][I_2]} = \frac{A\exp\left(-\frac{E_a}{RT}\right)}{A'\exp\left(-\frac{E'_a}{RT}\right)} = K$$

$$K = \frac{A}{A'}\exp\left(\frac{-E_a + E'_a}{RT}\right)$$

$$K = \frac{A}{A'}\exp\left(\frac{\Delta E}{RT}\right)$$

上述关系式被称为恒压平衡时的范德霍夫方程式。

活化配合物 TOPIC

活化配合物，又称为活化配位化合物，旧称活化络合物，化学反应中从最小的活化能状态延着反应的方向变化，活化能到达最大时原子的配置发生变化，形成新的化学物质。从反应前的状态 A 到达反应后的状态 B 的转变状态为不稳定体系。

例题 01

$H_2+I_2 \rightarrow 2HI$ 合成反应的活化能为 172kJ/mol，$2HI \rightarrow H_2+I_2$ 分解反应的活化能为 184kJ/mol，求氢分子与碘分子发生合成反应时的反应热。

氢分子和碘分子合成反应的活化能与碘化氢分解反应的活化能的差值即是合成反应时的反应热。

将计算能量差的公式于单元格中进行设定。

单元格的设定

单元格 B7　=B5-B4

计算结果如图 4-15 所示，合成反应的反应热为 12kJ/mol。活化能的差如图 4-16 所示。

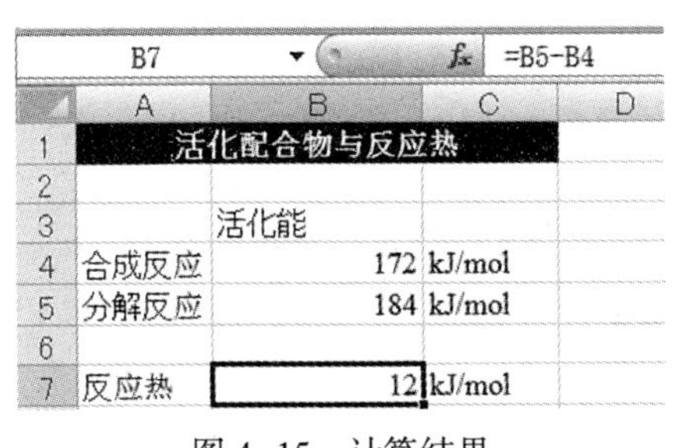

B7　f_x =B5-B4

	A	B	C	D
1	活化配合物与反应热			
2				
3		活化能		
4	合成反应	172	kJ/mol	
5	分解反应	184	kJ/mol	
6				
7	反应热	12	kJ/mol	

图 4-15　计算结果

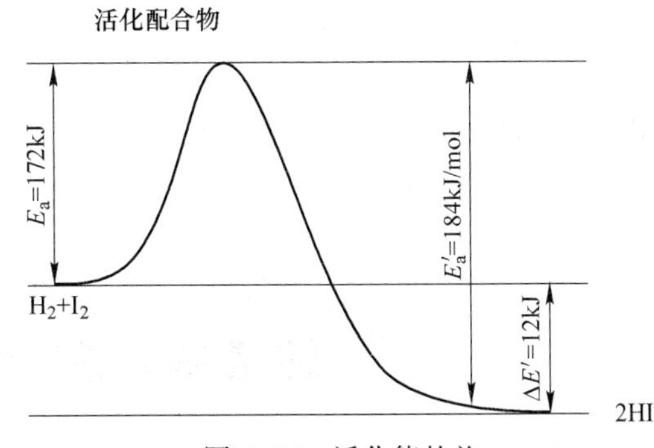

图 4-16　活化能的差

反应热 TOPIC

反应热是伴随化学反应的吸放热现象，恒温、恒容条件下，进行化学反应的反应热与反应体系内部能量的减少量相等。反应热为正值时（$\Delta U<0$，$\Delta H<0$），为放热反应；相反，反应热为负值时，为吸热反应。反应热除了可以通过热量计进行实际测量以外，还可以通过参与反应的标准能量计算。依据反应的种类，有生成热、燃烧热、中和热、稀释热等。

习 题 详 解

1. 已知反应 $CO(g) + H_2O(g) = CO_2(g) + H_2(g)$ 在 700℃时，$K_p^{\ominus}=0.71$。

（1）若系统中各组分的分压都是 $1.5p^{\ominus}$；

（2）若 $p(CO)=10p^{\ominus}$，$p(H_2O)=5p^{\ominus}$，$p(H_2)=p(CO_2)=1.5p^{\ominus}$。

试判断哪个条件下的正向反应可以进行。

解：据化学反应等温式：

$$\Delta_r G_m = -RT\ln K_p^{\ominus} + RT\ln Q_p^{\ominus}$$

$$(1)\ Q_p^{\ominus} = \frac{[p(CO_2)/p^{\ominus}]\cdot[p(H_2)/p^{\ominus}]}{[p(CO)/p^{\ominus}]\cdot[p(H_2O)/p^{\ominus}]} = \frac{1.5\times1.5}{1.5\times1.5} = 1 > K_p^{\ominus} = 0.71$$

则 $\Delta_r G_m>0$，不能正向进行。

$$(2)\ Q_p^{\ominus}=\frac{1.5\times1.5}{10\times5}=0.045<K_p^{\ominus}$$

则 $\Delta_r G_m<0$，可正向进行。

2.（1）由热力学数据表查出各物质的 $\Delta_f G_m^{\ominus}(298K)$，计算下列反应在 298K，$2p^{\ominus}$下的 K_p、K_x、K_C。

$$N_2O_4(g) \longrightarrow 2NO_2(g)$$

（2）若 298K 时 $N_2O_4(g)$ 的解离度为 5%，求系统的总压力。

（3）计算 298K 时上述反应在两种不同标准态（$p^{\ominus}$与 $c^{\ominus}$）下相应的 $\Delta_r G_m^{\ominus}$。

解：（1）查得 $\Delta_f G_m^{\ominus}(NO_2, g)=51.84kJ/mol$，$\Delta_f G_m^{\ominus}(N_2O_4, g)=98.29kJ/mol$，则 $\Delta_r G_m^{\ominus}=2\times\Delta_f G_m^{\ominus}(NO_2, g)-\Delta_f G_m^{\ominus}(N_2O_4, g)=5390J/mol$。

$$K_p^{\ominus} = \exp\left(-\frac{1}{RT}\Delta_r G_m^{\ominus}\right),\ K_p = K_p^{\ominus}(p^{\ominus})^{\Delta\nu B},\ K_x = K_p(p)^{-\Delta\nu B},\ K_C = K_p(RT)^{-\Delta\nu B}$$

按照上述公式进行单元格的设定：

单元格 B5　=EXP(-B3/(8.314 * B4)) * 10^5

单元格 B6　=B5 * (2 * 10^5)^-1

单元格 B7　=B5 * (8.314 * B4)^-1

B7　f_x　=B5*(8.314*B4)^-1

	A	B	C	D	E
1	平衡常数				
2					
3	$\Delta_r G^{\theta}_m$	5390	J/mol		
4	温度T	298	K		
5	K_p	11354.94	Pa		
6	K_x	0.0568			
7	K_c	4.58	mol/m^3		

故 $K_p=11.35kPa$，$K_x=0.0568$，$K_C=4.58mol/m^3$。

（2）

$$N_2O_4(g) \longrightarrow 2NO_2(g)$$

	$N_2O_4(g)$	$2NO_2(g)$	
开始	1mol	0	
平衡	(1-0.05)mol	0.1mol	$n_{总}=1.05mol$

$$K_p^{\ominus} = K_x\left(\frac{p}{p^{\ominus}}\right)^{\Delta\nu B}$$

即

$$0.1135=\frac{\left(\frac{0.1mol}{1.05mol}\right)^2}{\frac{0.95mol}{1.05mol}}\left(\frac{p}{p^{\ominus}}\right)$$

解得 $p=11.32p^{\ominus}=1132\text{kPa}$。

（3）$p^{\ominus}$为标态：$\Delta_r G_m^{\ominus}(p^{\ominus}) = 5390\text{J/mol}$

$c^{\ominus}$为标态：

$$\Delta_r G_m^{\ominus}(c^{\ominus}) = -RT\ln K_C^{\ominus} = -RT\ln[K_C(c^{\ominus})^{-\Delta\nu B}]$$
$$= -8.314\text{J/(K·mol)} \times 298\text{K} \times \ln[4.58\text{mol/m}^3 \times (1\text{mol/m}^3)^{-1}]$$
$$= -3770\text{J/mol}$$

3. 在 448℃，理想气体反应系统

$$2HI(g) \rightleftharpoons H_2(g) + I_2(g)$$

（1）若 HI 的解离度为 0.2198，求 HI 解离反应的 $K_p^{\ominus}$、$K_C^{\ominus}$；

（2）若开始只有 1mol 压力为 $p^{\ominus}$的 HI，且保持系统压力不变，平衡时各组分的分压为多少？

（3）开始只有 0.05mol H_2 和 0.01mol I_2，求平衡时 I_2 的转化率。

解：（1）设解离度为 α

	$2HI(g)$	$H_2(g)$	$I_2(g)$	
开始	2mol	0	0	
平衡	$2(1-\alpha)$mol	αmol	αmol	$n_{总}=2$mol

$$K_p^{\ominus} = K_x\left(\frac{p}{p^{\ominus}}\right)^{\Delta\nu B} = K_x = \frac{\frac{\alpha^2}{4}}{\left[\frac{2(1-\alpha)}{2}\right]^2} = \frac{\alpha^2}{4(1-\alpha)^2}$$

$$K_C^{\ominus} = K_p^{\ominus}\left(\frac{RTc^{\ominus}}{p^{\ominus}}\right)^{-\Delta\nu B} = K_p^{\ominus}$$

（2）$$K_p^{\ominus} = \frac{[p(H_2)/p^{\ominus}]\cdot[p(I_2)/p^{\ominus}]}{[p(HI)/p^{\ominus}]^2} = \frac{[p(H_2)]^2}{[p(HI)]^2} = \frac{[p(H_2)]^2}{[p^{\ominus}-2p(H_2)]^2}$$

$$(K_p^{\ominus})^{\frac{1}{2}} = \frac{p(H_2)}{p^{\ominus}-2p(H_2)}$$

代以 $K_p^{\ominus}=0.0198$，求得：

$$p(H_2) = p(I_2) = 0.1098p^{\ominus}$$
$$p(HI) = p^{\ominus}-2p(H_2) = 0.7804p^{\ominus}$$

（3）设平衡时 $I_2(g)$ 消耗 αmol

	$H_2(g)$	$I_2(g)$	$2HI(g)$	
开始	0.05mol	0.01mol	0	
平衡	$(0.05-\alpha)$mol	$(0.01-\alpha)$mol	2αmol	$n_{总}=0.06$mol

$$K_p^{\ominus\prime} = K_x'\left(\frac{p}{p^{\ominus}}\right)^{\Delta\nu B} = K_x' = \frac{4\alpha^2}{(0.05-\alpha)(0.01-\alpha)}$$

代以 $K_p^{\ominus\prime}=(K_p^{\ominus})^{-1}=\frac{1}{0.0198}$，求得 $\alpha=0.0098$。

按照以上每一问的关系式可以进行单元格的设定：

单元格 B5　=B4^2/(4*(1-B4)^2)

单元格 B6　=B5

单元格 B8　=0.1098B7

单元格 B9　=(1-2*0.1098)*B7

故 $K_p^{\ominus}=K_C^{\ominus}=0.0198$，$p(H_2)=p(I_2)=10.98\text{kPa}$，$p(HI)=78.04\text{kPa}$，$I_2$ 的转化率为 98%。

B5	f_x =B4^2/(4*(1-B4)^2)			
	A	B	C	D
1	$2HI=H_2+I_2$			
2				
3	温度T	721	K	
4	解离度α	0.2198		
5	$K^θ_p$	0.0198		
6	$K^θ_c$	0.0198		
7	$p^θ$	100	kPa	
8	p(H2)	10.98	kPa	
9	p(HI)	78.04	kPa	
10	I2的转化率	98%		

4. PCl_5 的分解反应为：

$$PCl_5(g) \rightleftharpoons PCl_3(g) + Cl_2(g)$$

在 523K，$p^{\ominus}$下反应到达平衡后，测得平衡混合物的密度为 2.695kg/m³，试计算

(1) PCl_5 的解离度；

(2) 该反应的 $K_p^{\ominus}$；

(3) 该反应的 $\Delta_r G_m^{\ominus}$。

解：(1) 设 $PCl_5(g)$ 开始时为 1mol，平衡时解离度为 α。

$$PCl_5(g) \rightleftharpoons PCl_3(g) + Cl_2(g)$$

	$PCl_5(g)$	$PCl_3(g)$	$Cl_2(g)$	
开始	1mol	0	0	
平衡	$(1-\alpha)$mol	αmol	αmol	$n_{总}=(1+\alpha)$mol

设平衡时升温平均摩尔质量为$\overline{M}$，则

$$\overline{M} = \frac{(1-\alpha)\text{mol} \times M(PCl_5) + \alpha\text{mol} \times M(PCl_3) + \alpha\text{mol} \times M(Cl_2)}{(1+\alpha)\text{mol}}$$

$$= \frac{(1-\alpha)\text{mol} \times 208.2 \times 10^{-3}\text{kg/mol} + \alpha\text{mol} \times 137.1 \times 10^{-3}\text{kg/mol} + \alpha\text{mol} \times 70.9 \times 10^{-3}\text{kg/mol}}{(1+\alpha)\text{mol}}$$

$$p = \frac{n_{总} \cdot RT}{V} = \frac{m}{\overline{M}} \cdot \frac{RT}{V} = \frac{\rho RT}{\overline{M}}(m\ 为质量)，即\overline{M} = \frac{\rho RT}{p}$$

令两个$\overline{M}$的表示式相等，求得 α。

$$(2)\ K_p^{\ominus} = K_x\left(\frac{p}{p^{\ominus}}\right)^{\Delta\nu B} = K_x = \frac{\left(\frac{\alpha}{1+\alpha}\right)^2}{\frac{1-\alpha}{1+\alpha}} = \frac{\alpha^2}{(1+\alpha)(1-\alpha)}$$

(3) $\Delta_r G_m^{\ominus} = -RT\ln K_p^{\ominus}$

按照以上公式进行单元格的设定：

单元格 B5 =8.314 * B4 * B3/(10^5)

单元格 B7 =B6^2/((1+B6) * (1-B6))

单元格 B8 =-8.314 * B3 * LN(B7)

B8	f_x =-8.314*B3*LN(B7)			
	A	B	C	D
1	分解反应			
2	$PCl_5=PCl_3+Cl_2$			
3	温度T	523	K	
4	混合物密度ρ	2.695	kg/m³	
5	平均摩尔质量	0.1172	kg/mol	
6	解离度α	0.774		
7	$K^θ_p$	1.49		
8	$\Delta^r G^θ_m$	-1746.32	J/mol	

故解离度 $\alpha=0.774$，$K_p^{\ominus}=1.49$，$\Delta_r G_m^{\ominus}=-1746.32\text{J/mol}$。

5. 在 $p^{\ominus}$ 下，反应 $N_2O_4(g)=2NO_2(g)$ 在 60℃时，N_2O_4 有 50%解离，在 100℃时有 79%解离。

（1）试求反应的 $K_p^{\ominus}$ 及解离热（设其不随温度改变）；

（2）试求 60℃时反应的 K_p、K_C、$K_C^{\ominus}$、K_x。

解：（1）设开始时 N_2O_4 的物质的量为 1mol，平衡时解离度为 α。

$$N_2O_4(g) = 2NO_2(g)$$

	$N_2O_4(g)$	$2NO_2(g)$	
开始	1mol	0	
平衡	$(1-\alpha)$mol	2αmol	$n_{总}=(1+\alpha)$mol

$$K_p^{\ominus}=K_x\left(\frac{p}{p^{\ominus}}\right)^{\Delta\upsilon B}=K_x\left(\frac{p^{\ominus}}{p^{\ominus}}\right)=K_x=\frac{\dfrac{4\alpha^2}{(1+\alpha)^2}}{\dfrac{1-\alpha}{1+\alpha}}=\frac{4\alpha^2}{1-\alpha^2}$$

$$\ln\frac{K_{p,1}^{\ominus}}{K_{p,2}^{\ominus}}=\frac{\Delta H}{R}\left(\frac{1}{T_1}-\frac{1}{T_2}\right)$$

$$\Delta H=R\ln\frac{K_{p,1}^{\ominus}}{K_{p,2}^{\ominus}}\Big/\left(\frac{1}{T_1}-\frac{1}{T_2}\right)$$

（2）60℃时，

$$K_p=K_p^{\ominus}(p^{\ominus})^{\Delta\upsilon B},\quad K_C=K_p(RT)^{-\Delta\upsilon B},\quad K_C^{\ominus}=K_p^{\ominus}\left(\frac{RTc^{\ominus}}{p^{\ominus}}\right)^{-\Delta\upsilon B},\quad K_x=K_p\cdot p^{-\Delta\upsilon B}$$

按照上述公式进行单元格的设定：

单元格 B6 =4 * B4^2/(1-B4^2)

单元格 B7 =4 * B5^2/(1-B5^2)

单元格 B8 =8.314 * LN(B7/B6)/((1/B2)-(1/B3))

单元格 B9 =B6 * 100

单元格 B10 =B9 * (8.314 * B2)^-1 * 1000

单元格 B11 =B6 * (8.314 * B2 * 1/100000)^-1

单元格 B12 =B9 * 1000 * (10^5)^-1

故 $K_{p,1}^{\ominus}=1.33$，$K_{p,2}^{\ominus}=6.64$，$\Delta H=41451.51\text{J/mol}$，$K_p=133.33\text{kPa}$，$K_C=48.16\text{mol/m}^3$，$K_C^{\ominus}=48.16$，$K_x=1.33$。

B8 fx =8.314*LN(B7/B6)/((1/B2)-(1/B3))

	A	B	C	D	E	F
1	N_2O_4=$2NO_2$					
2	温度T_1	333	K			
3	温度T_2	373	K			
4	解离度α_1	0.5				
5	解离度α_2	0.79				
6	$K^{\theta}_{p,1}$	1.33				
7	$K^{\theta}_{p,2}$	6.64				
8	ΔH	41451.51	J/mol			
9	K_p	133.33	kPa			
10	K_c	48.16	mol/m^3			
11	K^{θ}_c	48.16				
12	K_x	1.33				

6. 已知甲醇脱氢反应

$$CH_3OH(g) = HCOH(g) + H_2(g)$$

的 $\Delta_r H_m^\ominus(298K) = 85.27kJ/mol$，$\Delta_r G_m^\ominus(298K) = 51.84kJ/mol$。试求此反应在 973K 时的 $K_p^\ominus(973K)$。已知摩尔热容：

$c_{p,m}$(甲醇) $= [20.4 + 103.7 \times 10^{-3}(T/K) + 24.64 \times 10^{-6}(T/K)^2]J/(K \cdot mol)$；

$c_{p,m}$(甲醛) $= [18.8 + 58.58 \times 10^{-3}(T/K) - 15.61 \times 10^{-6}(T/K)^2]J/(K \cdot mol)$；

$c_{p,m}(H_2) = [29.1 - 0.8368 \times 10^{-3}(T/K) + 2.008 \times 10^{-6}(T/K)^2]J/(K \cdot mol)$。

解：

$$K_p^\ominus(298K) = \exp\left[-\frac{\Delta_r G_m^\ominus(298K)}{RT}\right]$$

$$\Delta C_{p,m} = C_{p,m}(\text{甲醛}) + C_{p,m}(H_2) - C_{p,m}(\text{甲醇})$$

$$= [27.5 - 46.0 \times 10^{-3}(T/K) - 38.24 \times 10^{-6}(T/K)^2]J/(K \cdot mol)$$

$$\Delta_r H_m^\ominus = \int \Delta C_{p,m} dT + C$$

$$= \int [27.5 - 46.0 \times 10^{-3}(T/K) - 38.24 \times 10^{-6}(T/K)^2]J/(K \cdot mol)dT + C$$

将 $C = 79450J/mol$ 代入式中可得 $\Delta_r H_m^\ominus$ 的温度表达式：

$$\Delta_r H_m^\ominus = [27.5T - 23.0 \times 10^{-3}(T^2/K) - 12.75 \times 10^{-6}(T^3/K^2)]J/(K \cdot mol) + 79450J/mol$$

$$\ln\frac{K_p^\ominus(973K)}{K_p^\ominus(298K)} = \int_{298K}^{973K} \frac{\Delta_r H_m^\ominus}{RT^2} dT = 23.63$$

按照上述公式进行单元格的设定：

单元格 B7　=EXP(-B5 * 1000/(8.314 * B3))

单元格 B8　=EXP(23.63) * B7

B7　　f_x　=EXP(-B5*1000/(8.314*B3))

	A	B	C	D	E	F
1	甲醇脱氢反应					
2						
3	温度T_1	298	K			
4	温度T_2	973	K			
5	$\Delta_r G^\theta_{m,1}$	51.84	kJ/mol			
6	$\Delta_r H^\theta_{m,1}$	85.72	kJ/mol			
7	$K^\theta_{p,1}$	8.18E-10				
8	$K^\theta_{p,2}$	14.97				

故 $K_p^\ominus(973K) = 14.97$。

参 考 文 献

[1] 黄希祜．钢铁冶金原理 [M]．北京：冶金工业出版社，2002.

[2] 杨永华．物理化学 [M]．北京：高等教育出版社，2006.

[3] 李三鸣．物理化学学习指导与习题集 [M]．北京：人民卫生出版社，2006.

[4] 张家芸．冶金物理化学 [M]．北京：冶金工业出版社，2004.

5　化学反应速度

研究化学反应，要知道其是可逆反应还是不可逆反应，了解反应速度、反应进行的程度是关键。决定化学反应速度的因素有反应物质的浓度、反应体系的温度、引发反应所需的活化能等。本章将对上述因素进行详细解读。

5.1　速率常数

伴随化学反应的进行，反应物随时间的变化生成新的物质。一般情况下，对于 $aA+bB\xrightarrow{v}cC+dD$，可以使用如下关系式表示正在进行反应的反应速度[1]：

$$v=-\frac{1}{a}\cdot\frac{d[A]}{dt}=-\frac{1}{b}\cdot\frac{d[B]}{dt}=\frac{1}{c}\cdot\frac{d[C]}{dt}=\frac{1}{d}\cdot\frac{d[D]}{dt}$$

描述化学反应速度的反应物 A 和生成物 C 的浓度变化，如图 5-1 所示。

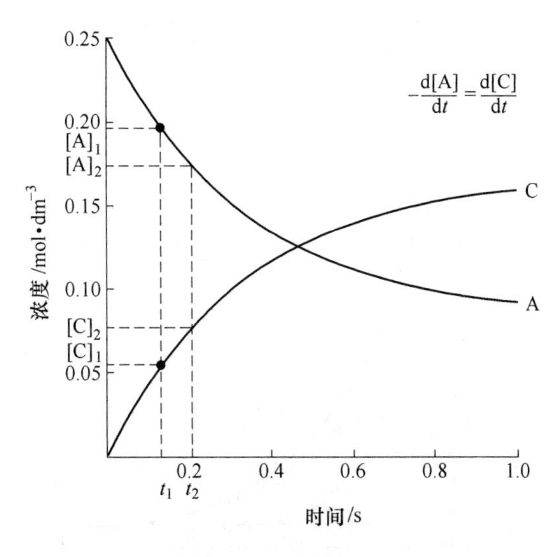

图 5-1　浓度变化

在温度一定的条件下，反应物 A、B 每秒的撞击数与单位体积中分子数的乘积即浓度的乘积成正比：

$$z=q[A]^a[B]^b$$

假设反应仅仅进行了部分 p，则反应速度有如下关系：

$$v = pq[A]^a[B]^b = k[A]^a[B]^b$$

上述关系式中的 k 被称为反应速率常数，$a+b$ 即为反应的级数。

反应级数为 1 的情况，

$$\mathrm{A} \xrightarrow{v} \mathrm{C} + \mathrm{D}$$

	A	C	D
$t=0$	a	0	0
$t=t$	$(a-x)$	x	x

反应速度为：

$$v = -\frac{\mathrm{d}(a-x)}{\mathrm{d}t} = \frac{\mathrm{d}x}{\mathrm{d}t} = k(a-x)$$

$$k\mathrm{d}t = \frac{\mathrm{d}x}{a-x}$$

$$\int_0^t k\mathrm{d}t = \int_0^x \frac{\mathrm{d}x}{a-x}$$

$$k = \frac{1}{t} \cdot \ln \frac{a}{a-x}$$

$$x = a(1-\mathrm{e}^{-kt})$$

将 $\ln \frac{a}{a-x}$ 和 t 的数据对应做散点图，过原点做直线，通过勾股定理可以求出反应速率常数。

反应进行过程中，反应物降低到初始浓度的一半时所需要的时间称为半衰期（$t_{1/2}$或 τ），如图 5-2 所示。

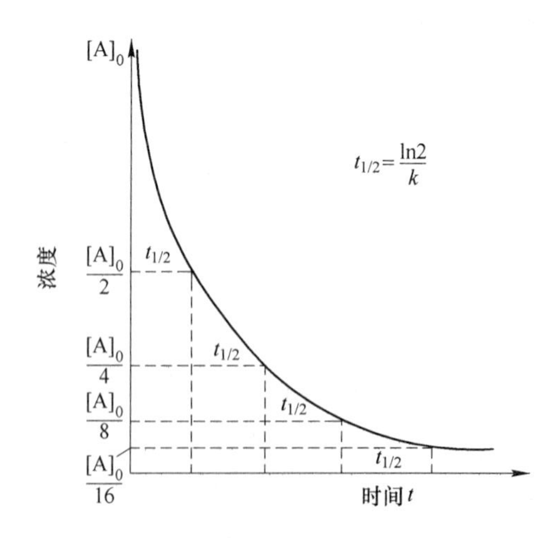

图 5-2　一级反应的浓度减少及半衰期

具体的反应案例，如乙酸乙酯的水解反应：

$$CH_3COOC_2H_5 + H_2O \xrightarrow{H^+} CH_3COOH + C_2H_5OH$$

水既是反应物又是反应溶剂，由于水的大量存在，可近似地认为该反应为一级反应。

皂化反应 TOPIC

类似乙酸乙酯的水解反应被称为“皂化反应”。

$$CH_3COOC_2H_5 + NaOH \longrightarrow CH_3COONa + C_2H_5OH$$

此反应为酯通过氢氧化钠水解成羧酸盐和醇的二级反应。生成的羧酸盐为肥皂的主要成分，因此也被叫做皂化反应。肥皂的制备工艺为油脂通过氢氧化钠水解之后，生成脂肪酸盐（肥皂）和乙二醇。肥皂的制备方法一般使用油炸之后的废油，通过向废油中加入氢氧化钠水溶液，上层油层和下层氢氧化钠水溶液，搅拌混合约10分钟，形成白色的乳状物。将其盛入存放牛奶的盒子中，约1周左右就会固化形成如奶酪状的肥皂。

例题 01

过氧化氢的分解反应为一级反应。该反应10min后产生氧气的体积为23.5mL，20min后产生氧气的体积为37.0mL，求该反应的反应速度和过氧化氢的初始浓度。另外，求30min后生成氧气的量为多少。

单元格的设定

单元格 C5　=1/A5*LN($B$4/($B$4-B5))

单元格 C6　=1/A6*LN($B$4/($B$4-B6))

单元格 C7　=AVERAGE(C5:C6)

单元格 B7　=B4-B4/EXP(C7*A7)

可变单元格

　单元格 B4　50(初始值)

算式录入单元格

　单元格 D5　=C5-C6

于单元格D5中录入公式，其差为零，将目标值设定为0，可变单元格为B4，初始值设定为50，如图5-3所示。

L15　fx

	A	B	C	D	E
1	一级反应				
2	过氧化氢的分解反应	A ⟶ C + D			
3	时间(min)	氧气(mL)	k (1/min)		
4	0	50.0		算式录入单元格	
5	10	23.5	0.063488	-0.00387	
6	20	37.0	0.067354		
7	30	43.0	0.065421		

图 5-3　规划求解的设定（1）

然后，从菜单栏中的“数据”中选择“规划求解”，如图5-4所示，将D5设定为算式输入单元格，目标值设定为0，可变单元格设定为B4。

如图5-5所示，单元格D5的约束值靠近-0.0008和0的附近，其结果对应的速率常数为0.0579min^{-1}、初始量为53.8mL。

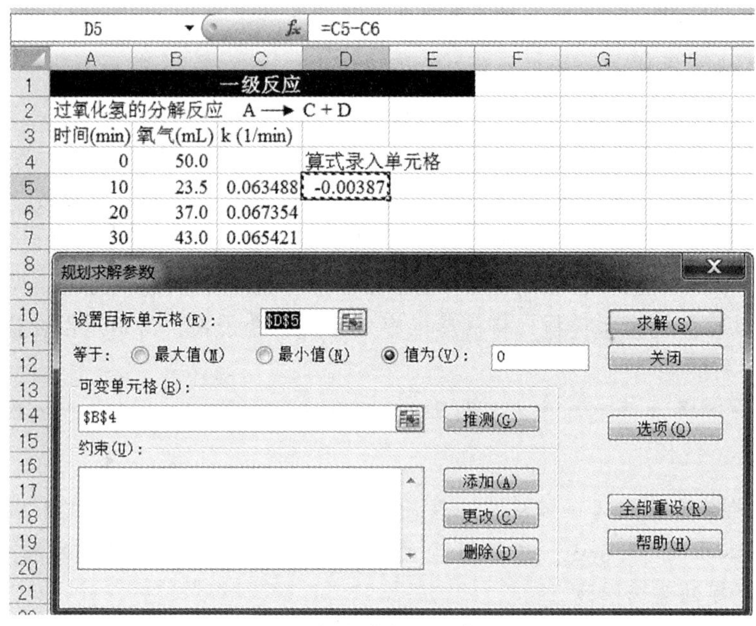

图 5-4　规划求解的设定（2）

C5　=1/A5*LN($B$4/($B$4-B5))

	A	B	C	D	E
1	一级反应				
2	过氧化氢的分解反应　A ⟶ C + D				
3	时间(min)	氧气(mL)	k (1/min)		
4	0	53.8		算式录入单元格	
5	10	23.5	0.0574126	-0.0008	
6	20	37.0	0.0581947		
7	30	44.3	0.0578037		

图 5-5　计算结果

根据计算结果，30 分钟后该反应氧气的生成量为 44.3mL。

例题 02

五氧化二氮发生如下分解反应时为几级反应。

$$2N_2O_5 \xrightarrow{100℃} 4NO_2 + O_2$$

五氧化二氮的分解反应有如下三组反应类型：

$$N_2O_5 \rightleftharpoons NO_2 + NO_3 \tag{1}$$

$$NO_3 \longrightarrow O_2 + NO \tag{2}$$

$$NO + NO_3 \longrightarrow 2NO_2 \tag{3}$$

三组反应中，反应（2）、反应（3）的反应速度很快，反应（1）为限速步骤，为一级反应。本道例题，可以不使用 Excel 工作表进行计算。

$$-\frac{d[N_2O_5]}{dt} = -k[N_2O_5]$$

对于二级反应，反应物为两个分子的情况，如下所示：

$$2A \xrightarrow{v} C + D$$

$t=0$	a	0	0
$t=t$	$(a-x)$	x	x

则反应速度为：

$$v = -\frac{d(a-x)}{dt} = \frac{dx}{dt} = k(a-x)^2$$

$$k dt = \frac{dx}{(a-x)^2}$$

$$\int_0^t k dt = \int_0^x \frac{dx}{(a-x)^2}$$

$$k = \frac{1}{t} \cdot \frac{x}{a(a-x)}$$

此种情况的半衰期可表示为如下关系式：

$$x = \frac{a}{2}$$

$$\tau = \frac{1}{ka}$$

例题 03

溶解有 22.9g 氰酸铵的 1L 水溶液生成尿素的反应，20min、50min、150min 对应尿素的生成量依次为 7.0g、12.1g、17.7g。求此反应为几级反应，并求出此反应的速率常数。

假设此反应为一级反应的情况，则速率常数有如下关系式：

$$k = \frac{1}{t} \cdot \ln \frac{a}{a-x}$$

假设此反应为二级反应的情况，速率常数可表示为如下关系式：

$$k = \frac{1}{t} \cdot \frac{x}{a(a-x)}$$

上述两种情况，哪种速率常数的计算结果为恒定常数，即为限速步骤。

分别计算一级反应和二级反应的速率常数公式于单元格中进行设定。

单元格的设定

单元格 C5　= $C$4-B5

单元格 C6　= $C$4-B6

单元格 C7　= $C$4-B7

单元格 D4　=LN($C$4/C4)

单元格 D5　=LN($C$4/C5)

单元格 D6　=LN($C$4/C6)

单元格 D7　=LN($C$4/C7)

单元格 E5　=D5/A5

单元格 E6　=D6/A6

单元格 E7　=D7/A7
单元格 F4　=B4/ $C$4/C4
单元格 F5　=B5/ $C$4/C5
单元格 F6　=B6/ $C$4/C6
单元格 F7　=B7/ $C$4/C7
单元格 G5　=F5/A5
单元格 G6　=F6/A6
单元格 G7　=F7/A7

如图 5-6 的结果所示，二级反应的速率常数一定，因此该反应为二级反应。由于计算过程是基于各个数据的计算，可以使用“添加近似曲线”，使用最小二次幂的方法作图，求得的结果如图 5-7 所示。

F5　=B5/$C$4/C5

	A	B	C	D	E	F	G
1				二级反应			
2	尿素的生成	2A ⟶	C + D		1级反应		2级反应
3	时间(min)	尿素(g)	{a-x} (g)	ln[a/(a-x)]	k (1/min)	x/[a(a-x)]	k (L/g.min
4	0	0	22.9	0		0	
5	20	7	15.9	0.364818	0.018241	0.019225	0.000961
6	50	12.1	10.8	0.751591	0.015032	0.048924	0.000978
7	150	17.7	5.2	1.482478	0.009883	0.14864	0.000991
8					减少倾向		一定

图 5-6　计算结果

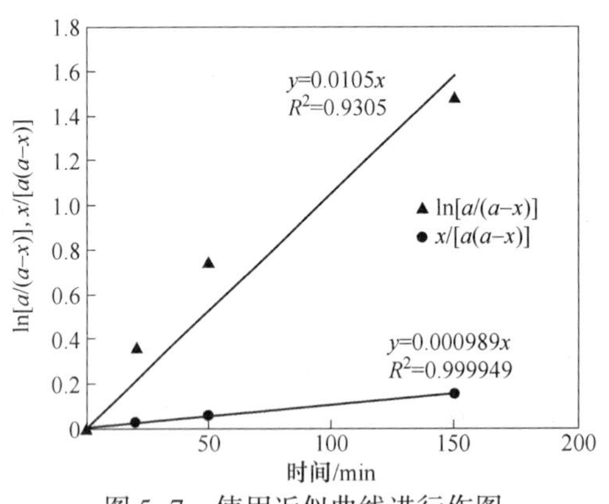

图 5-7　使用近似曲线进行作图

根据计算结果，速率常数为 9.89×10^{-4}。根据作图结果可知，含有三角印的直线线性较差；包含有圆形印的直线完全成线性，则可知该反应为二级反应。

例题 04

下述分解反应，600K 时发生二级反应的速率常数为 0.63L/(mol · s)。600K 时 NO_2 的压强为 400mmHg，求当其有 1/10 的 NO_2 发生分解时，所需要发生分解反应的时间为多少。

$$2NO_2 \longrightarrow 2NO + O_2$$

由于上述分解反应为二级反应，则有如下关系式：

$$k = \frac{1}{t} \cdot \frac{x}{a(a - x)}$$

$$a = \frac{n}{V} = \frac{P}{RT}$$

$$x = \frac{a}{10}$$

可以求出分解时间 t 的关系式为：

$$t = \frac{1}{k} \cdot \frac{\frac{a}{10}}{a\left(a - \frac{a}{10}\right)} = \frac{1}{9ka}$$

依据二级反应的关系式，得到计算分解时间的关系式，于工作表中按照分解时间的关系式进行单元格的设定。

单元格的设定

单元格 B6　=B5/760/0.082/B4

单元格 B7　=1/B3/B6/(10-1)

计算结果如图 5-8 所示，求得的分解时间为 16.5s。

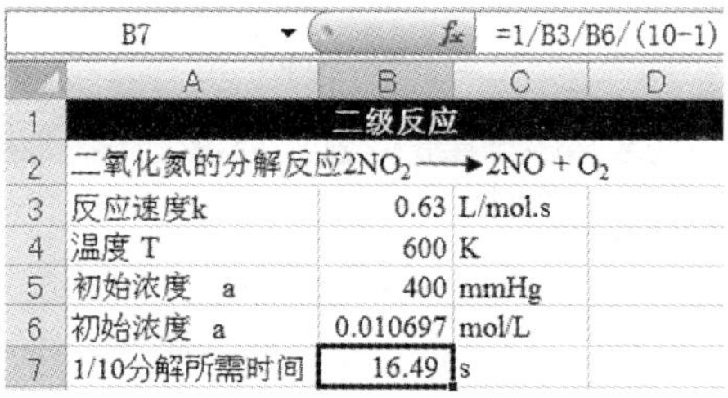

B7　f_x　=1/B3/B6/(10-1)

	A	B	C	D
1	二级反应			
2	二氧化氮的分解反应$2NO_2 \longrightarrow 2NO + O_2$			
3	反应速度k	0.63	L/mol.s	
4	温度 T	600	K	
5	初始浓度　a	400	mmHg	
6	初始浓度　a	0.010697	mol/L	
7	1/10分解所需时间	16.49	s	

图 5-8　计算结果

一般情况下，二级反应反应物 A 和反应物 B 发生反应时：

$$A + B \xrightarrow{v} C + D$$

	A	B	C	D
$t=0$	a	b	0	0
$t=t$	$(a-x)$	$(b-x)$	x	x

则反应速度有如下关系式：

$$v = -\frac{d(a-x)}{dt} = \frac{dx}{dt} = k(a-x)(b-x)$$

$$k dt = \frac{dx}{(a-x)(b-x)}$$

$$\int_0^t k dt = \int_0^x \frac{dx}{(a-x)(b-x)}$$

$$k = \frac{1}{t(a-b)} \cdot \ln\frac{b(a-x)}{a(b-x)}$$

例题 05

化学反应如 $A+B \xrightarrow{v} C+D$ 进行时，浓度［A］、［B］与速度 v 的关系如下表所示，求出此反应的反应级数。

$[A]/mol \cdot L^{-1}$	$[B]/mol \cdot L^{-1}$	$v/mol \cdot (L \cdot s)^{-1}$
1.25×10^{-5}	4.24×10^{-5}	6.28×10^{-4}
2.42×10^{-5}	8.41×10^{-5}	2.48×10^{-3}
4.82×10^{-5}	8.36×10^{-5}	4.96×10^{-3}

假定化学反应为二级反应，则反应速度可以用 $v=k[A][B]$ 进行表示。计算反应速度时可以按照上述关系式进行单元格的设定。

单元格的设定

单元格 D6　=A6/B6/C6

单元格 D7　=A7/B7/C7

单元格 D8　=A8/B8/C8

单元格 D9　=AVERAGE(D6:D8)

计算结果如图 5-9 所示，计算得到的速率常数数值恒定，可证明本化学反应为二级反应。

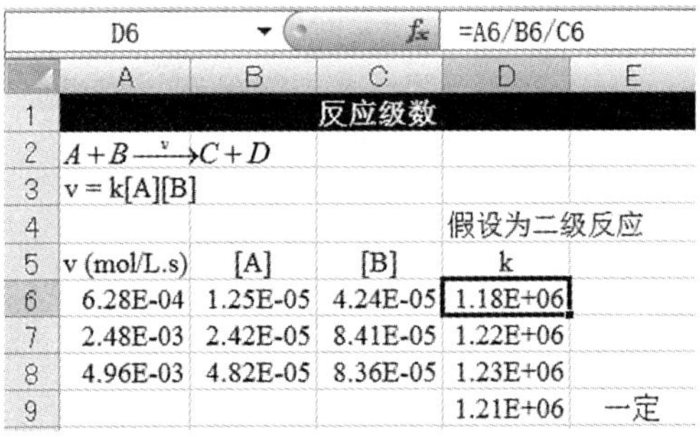

D6　f_x =A6/B6/C6

	A	B	C	D	E
1	反应级数				
2	$A+B \xrightarrow{v} C+D$				
3	v = k[A][B]				
4				假设为二级反应	
5	v (mol/L.s)	[A]	[B]	k	
6	6.28E-04	1.25E-05	4.24E-05	1.18E+06	
7	2.48E-03	2.42E-05	8.41E-05	1.22E+06	
8	4.96E-03	4.82E-05	8.36E-05	1.23E+06	
9				1.21E+06	一定

图 5-9　计算结果

5.2　复杂的化学反应

如果反应为复杂化学反应，可以使用可逆反应中最简单的例子表示：

$$A \underset{k'}{\overset{k}{\rightleftharpoons}} B$$

$$\begin{array}{lcc} t=0 & a & b \\ t=t & (a-x) & (b+x) \end{array}$$

则反应速度可以用如下关系式进行表示[2]：

$$\frac{dx}{dt} = k(a-x) - k'(b+x) = (k+k')(m-x)$$

$$m = \frac{ka - k'b}{k + k'}$$

$$\int (k+k')\,dt = \int \frac{dx}{m-x}$$

$$k + k' = \frac{1}{t} \cdot \ln \frac{m}{m - x}$$

多个复杂反应连续进行称为连续反应。以下面不可逆连续进行的一级反应为例：

$$A \xrightarrow{k} B \xrightarrow{k'} C$$

	A	B	C
$t=0$	a	0	0
$t=t$	x	y	z

则上述连续反应有如下关系式：

$$\begin{cases} -\dfrac{dx}{dt} = kx \\ \dfrac{dy}{dt} = kx - k'y \\ \dfrac{dz}{dt} = k'y \end{cases}$$

将上述反应速度的方程式使用三元联立微分方程式进行求解，则有如下关系：

$$-\int_0^t k dt = \int_0^x \frac{dx}{x}$$

$$-kt = \ln \frac{x}{a}$$

$$x = ae^{-kt}$$

同样可得到如下结果：

$$y = \frac{ka}{k' - k}(e^{-kt} - e^{-k't})$$

$$z = a\left(1 - \frac{k'e^{-kt}}{k' - k} + \frac{ke^{-k't}}{k' - k}\right)$$

$$k \ll k'$$

$$z = a(1 - e^{-k't})$$

微分方程式的公式 TOPIC

要得到连续反应的反应物 y 的微分方程式的解，是非常复杂的过程。此时，可以使用下述计算公式：

$$-\frac{dy}{dt} = kx + k'y \longrightarrow y' + k'y = kae^{-kt}$$

$$y = e^{-\int k'dt}\left[\int kae^{-kt}e^{\int k'dt}dt\right] = e^{-kt}\left[ka\int e^{t(k'-k)}dt\right]$$

例题 01

连续逐级进行的反应 $[A] \xrightarrow{k_1} [B] \xrightarrow{k_2} [C]$，[A] 的初始浓度为 4.0mol/L 时，分别将反应物与生成物作图表示。此时速率常数依次为：$k_1 = 0.05s^{-1}$，$k_2 = 0.005s^{-1}$。

分别将反应物与生成物 x、y、z 的计算公式于单元格中进行设定。按照单元格设定的公式、反应物与生成物的算式，将反应时间定在 300s 终止，计算的结果如图 5-10 所示。

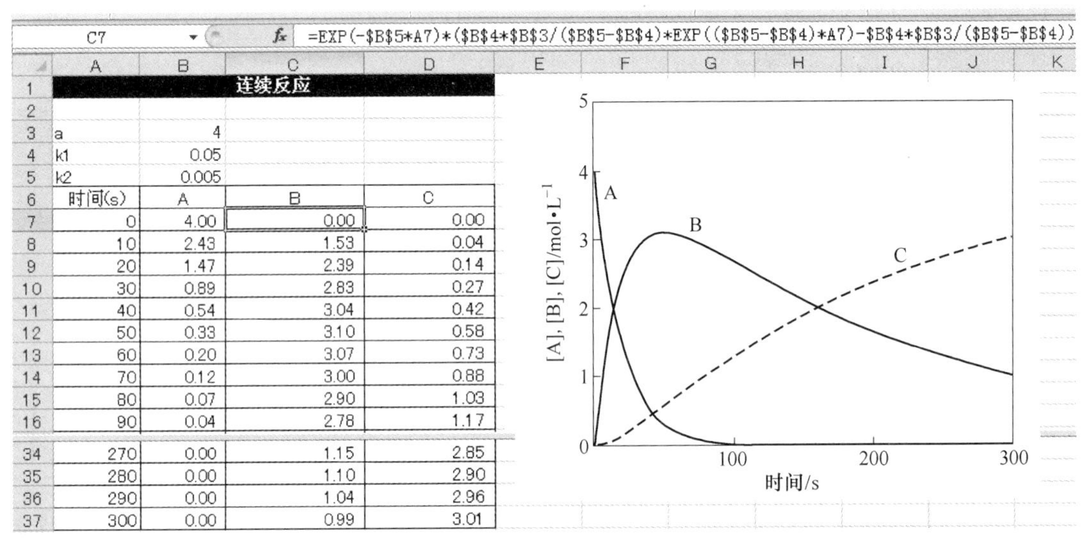

C7　　=EXP(-$B$5*A7)*($B$4*$B$3/($B$5-$B$4)*EXP(($B$5-$B$4)*A7)-$B$4*$B$3/($B$5-$B$4))

	A	B	C	D
1	连续反应			
2				
3	a	4		
4	k1	0.05		
5	k2	0.005		
6	时间(s)	A	B	C
7	0	4.00	0.00	0.00
8	10	2.43	1.53	0.04
9	20	1.47	2.39	0.14
10	30	0.89	2.83	0.27
11	40	0.54	3.04	0.42
12	50	0.33	3.10	0.58
13	60	0.20	3.07	0.73
14	70	0.12	3.00	0.88
15	80	0.07	2.90	1.03
16	90	0.04	2.78	1.17
34	270	0.00	1.15	2.85
35	280	0.00	1.10	2.90
36	290	0.00	1.04	2.96
37	300	0.00	0.99	3.01

图 5-10　计算结果

单元格的设定

单元格 B7　= $B$3 * EXP(-$B$4 * A7)

单元格 C7　= EXP(-$B$5 * A7) * ($B$4 * $B$3/($B$5-$B$4) * EXP(($B$5-$B$4) * A7)-$B$4 * $B$3/($B$5-$B$4))

单元格 D7　= $B$3 * (1-$B$5/($B$5-$B$4) * EXP(-$B$4 * A7)+$B$4/($B$5-$B$4) * EXP(-$B$5 * A7))

将计算得到的数值按照散点图进行作图，得到的关系如图 5-11 所示。将反应条件换成 $a=4.0\text{mol/L}$，$k_1=0.01\text{s}^{-1}$，$k_2=0.1\text{s}^{-1}$后，计算作图，如图 5-12 所示。

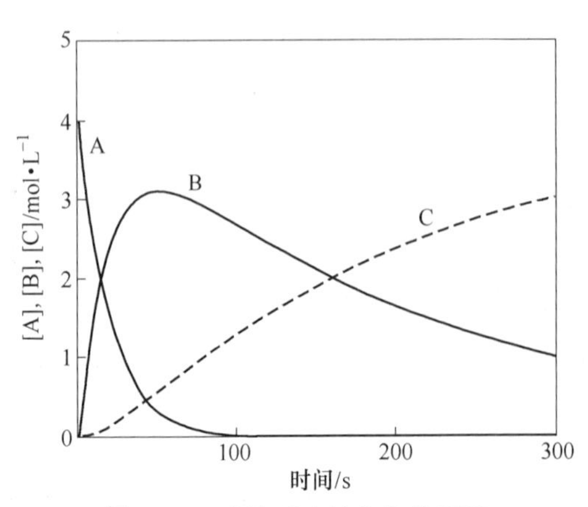

图 5-11　连续反应的变化关系图

（反应条件：$a=4.0\text{mol/L}$，$k_1=0.05\text{s}^{-1}$，$k_2=0.005\text{s}^{-1}$）

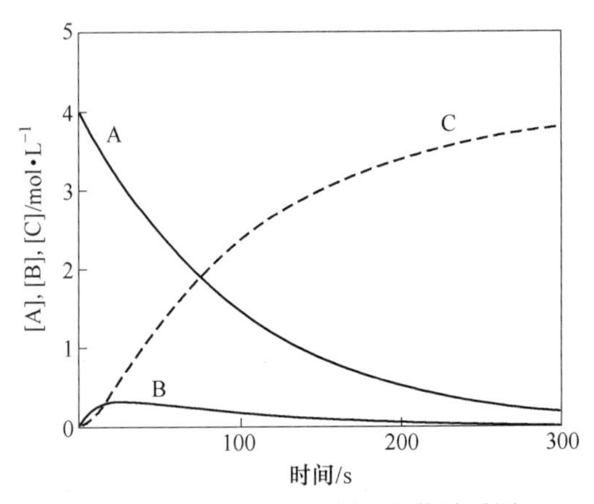

图 5-12　连续逐级反应的变化关系图

（反应条件：$a=4.0\text{mol/L}$，$k_1=0.01\text{s}^{-1}$，$k_2=0.1\text{s}^{-1}$）

连续反应中也存在连锁式连续反应的情况。大气层中排放的氟利昂经紫外线照射发生分解，会引起臭氧层发生连锁反应，在平流层形成臭氧空洞，此即为众所周知的连锁反应案例。

再例如，氯化氢形成的案例：

$Cl_2 + h\nu \longrightarrow 2Cl$ 连锁反应的引发

$$\left.\begin{aligned} Cl + H_2 &\longrightarrow HCl + H \\ H + Cl_2 &\longrightarrow HCl + Cl \end{aligned}\right\} \text{连锁反应的传递}$$

$$\left.\begin{aligned} H + HCl \longrightarrow H_2 + Cl \quad & \text{连锁反应的阻碍} \\ 2Cl \longrightarrow Cl_2 \quad & \text{连锁反应的切断} \end{aligned}\right\} \text{连锁反应的终止}$$

乙醛分解反应的案例：

$$CH_3CHO \xrightarrow{k_1} \cdot CH_3 + \cdot CHO$$

$$CH_3CHO + \cdot CH_3 \xrightarrow{k_2} CH_4 + CO + \cdot CH_3$$

$$2 \cdot CH_3 \xrightarrow{k_3} C_2H_6$$

总反应为：

$$CH_3CHO \longrightarrow CH_4 + CO$$

$\cdot CH_3$ 为有机自由基，含有孤对电子的自由基反应活性特别强，一般为连锁反应的引发剂。

连锁反应 TOPIC

许多化学反应组成了连续进行的连锁反应，首先普通化学反应中开始形成活泼的中间体，然后诱发随后的化学反应生成稳定的生成物和不稳定的中间体，中间体不断的生成和消失的循环重复反应被称为连锁反应。在对流层的氟利昂分子稳定，几乎不发生化学反应。但是，当它们上升到平流层后，会在强烈紫外线的作用下被分解，含氯的氟利昂分子会离解出氯原子（称为“自由基”），然后同臭氧发生连锁反应（氯原子与臭氧分子反应，生成氧气分子和一氧化氯基；一氧化氯基不稳定，很快又变回氯原子，氯原子又与臭氧反应生成氧气和一氧化氯基……），不断破坏臭氧分子。

$$Cl + O_3 = O_2 + ClO$$

$$ClO + O_3 = 2O_2 + Cl$$

如此周而复始，一个氟利昂分子就能破坏多达 10 万个臭氧分子。即 1kg 氟利昂可以捕捉消灭约 7×10^4kg 臭氧。总的结果可以用化学方程式表示为：

$$2O_3 = 3O_2 \text{（在反应中氟利昂分子起到催化剂的作用）}$$

由于上述连锁反应，臭氧层形成了臭氧空洞。

5.3　活 化 能

一般情况下，反应温度越高，反应速度越快。化学平衡与温度关系所遵循的定律可以用范德霍夫方程式（van't Hoff equation）进行表示：

$$\frac{\mathrm{dln}K_p}{\mathrm{d}T}=\frac{\Delta H^{\ominus}}{RT^2}$$

将这个方程式中的平衡常数换为反应速率常数，标准反应焓换成活化能，则有如下关系式：

$$\frac{\mathrm{dln}k}{\mathrm{d}T}=\frac{E_a}{RT^2}$$

得到的上述关系式又被称为阿仑尼乌斯（Arrhenius）公式[3]。

将上述公式进行积分后，得到如下关系式：

$$\frac{\mathrm{dln}k}{\mathrm{d}T}=\frac{E_a}{RT^2}$$

$$\ln k=-\frac{E_a}{RT}+\ln A$$

$$k=A\mathrm{e}^{\frac{-E_a}{RT}}$$

通过 $\ln K$ 与 $1/T$ 散点图的斜率可以求出反应的活化能。

阿仑尼乌斯（Svante A. Arrhenius）TOPIC

斯万特·奥古斯特·阿仑尼乌斯（Svante August Arrhenius）是瑞典物理化学家，1859 年 2 月 19 日生于瑞乌普萨拉附近的维克城堡。电离理论的创立者。学术成果有：解释溶液中的元素是如何被电解分离的现象，研究过温度对化学反应速率的影响，得出著名的阿仑尼乌斯公式。还提出了等氢离子现象理论、分子活化理论和盐的水解理论。对宇宙化学、天体物理学和生物化学等也有研究，他曾获得 1903 年诺贝尔化学奖。

例题 01

乙酸甲酯溶液中加入氢氧化钠水溶液搅拌混合，发生皂化水解反应。25℃时，乙酸甲酯溶液 0.02mol/L 中加入浓度为 0.02mol/L 的氢氧化钠溶液 0.50mL，搅拌混合 8min30s 后，乙酸甲酯有一半发生了分解。另外，当浓度为 0.060mol/L 的乙酸甲酯与 0.050mL 浓度为 0.06mol/L 的氢氧化钠溶液搅拌混合 2min50s 后，乙酸甲酯有一半发生分解。求此时的分解反应为几级反应，并求出反应速度；另求出 35℃的速率常数。此时，这个分解反应的活化能为 35.8J/mol。

从题目给出的条件中，可知道该分解反应的半衰期，假设该反应为二级反应，试着求出速率常数。

将计算反应速度的算式于单元格中进行设定。

单元格的设定

单元格 D5 =2+50/60

单元格 E4 =1/(D4*60*B4*C4)

单元格 E5 =1/(D5*60*B5*C5)

单元格 E7 =E5*EXP(F4*1000/8.314*(1/(273+A4)-1/(273+A7)))

计算结果如图 5-13 所示，计算得到速率常数均一致，可知分解反应为二级反应。计算得到的速率常数为 0.196L/(mol · s)，35℃的速率常数为 0.313L/(mol · s)。

E4 =1/(D4*60*B4*C4)

	A	B	C	D	E	F
1	阿仑尼乌斯公式					
2						
3	温度(℃)	乙酸甲酯(mol)	容积(L)	半衰期τ(min)	k (1/τa)	E (kJ/mol)
4	25	0.02	0.5	8.5	0.196	35.8
5		0.06	0.5	2.83	0.196	
6					计算值一定为二级反应	
7	35				0.313	L/mol.s

图 5-13 计算结果

例题 02

碘化氢的分解反应，321℃的反应速率常数为 3.95×10^{-6}L/(mol · s)，300℃的速率常数为 1.07×10^{-6}L/(mol · s)，求该分解反应的活化能。

可根据阿仑尼乌斯的活化能公式进行计算：

$$\ln\frac{k_2}{k_1}=-\frac{E_a}{R}\left(\frac{1}{T_2}-\frac{1}{T_1}\right)$$

$$E_a=-\ln\frac{k_2}{k_1}\cdot\frac{R}{\frac{1}{T_2}-\frac{1}{T_1}}$$

将计算活化能的公式于单元格中进行设定。

单元格的设定

单元格 B7 =-LN(B4/B5)*8.314/(1/(273+A4)-1/(273+A5))/1000

根据计算结果，如图 5-14 所示，得到的活化能为 176kJ/mol。

B7 =-LN(B4/B5)*8.314/(1/(273+A4)-1/(273+A5))/1000

	A	B	C	D	E	F	G
1	活化能						
2	碘化氢的分解						
3	温度(℃)	k (L/mol.sec)					
4	321	3.95E-06					
5	300	1.07E-06					
6							
7	活化能	176.0	kJ/mol				

图 5-14 计算结果

例题 03

碘乙烷于 KOH 水溶液中发生分解反应的速率常数如下表所示，计算此时反应的活化能。

温度 T/K	285	302	335	362
k/L·(mol·s)$^{-1}$	0.0508×10^{-3}	0.337×10^{-3}	8.18×10^{-3}	1.21×10^{-3}

根据温度与速率常数的值，用散点图作图，设置趋势线格式，选择“线性”，可以求出线性函数关系式。

根据反应速度和温度倒数的线性关系求出斜率，于单元格中进行算式的设定。

单元格的设定

单元格 C4　=LN(B4)
单元格 C5　=LN(B5)
单元格 C6　=LN(B6)
单元格 C7　=LN(B7)
单元格 D4　=1/A4
单元格 D5　=1/A5
单元格 D6　=1/A6
单元格 D7　=1/A7
单元格 B9　=8.314/0.0000966/1000(依据线性关系斜率的数值进行换算)

根据计算结果，如图 5-15 所示。

$$\frac{1}{T}=-9.66\times10^{-5}\ln k+2.54\times10^{-3}$$

由上述关系式可知，$R/E_a=9.66\times10^{-5}$，将 $R=8.314$ 代入后，得到 E_a 为 86.07kJ/mol。

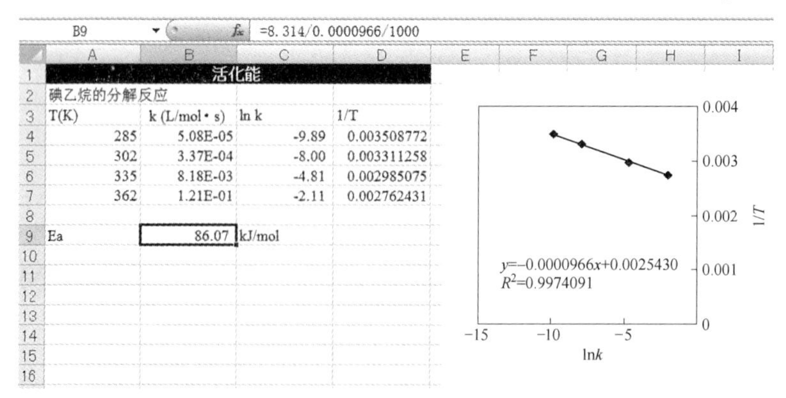

图 5-15　计算结果

例题 04

某反应体系，已给出反应率 x 和反应温度 t(℃) 的关系式。请将反应率和温度的关系在 x(0~0.95) 区间作图。

$$\frac{dt}{dx}=-65.0-\frac{15.58(t-340)}{k(1-x)}$$

此时，反应槽的反应温度恒定为340℃，为一级反应。反应速度k遵循下述阿仑尼乌斯公式：

$$k = 1.17 \times 10^{17} \exp(-44500/RT)$$

假设R为2cal/(K · mol)。

上述微分方程式可以按照龙格-库塔（Runge-Kutta）方法（简称R-K法）进行数值解析，VB宏代码如图5-16所示。这组代码中包含有两组定义的函数，对应例题中的两组关系式。

```
Public Sub bibun()
x0 = Cells(2, 2): xn = Cells(3, 2): dx = Cells(3, 4)
t = Cells(2, 4)
Cells(5, 2) = t: Cells(5, 1) = x0
i = 0
For x = x0 Toxn Step dx
    i = i + 1
    k1 = dx * fx(x, t)
    k2 = dx * fx(x + dx / 2, t + k1 / 2)
    k3 = dx * fx(x + dx / 2, t + k2 / 2)
    k4 = dx * fx(x + dx, t + k3)
    t = t + (k1 + 2 * (k2 + k3) + k4) / 6
Cells(i + 5, 1) = x + dx
Cells(i + 5, 2) = t
Cells.NumberFormatLocal = "0##.#0"
Next x
End Sub
Private Function fx(x, t)
fx = -65 - 15.58 * (t - 340) / fk(t) / (1 - x)
End Function
Private Function fk(t)
fk = 1.17E+17 * Exp(-22400 / (t + 273.15))
End Function
```

图5-16 微分方程式中使用龙格-库塔（Runge-Kutta）方法计算的宏代码

单元格的设定

单元格B2	Cells(2,2)	读取反应速率的初始值0
单元格B3	Cells(2,3)	读取反应速率的最终值0.95
单元格D2	Cells(2,4)	读取浴槽温度(℃)
单元格D3	Cells(3,4)	读取反应速率的变化率Δx
单元格A5	Cells(5,1)	输出反应速率的初始值0
单元格B5	Cells(5,2)	输出浴槽温度(℃)
单元格A6	Cells(6,1)	输出反应速率的值
单元格B6	Cells(6,2)	输出反应温度的值

Cells( ) 函数和工作表中的单元格间可以进行数值的交互计算。

根据数值解析的计算结果（图 5-17），可以得到如图 5-18 所示的反应速率与反应温度的关系图。

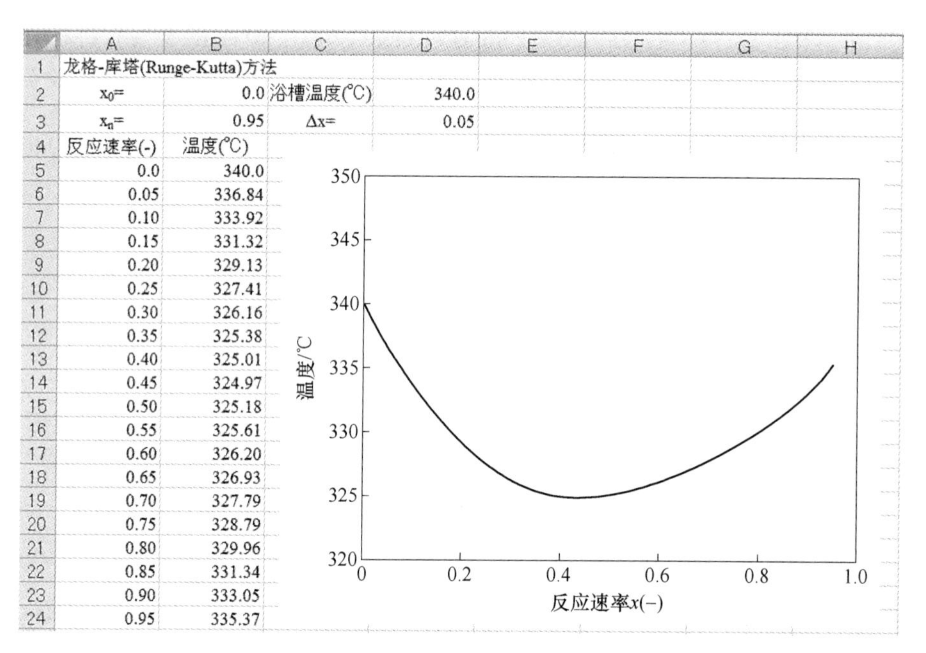

	A	B	C	D
1	龙格-库塔(Runge-Kutta)方法			
2	x_0=	0.0	浴槽温度(℃)	340.0
3	x_n=	0.95	Δx=	0.05
4	反应速率(-)	温度(℃)		
5	0.0	340.0		
6	0.05	336.84		
7	0.10	333.92		
8	0.15	331.32		
9	0.20	329.13		
10	0.25	327.41		
11	0.30	326.16		
12	0.35	325.38		
13	0.40	325.01		
14	0.45	324.97		
15	0.50	325.18		
16	0.55	325.61		
17	0.60	326.20		
18	0.65	326.93		
19	0.70	327.79		
20	0.75	328.79		
21	0.80	329.96		
22	0.85	331.34		
23	0.90	333.05		
24	0.95	335.37		

图 5-17　计算结果

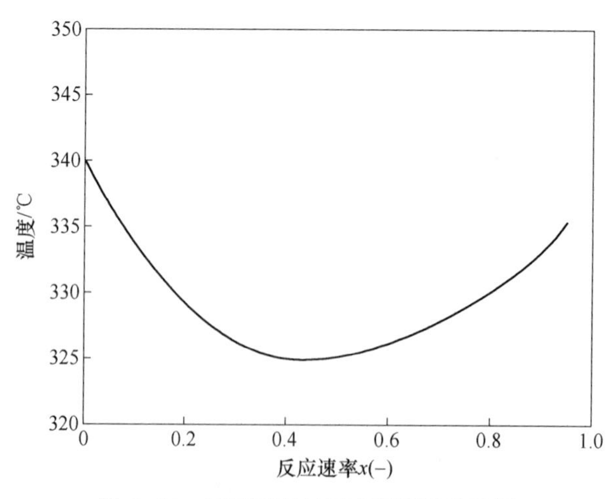

图 5-18　反应速率与反应温度的关系图

5.4　吸附等温方程式

有关固体表面对于气体分子的吸附行为可以使用朗格缪尔（Langmuir）吸附等温方程式；溶液中溶质分子于固体表面的吸附行为可以使用弗罗因德利克（Freundlich）吸附等温方程式。固体表面被吸附分子覆盖的样子如图 5-19 所示[4,5]。

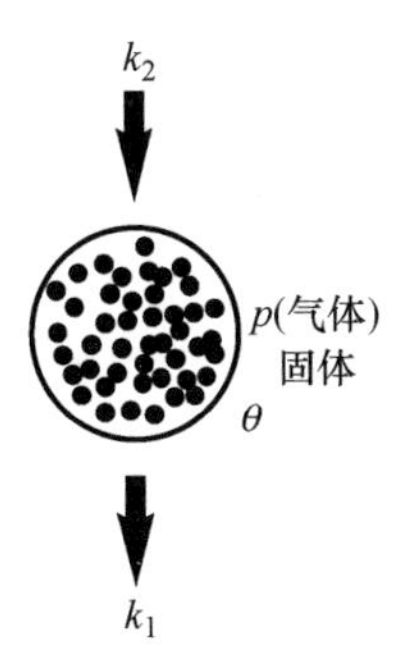

图 5-19 气体于固体表面的吸附平衡

吸附分子于固体表面上所覆盖的比率为 θ，脱附速率常数为 k_1，吸附常数为 k_2，则有如下关系式：

$$蒸发速度 = k_1\theta$$

$$浓缩速度 = k_2(1 - \theta) \times p$$

上述各速度达到吸附平衡时，有如下关系：

$$k_1\theta = k_2 p(1 - \theta)$$

则：

$$\theta = \frac{k_2 p}{k_1 + k_2 p} = \frac{bp}{1 + bp}$$

$$\frac{1}{\theta} = 1 + \frac{1}{bp}$$

上述吸附等温方程式中，吸附系数 $b=k_2/k_1$。

固体表面单位面积上吸附的气体量 x 与 θ 成正比：

$$x = a\theta$$

$$x = \frac{abp}{1 + bp}$$

θ 为 1 时 a 被称为饱和吸附量。

对于吸附不均匀的催化反应，由于反应物的吸附比较弱，$bp \ll 1$，则：

$$\theta = \frac{bp}{1 + bp} = bp$$

$$-\frac{dp}{dt} = k\theta = kbp = k'p$$

吸附的强度为中等程度的情况：

$$-\frac{dp}{dt} = k\theta = k\frac{bp}{1 + bp}$$

$$\ln\frac{p_0}{p} + b(p_0 - p) = kbt$$

p_0 为 $t=0$ 时最初气体的压强。

最后，反应物的吸附程度较强的情况，$bp \gg 1$，则有：

$$\theta = \frac{bp}{1 + bp} = 1$$

$$-\frac{dp}{dt} = k\theta = k$$

$$p_0 - p = kt$$

朗格缪尔（Irving Langmuir）TOPIC

欧文·朗格缪尔（Irving Langmuir），美国化学家、物理学家。他提出了单分子层吸附的概念，并且推导出了朗格缪尔吸附等温方程式，并根据其原理启发，引导了充气式灯泡的发明。

例题 01

使用木炭吸附二氧化碳，0℃、CO_2 的压强为 25mmHg 和 859mmHg 换算成绝对条件分别为 0.39cm^3 和 1.23cm^3。根据吸附等温方程式，求压强为 420mmHg 时二氧化碳的吸附量为多少。

根据两组条件联立方程式，可以使用规划求解进行求解计算。

如图 5-20 所示，于单元格 D5 和 D6 中录入吸附等温方程式，从菜单中选择“数据”，然后在其中选择规划求解进行设定。

D5　fx　=B5*B7*B8/(1+B5*B8)-C5

	A	B	C	D	E
1	朗格缪尔吸附等温方程式				
2	x = abP/(1+bP)				
3	温度	0	℃		
4		CO_2 (mmHg), P	θ (cm^3), x	吸附等温方程式	
5	1	25	0.39	0.571538462	
6	2	859	1.23	-0.23116279	
7	a=	1			
8	b=	1			
9		420	1.152	cm^3	

图 5-20　规划求解的设定

单元格的设定

目的单元格

单元格 D5　=B5 * B7 * B8/(1+B5 * B8)-C5

单元格 D6　=B6 * B7 * B8/(1+B8 * B6)-C6

可变单元格

单元格 B7　1(a:初始设定值)

单元格 B8　1(b:初始设定值)

单元格 C9　=B7 * B8 * B9/(1+B8 * B9)

如图 5-21 所示，于工作表中进行上述参数的设定，然后进行求解。计算结果如图 5-22 所示，系数 a=1.31，b=0.0169，根据吸附等温方程式计算 420mmHg 时的吸附量。计算结果如图 5-23 所示，为 1.152cm^3。

图 5-21　规划求解参数的设定

D5　f_x　=B5*B7*B8/(1+B5*B8)-C5

	A	B	C	D	E
1	朗格缪尔吸附等温方程式				
2	x = abP/(1+bP)				
3	温度	0	℃		
4		CO_2 (mmHg), P	θ (cm^3), x	吸附等温方程式	
5	1	25	0.39	3.4279E-07	
6	2	859	1.23	3.0816E-07	
7	a=	1.314894744			
8	b=	0.016866805			

图 5-22　系数的计算结果

吸附能力可以根据一定温度条件下被吸附物质的浓度和温度的函数进行求解。一定温度下的吸附量和浓度的关系式被称为吸附等温方程式。某温度下，吸附剂接近平衡状态时，溶质浓度 C 对应的吸附剂质量 m 上溶质的吸附量 x 有如下关系式：

$$\frac{x}{m} = aC^n$$

上述吸附等温方程式中，系数 a 和 n 为常数。上述公式被称为弗罗因德利克吸附等温方程式。

C9　f_x　=B7*B8*B9/(1+B8*B9)

	A	B	C	D	E
1	朗格缪尔吸附等温方程式				
2	x = abP/(1+bP)				
3	温度	0	℃		
4		CO_2 (mmHg), P	θ (cm³), x	吸附等温方程式	
5	1	25	0.39	3.4279E-07	
6	2	859	1.23	3.0816E-07	
7	a=	1.314894744			
8	b=	0.016866805			
9		420	1.152	cm³	

图 5-23　计算结果

例题 02

某温度下用活性炭对草酸进行吸附，达到吸附平衡状态时的结果如下表所示。求出此时弗罗因德利克吸附等温方程式的系数。

$C/\text{mol}\cdot\text{L}^{-1}$	92.1	44.2	20.5	9.8	4.5
$x/\text{mmol}\cdot\text{g}^{-1}$	1.50	1.15	0.795	0.530	0.348

对上述数据使用散点图进行作图，设置趋势线格式，选择“幂”，可以求出幂次近似函数关系式，如图 5-24 所示。

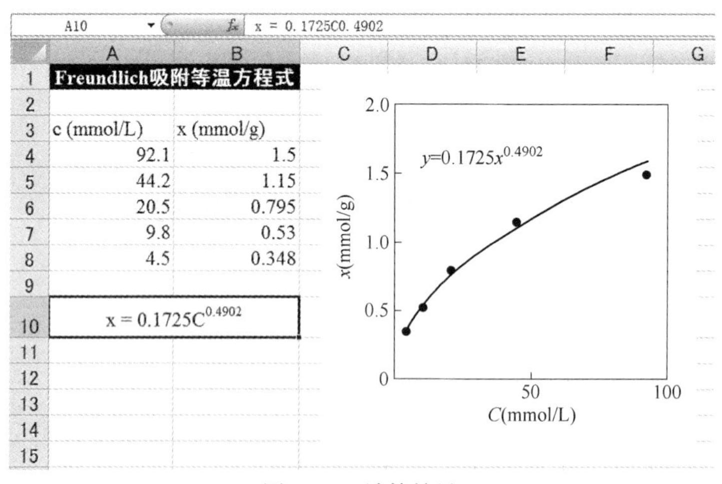

图 5-24　计算结果

单元格的设定

浓度 C(mmol/L)单元格区域(A4:A8)

吸附量 x(mmol/g)单元格区域(B4:B8)

单元格 A10　幂次近似趋势线函数关系式

根据上述计算得到的结果，弗罗因德利克吸附等温方程式中的系数 $a=0.173$，$n=0.490$。

弗罗因德利克（H. Freundlich）TOPIC

弗罗因德利克提出了多相吸附表面的吸附平衡体系的经验关系式，该关系式既适用于气体，也适用于溶液中的吸附物质。吸附量与浓度（平衡压）的关系式为 $x=aC^n$，系数 n 表示吸附强度的尺度。

5.5 光化学反应

化学反应的进行均需要一定的能量，以光的形式提供能量并发生化学反应的称为“光化学反应”。光能量是光量子的能量，与振动数和 h 有一定的关系。h 被称为普朗克（Planck）常数。光化学第一定律：“只有被体系内分子吸收的光，才能有效地引起该体系的分子发生光化学反应”[4]。另外，光化学第二定律：“在初级过程中，一个被吸收的光子只能活化一个分子”。也就是说，光能量引入阿伏伽德罗常数后，$E_a=N_A\cdot h\nu$，其值的单位被称为 1（einstein），此关系又被称为“光化当量”定律。普朗克常数为 6.6262×10^{-27}J · s，$\nu=c/\lambda=2.9979\times10^{-27}$(cm/s)/$\lambda$(1/cm)，光子能量的单位为 einstein。

臭氧层 TOPIC

臭氧层是大气层的平流层中臭氧浓度高的层次。浓度最大的部分位于 20~25km 的高度处，其生成和消失均为光化学反应所致。太阳光的紫外线照射地球周围的大气层时，氧气分子吸收 175~240nm 的紫外线，量子化后生成臭氧。随后，臭氧分子再吸收 240~320nm 的紫外线，发生臭氧分子的光化学分解反应。平流层中的光化学反应，形成了臭氧层。另外，紫外辐射在高空被臭氧吸收，对大气有增温作用，同时保护了地球上的生物免受紫外辐射的伤害，透过的少量紫外辐射，有杀菌作用，对生物大有裨益。

例题 01

碘化氢的光化学分解反应，吸收 3.07×10^9J(253.7nm) 的紫外线之后，1.30×10^{-3}mol 的 HI 发生分解。求此时量子产率是多少。

$$2HI + h\nu(253.7nm) \longrightarrow H_2 + I_2$$

将普朗克常数等物理常数进行数值换算，将吸收量子的计算公式于单元格中进行设定。

单元格的设定

单元格 B9　=B7/B3/B4 * (B6 * 0.0000001)
单元格 B10　=B9/B5
单元格 B11　=B8/B10

首先，紫外线的波长为 253.7nm，其量子能量的计算结果如图 5-25 所示。相应地，HI 的吸收量子为 6.51×10^{-4}(einstein)。

量子产率 = 生成产物的分子数 / 吸收的量子数

B9　=B7/B3/B4*(B6*0.0000001)

	A	B	C	D
1	光分解反应			
2	碘化氢的分解			
3	普朗克常数 h	6.62E-27		
4	光速度　c	3.00E+10		
5	阿伏加德罗常数	6.02E+23	个	
6	紫外线	253.7	nm	
7	量子能量	3.07E+09	erg	
8	HI 分解量	1.30E-03	mol	
9	HI　吸收量子	3.92E+20	个	
10		6.51E-04	einstein	
11	量子产率	2		

图 5-25　计算结果

根据计算结果，此时的量子产率为 2。

习 题 详 解

1. 一个二级反应的反应物初始浓度为 $0.4\times10^3 mol/m^3$。此反应在 80min 内完成了 30%。试求反应的速率常数和反应完成 80%所需时间。

解：2 级反应的速率积分式为：

$$k = \frac{1}{t} \times \frac{c_0 - c}{c_0 c}$$

式中，c_0 为初始浓度；c 为 t 时间残存浓度。

设 x 是反应物在 t 时已反应了的浓度，则在 80min 的 $x=0.3c_0$，而 $c=c_0-x$。按照上述公式进行单元格的设定：

单元格 B5　=1/B4*((B3-0.7*B3)/(B3*0.7*B3))

单元格 B6　=1/B5*((B3-0.2*B3)/(B3*0.2*B3))

B6　=1/B5*((B3-0.2*B3)/(B3*0.2*B3))

	A	B	C	D	E
1	二级反应				
2					
3	初始浓度c_0	400	mol/m^3		
4	反应30%所需时间	80	min		
5	反应速率常数k	1.34E-05	$m^3/mol\cdot min$		
6	反应80%所需时间	746.67	min		

故 $k=1.34\times10^{-5}m^3/(mol\cdot min)$，反应 80%所需时间为 746.67min。

2. 在用 CO 还原铁矿石的反应中，1173K 的 $k_1 = 2.978\times10^{-2}s^{-1}$，1273K 的 $k_2 = 5.623\times10^{-2}s^{-1}$。试求反应的活化能。反应为：

$$FeO(s) + CO = Fe(s) + CO_2;\quad \Delta_r G_m^{\ominus} = -22800 + 24.26T \quad J/mol$$

解：由 $k = k_0\exp(-E_a/RT)$ 可得：

$$\ln\frac{k_2}{k_1} = -\frac{E_a}{R}\left(\frac{1}{T_2} - \frac{1}{T_1}\right)$$

$$E_a = -\ln\frac{k_2}{k_1}\cdot R\Big/\left(\frac{1}{T_2} - \frac{1}{T_1}\right)$$

按照上述公式进行单元格的设定：

单元格 B7　=-8.314 * LN(B6/B5)/(1/B4-1/B3)

B7　fx　=-8.314*LN(B6/B5)/(1/B4-1/B3)

	A	B	C	D	E
1	CO还原铁矿石				
2					
3	温度T_1	1173	K		
4	温度T_2	1273	K		
5	反应速率常数k_1	0.0298	s^{-1}		
6	反应速率常数k_2	0.05623	s^{-1}		
7	活化能E_a	78826.19	J/mol		

故 $E_a = 78826.19J/mol$。

3. 将波长为 400nm 的光辐照盛有 H_2 和 Cl_2 的反应器，已知反应器的体积为 $100cm^3$，由热电堆测得 Cl_2 吸收光能的速率为 $1.1\times10^{-6}J/s$。当反应系统经辐照 1min 后，测得 Cl_2 的分压由 27.3kPa 降低到 20.8kPa（已校正到 0℃时值），试求产物 HCl 的量子产率。

解：400nm 光子的能量为　$E = \dfrac{hc}{\lambda}$

Cl_2 吸收的光子数为　$N_\lambda = \dfrac{60k}{E}$

光化学反应为　$H_2 + Cl_2 \longrightarrow 2HCl$

生成 HCl 的量为消耗 Cl_2 的量 Δn 的 2 倍，则生成产物 HCl 的分子数为：

$$N(HCl) = 2\times\Delta n\times L = 2\times\frac{\Delta p\times V}{RT}\times L$$

产物 HCl 的量子产率为　$\Phi = \dfrac{N(HCl)}{N_\lambda}$

将以上所述关系式进行单元格设定：

单元格 B10　=B4 * B5/B3

单元格 B11　=B6 * 60/B10

单元格 B12　=2 * (B8-B9) * B7 * 6.02 * 10^23/(8.314 * 273)

单元格 B13　=B12/B11

故量子产率 $\Phi = 2.59\times10^{-6}$，此结果表明，该反应属于光链反应。

B13	f_x =B12/B11	
	A	B	C

	A	B	C
1	光化学反应		
2	$H_2+Cl_2 \rightarrow HCl$		
3	波长λ	4.00E-07	m
4	普朗克常数h	6.63E-34	J·s
5	光速c	3.00E+08	m/s
6	Cl_2吸收光能速率k	1.10E-06	J/S
7	体积V	1.00E-04	m^3
8	Cl_2分压P_1	2.73E+04	Pa
9	Cl_2分压P_2	2.08E+04	Pa
10	光子能量E	4.97E-19	J
11	Cl_2吸收光子数	1.33E+14	个
12	HCl分子数	3.45E+20	个
13	量子产率	2.59E+06	

4. 醋酸酐的分解反应是一级反应，其表现的活化能 $E_a=144.35\text{kJ/mol}$。在 284℃时反应速率常数 $k=3.3\times10^{-2}\text{s}^{-1}$，现要控制此反应在 10min 内转化率达到 90%，试问反应温度应控制在多少？

解：先求出 10min 内转化率为 90%时的速率常数 k_2，再由阿仑尼乌斯公式求出所需温度 T_2。

$$k_2 = \frac{1}{t}\ln\frac{c_0}{c}$$

由阿仑尼乌斯公式知：

$$\frac{k_2}{k_1} = \frac{A\exp\left(\frac{-E_a}{RT_2}\right)}{A\exp\left(\frac{-E_a}{RT_1}\right)} = \exp\left[\frac{E_a}{R}\left(\frac{1}{T_1}-\frac{1}{T_2}\right)\right]$$

按照以上公式进行单元格的设定：

单元格 B7　=1/(60 * B6)　* LN(1/0.1)

单元格 B8　=1/((1/B4)-8.314 * LN(B7/B5)/B3)

B8　f_x =1/((1/B4)-8.314*LN(B7/B5)/B3)

	A	B	C	D	E	F
1	一级反应					
2						
3	活化能E_a	144350	J/mol			
4	温度T_1	557	K			
5	反应速率常数k_1	0.033	s^{-1}			
6	反应时间	10	min			
7	90%转化率的k_2	0.0038	s^{-1}			
8	温度T_2	521	K			

故反应温度应控制在 248℃。

5. 在 673K 时，设反应 $NO_2(g) \Longrightarrow NO(g) + \frac{1}{2}O_2(g)$ 可以进行完全，产物对反应速率无影响，实验证明该反应是二级反应且 $\ln k = -\frac{12886.6}{T} + 20.27$。

求：（1）此反应指前因子及实验活化能；（2）若在673K时将$NO_2(g)$引入真空容器中，使其压力为26.66kPa，计算当总压力为32.00kPa时反应所需的时间。

解：（1）

$$k = A \cdot e^{-E_a/(RT)}$$

则

$$\ln k = -\frac{E_a}{RT} + \ln A$$

对比

$$\ln k = -\frac{12886.6}{T} + 20.27$$

可得

$$\ln A = 20.27, \quad E_a = 12886.6 \times R$$

（2）

$$NO_2(g) = NO(g) + 1/2O_2(g)$$

$t=0$	26.66kPa	0	0
$t=t$	26.66kPa$-p$	p	$1/2p$

当$T=673$K时

$$\ln k_2 = \frac{-12886.6}{673} + 20.27$$

对于理想气体反应

$$K_p = K_C(RT)^{1-n}$$

对于二级反应

$$\frac{1}{p_A} - \frac{1}{p_{A,0}} = k_{p,t}$$

根据上述公式进行单元格的设定：

单元格 B8 =2＊(B7-B6)

单元格 B9 =EXP(-12886.6/B3+20.27)

单元格 B10 =B9＊(8.314＊B3)^(1-2)

单元格 B11 =(1/(B6-B8)-1/B6)/B10

B11 =(1/(B6-B8)-1/B6)/B10

	A	B	C	D	E
1	二级反应				
2	$NO_2=NO+1/2O_2$				
3	温度T	673	K		
4	反应指前因子A	6.36E+08	$dm^3 \cdot mol^{-1} \cdot s^{-1}$		
5	活化能E_a	107139.19	J/mol		
6	P_1	26.66	kPa		
7	$P_总$	32	kPa		
8	P_2	10.68	kPa		
9	K_c	3.07	$dm^3 \cdot mol^{-1} \cdot s^{-1}$		
10	K_p	5.49E-04	$kPa^{-1} \cdot s^{-1}$		
11	所需时间t	45.67	s		

故反应所需时间$t=45.67$s。

参 考 文 献

[1] 杜凤沛，高丕英，沈明．简明物理化学（第2版）［M］．北京：高等教育出版社，2009.
[2] 任丽萍．普通化学［M］．北京：高等教育出版社，2006.
[3] 王淑兰．物理化学（第4版）［M］．北京：冶金工业出版社，2013.
[4] 陈甘棠．化学反应工程（第3版）［M］．北京：化学工业出版社，2017.
[5] 毛在砂，陈家镛．化学反应工程学基础［M］．北京：科学出版社，2004.

6 电 化 学

电解质于水中溶解时，会发生电离，形成离子。如果电解质溶液中插入电极，则会发生电子移动，从而形成电流。电极的周围也会发生氧化反应和还原反应。即使电流不流动，也会自然地发生氧化还原反应，像这样可以使电子像棒球一样接近或远离的装置称为“电池”。

6.1 电离和电解

1885 年，范德霍夫（van't Hoff）提出了稀薄溶液的渗透压与温度及溶质浓度的关系式，发现难挥发的非电解质稀溶液的渗透压与溶液的物质的量浓度及热力学温度成正比（可参考第 3 章）：

$$\Pi = cRT$$

在范德霍夫研究经验的基础上，阿仑尼乌斯（Arrhenius）于 1887 年发现了电离理论，从而可以解释盐类溶液的异常偏大的渗透压。这里，将增大的部分用一个系数 i 进行乘积的话，有如下关系式：

$$\Pi = icRT$$

上述关系式中，i 被称为范德霍夫系数，阿仑尼乌斯电离理论中的电离度如下述所示。电离度为：1 分子溶质溶解之后，假设有 ν 个杂质，溶液内所有粒子数 i，有如下关系式：

$$A \xrightarrow{\alpha} A^{\alpha}$$

$$i = 1 - \alpha + \nu\alpha = 1 + (\nu - 1)\alpha$$

$$\alpha = \frac{i - 1}{\nu - 1}$$

迈克尔 · 法拉第（Michael Faraday）TOPIC

迈克尔 · 法拉第（Michael Faraday，1791 年 9 月 22 日~1867 年 8 月 25 日），英国物理学家、化学家。1831 年，他取得了有关电力场的关键性突破，永远地改变了人类文明。他的发现奠定了电磁学的基础，是麦克斯韦的先导。1831 年 10 月 17 日，法拉第首次发现了电磁感应现象，并进而研究得到产生交流电的方法。

法拉第常数（Faraday's constant；Faraday constant）是近代科学研究中重要的物理常数，代表每摩尔电子所携带的电荷，单位为 C/mol。尤其在确定一个物质带有多少离子或者电子时，这个常数非常重要。

1mol 元电荷所具有的电量称为法拉第常数（F）$F = 96500\text{C/mol}$。

例题 01

测定电解质 $CaCl_2$ 和非电解质蔗糖水溶液的渗透压分别为 0.621atm 和 0.235atm。两种水溶液的浓度均为 0.012mol/L，温度都为 25℃。求电解质 $CaCl_2$ 的范德霍夫系数 i 和电离度。

电解质 $CaCl_2$ 的电离为：$CaCl_2 \rightarrow Ca^{2+} + 2Cl^-$，完全电离之后，离子总数 ν 为 3。

将电离度 α 的计算公式于单元格中进行设定。

单元格的设定

单元格 C7　=C4/C5

单元格 C8　=(C7-1)/(D4-1)

根据计算结果（如图 6-1 所示），电解质 $CaCl_2$ 的范德霍夫系数 i 为 2.64，电离度 α 为 0.821。

C8　fx　=(C7-1)/(D4-1)

	A	B	C	D
1	范德霍夫系数i			
2	温度	25	℃	
3		浓度(mol/L)	渗透压(atm)	总粒子数v
4	$CaCl_2$	0.012	0.621	3
5	蔗糖	0.012	0.235	1
6				
7	范德霍夫系数i		2.64	
8	电离度α		0.821	

图 6-1　计算结果

电解质水溶液中通电后，会发生电分解反应。盐酸水溶液中插入铂金电极后会发生电分解反应，阴极和阳极会发生如下所示的反应：

阴极：
$$H^+ + e \longrightarrow \frac{1}{2}H_2$$

阳极：
$$OH^- \longrightarrow \frac{1}{2}H_2O + \frac{1}{4}O_2 + e$$

根据反应方程式可知，阴极会生成氢气，阳极会生成氧气。对于这类电极反应，每通入 96500C（库仑，coulomb）的电流，就会产生 1mol 的生成物，这被称为法拉第定律。96500 库仑的电量为 1F（法拉第）、1mol 离子的电荷等于阿伏伽德罗常数个电子的电荷，则一个电子的电荷为：

$$e = \frac{96500}{6.022 \times 10^{23}} = 1.062 \times 10^{-19}C$$

例题 02

硝酸银水溶液中通入电流时，阴极会有 50.0g 的银析出。求向硫酸铜溶液中通入等量的电流，阴极上会析出多少克的铜。注：银和铜的分子量分别为 107.9 和 63.5。

对于电解反应，为了测定反应所需要的电量，一般使用如图 6-2 所示的电量计。图中 A 为电解池、B 为电量计，以 B 中铂金皿的质量变化进行测定。

电解生成金属离子时，银为 Ag^{+}、铜为 Cu^{2+}，电荷数分别为 1 和 2。阴极上生成的铜析出，于单元格中进行公式的设定。

单元格的设定

单元格 D4　=D3 * B4/C4/B3

根据计算结果（如图 6-3 所示），阴极上析出的铜为 14.7g。

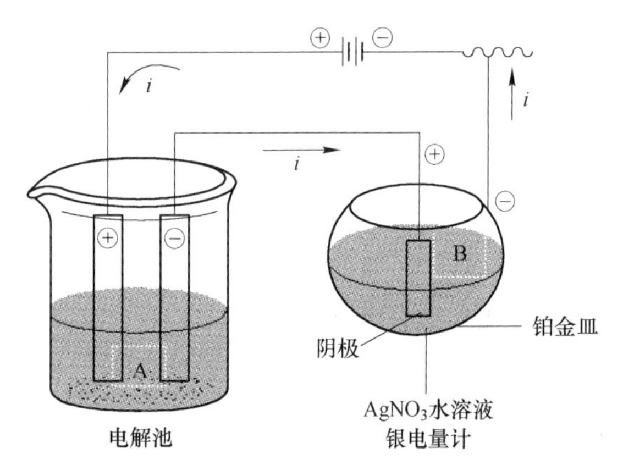

图 6-2　银电量计

D4　fx　=D3*B4/C4/B3

	A	B	C	D
1	电分解反应			
2		分子量	电荷数	析出量(g)
3	银	107.9	1	50
4	铜	63.5	2	14.7

图 6-3　计算结果

如果两组电极上施加直流电电压，电极附近会生成电解生成物，还容易产生极化作用。为了防止产生极化作用，施加交流电电压，可以测定出电解质水溶液的电导率。测定装置被称为“惠斯通电桥（Wheatstone bridge）”。惠斯通电桥仅可以测定出电阻，但电解质水溶液中测定池的电量也混在其中。为了能够测定出电量，可以使用科尔劳施电桥（Kohlrausch bridge），如图 6-4 所示。改良点为将不变电容量 C_3 加上，测定单元格的电量就可以测定了。

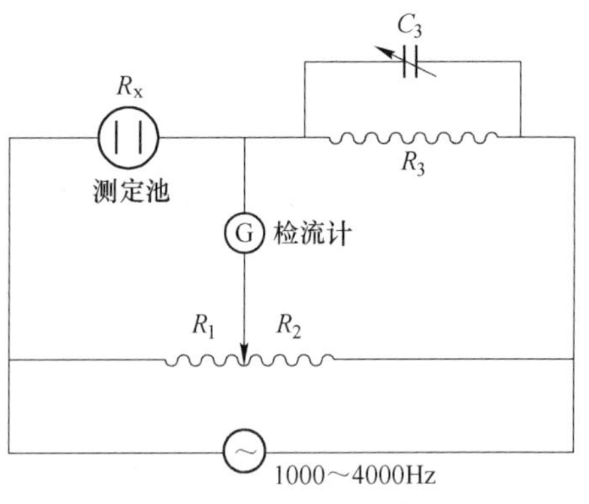

图 6-4　科尔劳施电桥简略图

电阻可以根据 $R_x/R_3=R_1/R_2$ 的比值求出。测定池的横截面积为 A、长度为 L 时：

$$R=\rho\frac{L}{A}\quad（\rho\text{ 为电阻率，电阻率的倒数为电导率 }\kappa）$$

$$\kappa=\frac{1}{\rho}=\frac{L}{A}\cdot\frac{1}{R}=\frac{k}{R}\quad（k\text{ 为电池常数}）$$

摩尔传导率 Λ 可由电导率 κ 和摩尔浓度 C(mol/L) 求出。

$$\Lambda=\frac{\kappa}{C}$$

Λ 值可以表示为 1mol 溶质在电流作用下的运动能力，SI 单位为 $S \cdot m^2/mol$。其中，S 为西门子（Siemens），Ω^{-1}也经常使用。有关电解质摩尔传导率 Λ 与浓度 C 的关系如图 6-5 所示。根据图中电解质的曲线可知，强电解质的情况，Λ 与$\sqrt{C}$成正比线性关系；弱电解质的情况，低浓度区域 Λ 与$\sqrt{C}$为曲线关系。

科尔劳施（Kohlrausch）为了说明 Λ 与$\sqrt{C}$成正比线性关系，提出了平方根法则这一经验规律。

$\Lambda = \Lambda_0 - a\sqrt{C}$，这里 Λ_0 称为极限摩尔传导率，也称为无限稀释后的摩尔传导率。科尔劳施的极限摩尔传导率是两组相互独立的摩尔离子传导率，阳离子用 λ_+和阴离子用 λ_-进行表示。

$$\Lambda_0 = \lambda_+ + \lambda_-$$

这被称为科尔劳施（Kohlrausch）离子独立运动定律。

电离度 α 可以用摩尔传导率进行表示：

$$\alpha = \frac{\Lambda}{\Lambda_0}$$

例题 03

求弱电解质 CH_3COOH 于 25℃ 时的极限摩尔传导率为多少。此时，摩尔传导率为：$\lambda_{H^+} = 349.8 \times 10^{-4} S \cdot m^2/mol$、$\lambda_{CH_3COO^-} = 40.9 \times 10^{-4} S \cdot m^2/mol$。

如例题 02 中的图 6-5 所示，弱电解质于低浓度区域的摩尔传导率会发生很大的差异，可以根据科尔劳施离子独立运动定律进行求解计算：

$$\Lambda_0 = \lambda_{H^+} + \lambda_{CH_3COO^-}$$

按照上述关系式，于工作表中进行单元格的设定。

单元格的设定

单元格 B7　=B5+B6

根据计算结果（如图 6-6 所示），CH_3COOH 于 25℃ 时的极限摩尔传导率为 $390.7 \times 10^{-4} S \cdot m^2/mol$。

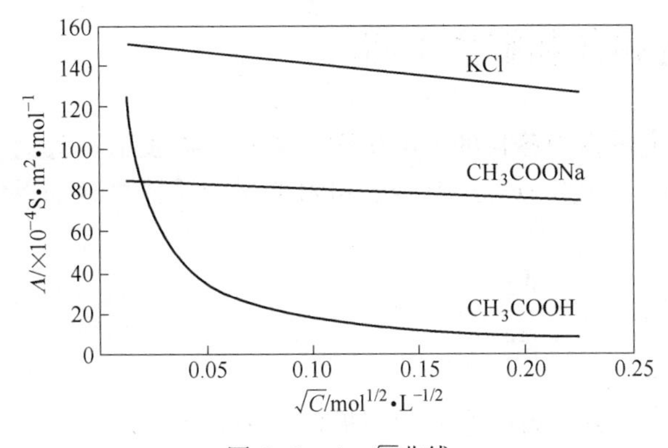

图 6-5　Λ-$\sqrt{C}$曲线

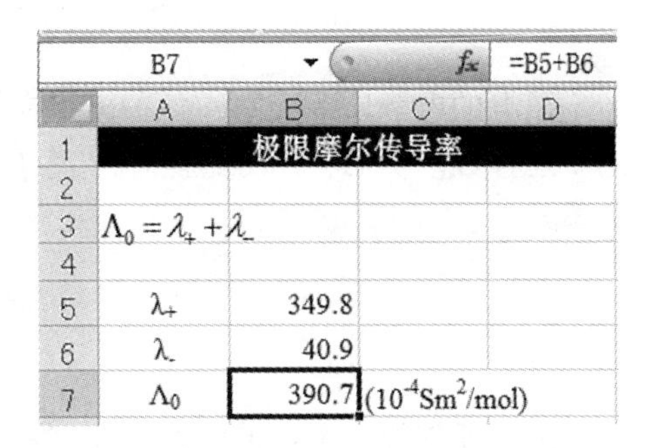

B7　fx　=B5+B6

	A	B	C	D
1	极限摩尔传导率			
2				
3	$\Lambda_0 = \lambda_+ + \lambda_-$			
4				
5	λ_+	349.8		
6	λ_-	40.9		
7	Λ_0	390.7	($10^{-4}Sm^2/mol$)	

图 6-6　计算结果

例题 04

通过饱和溶液的传导率计算电解质 $[Co(NH_3)_4Cl_2]ClO_4$ 的溶解度。此时，电池常数为 $20m^{-1}$，$[Co(NH_3)_4Cl_2]^+$的 $\lambda_+ = 50\times10^{-4}S\cdot m^2/mol$，$ClO_4^-$ 的 $\lambda_- = 70\times10^{-4}S\cdot m^2/mol$，测定时的电阻为 33.5Ω。

由于电池常数为已知，依靠这些数据可以求出 κ，根据溶解度数据也可以求出摩尔浓度。

于工作表中分别设定有关 κ、Λ_0 和 C 的参数。

单元格的设定

单元格 D5　=B5/10000
单元格 D6　=B610000
单元格 B7　=B4/B3
单元格 B8　=D5+D6
单元格 B9　=B7/B8 * 1000
单元格 B10　=B9/1000

根据计算结果（如图 6-7 所示），$[Co(NH_3)_4Cl_2]ClO_4$ 的溶解度为 49.8mmol/L。

B10　=B9/1000

	A	B	C	D	E
1	由传导率计算溶解度				
2					
3	电阻	33.5	Ω		
4	电池常数	20	(m⁻¹)		
5	λ+	50	(10⁻⁴Sm²/mol)	0.005	(Sm²/mol)
6	λ-	70	(10⁻⁴Sm²/mol)	0.007	(Sm²/mol)
7	κ	0.5970	(S/m)		
8	Λ0	0.012	(Sm²/mol)		
9	C	49751	(mol/L)		
10		49.8	(mmol/L)		

图 6-7　计算结果

6.2　离子迁移数和解离平衡

通电的电解质溶液中，各种离子在导电过程中各自的导电份额（以百分数表示）称为离子迁移数。依据科尔劳施定律（离子独立运动定律），阳离子和阴离子的迁移数有如下关系式[1]：

$$t_+ = \frac{\lambda_+}{\Lambda_0},\qquad t_- = \frac{\lambda_-}{\Lambda_0}$$

$$t_+ + t_- = 1$$

离子迁移数测定可采用希托夫（Hittorf）法。测定池分为阳极区、中间区、阴极区三部分，图 6-8 所示为盐酸溶液的电解反应。

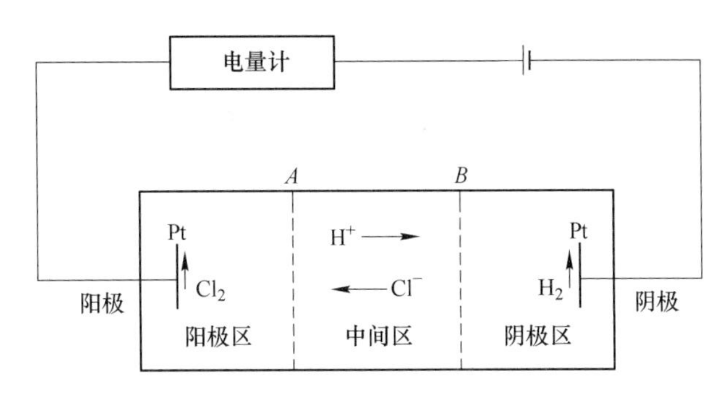

图 6-8 希托夫（Hittorf）法简图

阳极区的变化：

$$H^+ \text{ 的变化} = -nt_+$$

$$Cl^- \text{ 的变化} = -n + nt_- = -nt_+$$

阴极区的变化：

$$H^+ \text{ 的变化} = -n + nt_+ = -nt_-$$

$$Cl^- \text{ 的变化} = -nt_-$$

阳离子的迁移数 t_+ 为阳极区减少的摩尔数与被电解物质总量的比值。（即正离子迁移数 t_+ = 正离子传输的电荷量 Q_+/总电荷量 Q）

例题 01

0.1mol/L 的 NaBr 水溶液通过希托夫法测定离子的迁移数，当 Ag-AgBr 阳极和铂金阴极有电流通过之后，阴极区的溶液需要通过 0.015mol/L 的 HCl 水溶液 20mL 进行中和，另外，阳极区的溶液为 85g，包含有 7.2×10^{-3}mol 的 NaBr。请分别表示出阴极和阳极的反应式，计算该水溶液中 Br^- 的迁移数。

阴极区和阳极区的电解反应如下所示：

阴极 $$H_2O + e \longrightarrow \frac{1}{2}H_2 + OH^-$$

阳极 $$Ag + Br^- \longrightarrow AgBr + e$$

阴极区生成的 [OH^-] 可以通过需要中和多少所需的 [HCl] 计算得到，同时也可以计算得到阳极区 NaBr 的减少量。

为了计算 Br^- 的迁移数，于工作表的单元格中进行算式的设定。

单元格的设定

单元格 B4 =B3 * B6/1000
单元格 C5 =B4-C4
单元格 C8 =C7 * D7/1000
单元格 C9 =C5/C8
单元格 C10 =1-C9

根据计算结果（如图 6-9 所示），Br^- 的迁移数为 0.567。

C9　fx　=C5/C8

	A	B	C	D	E
1	迁移数				
2		开始前	结束后		
3	NaBr(mol/L)	0.1			
4	NaBr(mol)	0.0085	7.20E-03		
5	NaBr减少量(mol)		1.30E-03		
6	阳极区(g)	85			
7	[HCl] (mol/L)		0.15	20	mL
8	[OH⁻] (mol)		0.003		
9	t_+		0.433		
10	t_-		0.567		

图 6-9　计算结果

电解质溶液在电场作用下通入电流时，各离子会向相应的电极移动。离子在单位强度（V/m）电场作用下的移动速度称为离子迁移率。离子迁移率与摩尔离子电导率的关系为：假设 $1m^3$ 中的离子数为 N，离子的迁移率为 u，1V/m 的电场强度下，每 m^2 的横截面积上 1s 间通过的电量即相当于电导率 κ，则有如下计算关系式：

$$\kappa = N \cdot u \cdot e$$

$$N \cdot e = F \text{ 时，} \quad \kappa = \lambda$$

$$\lambda = Fu$$

$$\lambda_+ = Fu_+, \quad \lambda_- = Fu_-$$

上述关系式中的 F 为法拉第常数，$F = 96500C$。

例题 02

18℃下 0.05mol/L 的 $MgCl_2$ 水溶液的摩尔电导率为 $0.00834S \cdot m^2$，阳离子的迁移数为 0.35。求各离子的迁移率为多少。

阳离子的迁移率与摩尔电导率的关系式为：

$$t_+ = \frac{\lambda_+}{\Lambda_0}$$

为了计算各离子的迁移率，于工作表的单元格中进行算式的设定。

单元格的设定

单元格 B6　=B5 * B4

单元格 B7　=B4 * (1-B5)

单元格 B8　=B6/B10

单元格 B9　=B7/B10

根据计算结果（如图 6-10 所示），离子的迁移率为 $u_+ = 3.02 \times 10^{-8} m^2/(s \cdot V)$、$u_- = 5.62 \times 10^{-8} m^2/(s \cdot V)$。

对于电解质来说，既有像盐酸一样完全电离的强电解质，还有像醋酸一样部分电离的弱电解质，解离过程如图 6-11 所示。

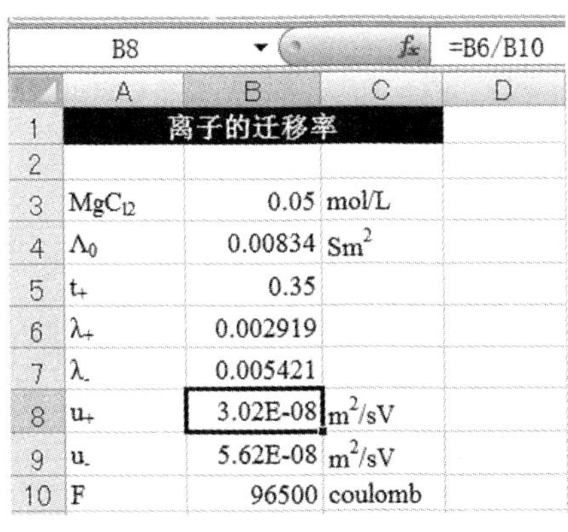

B8　f_x =B6/B10

	A	B	C	D
1	离子的迁移率			
2				
3	MgC12	0.05	mol/L	
4	Λ0	0.00834	Sm2	
5	t+	0.35		
6	λ+	0.002919		
7	λ-	0.005421		
8	u+	3.02E-08	m2/sV	
9	u-	5.62E-08	m2/sV	
10	F	96500	coulomb	

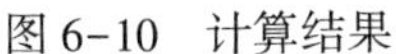

图 6-10　计算结果

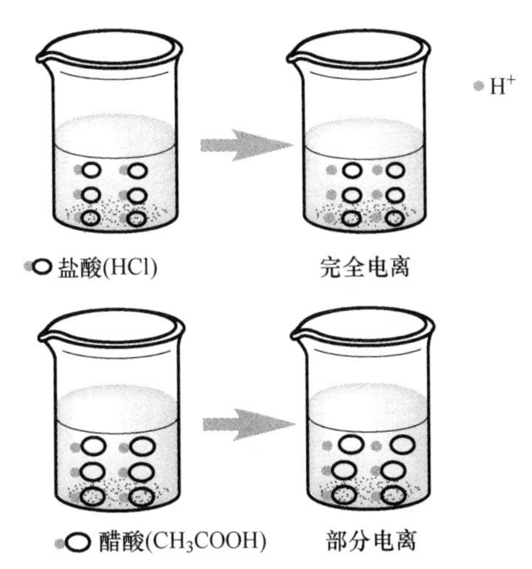

图 6-11　强电解质和弱电解质

弱电解质于水中溶解，解离度为 α 时达到解离平衡。例如，弱酸 HA 的解离常数 K_a，有如下关系式：

$$HA \rightleftharpoons H^+ + A^-$$

$$c(1-\alpha) \qquad \alpha c \qquad \alpha c$$

$$K_a = \frac{[H^+][A^-]}{[HA]} = \frac{\alpha^2 c}{1-\alpha}$$

将 $\alpha = \frac{\Lambda}{\Lambda_0}$ 代入到上述公式中，有如下关系式：

$$K_a = \frac{\Lambda^2 c}{\Lambda_0(\Lambda_0 - \Lambda)}$$

这个公式被称为奥斯特瓦尔德（Ostwald）稀释定律。

解离度非常小时，$\alpha \ll 1$。

$$\alpha = \sqrt{\frac{K}{c}}$$

$$[H^+] = [A^-] = \sqrt{Kc}$$

$$H_2O \rightleftharpoons H^+ + OH^-$$

$$K = \frac{[H^+][OH^-]}{[H_2O]}$$

对于二级反应，反应物为两个分子的情况，如下所示：

假设 $[H_2O]$ 为水分子的稳定状态，当水分子结合 H^+ 之后，达到电离平衡状态时为 H_3O^+，如图 6-12 所示。

水的离子积 K_w 可以用 $K_w = [H^+][OH^-]$ 表示。水的离子积与温度关系见表 6-1。

表 6-1　水的离子积与温度的关系

温度/℃	0	10	25	40	50
$K_w/\times 10^{14} mol^2 \cdot L^{-2}$	0.12	0.29	1.01	2.92	5.47

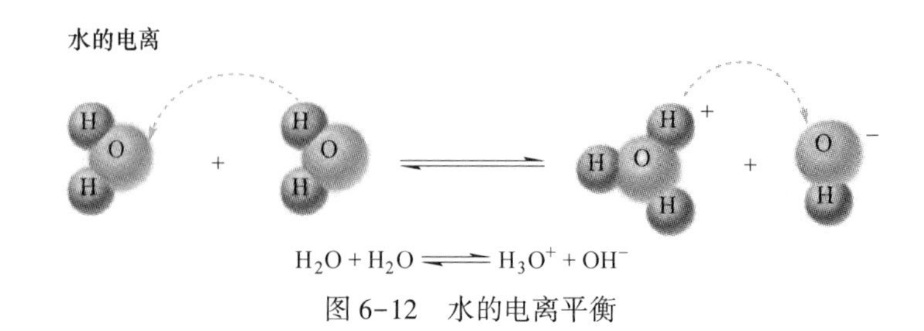

图 6-12　水的电离平衡

例题 03

作曲线图表示水的离子积与温度关系。

对上述表 6-1 所示的数据，用散点图进行作图，得到的曲线如图 6-13 所示。

例题 04

当 0.01mol/L 的醋酸水溶液有 4.10%发生电离时，求此时醋酸的电离常数是多少。

醋酸发生电离，如下述方程式所示，电离度 α=0.0410。

$$CH_3COOH \overset{\alpha}{\rightleftharpoons} CH_3COO^- + H^+$$

可以根据计算公式 $K=\dfrac{\alpha^2 c}{1-\alpha}$进行求解。

为了计算醋酸的电离常数，于工作表中进行算式的设定。

单元格的设定

单元格 B6　=(B4/100)^2 * B3/(1-B4/100)

根据计算结果（如图 6-14 所示），解离平衡常数为 1.75×10^{-5}mol/L。

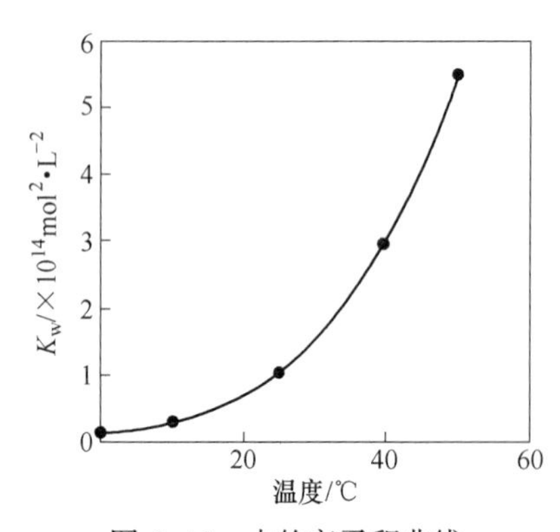

图 6-13　水的离子积曲线

B6　f_x　=(B4/100)^2*B3/(1-B4/100)

	A	B	C	D	E
1	解离平衡常数				
2					
3	醋酸	0.01	mol/L		
4	解离度	4.1	%		
5					
6	解离平衡常数	1.75E-05	(mol/L)		

图 6-14　计算结果

酸与碱生成的盐于水中发生溶解电离的情况也被称为“盐类水解”。盐于水中形成的溶液，有显碱性的情况也有显酸性的情况，溶解过程如图 6-15 所示。

以醋酸钠（强碱弱酸盐）为例：

$$CH_3COONa \longrightarrow CH_3COO^- + Na^+$$

$$CH_3COO^- + H_2O \rightleftharpoons CH_3COOH + OH^-$$

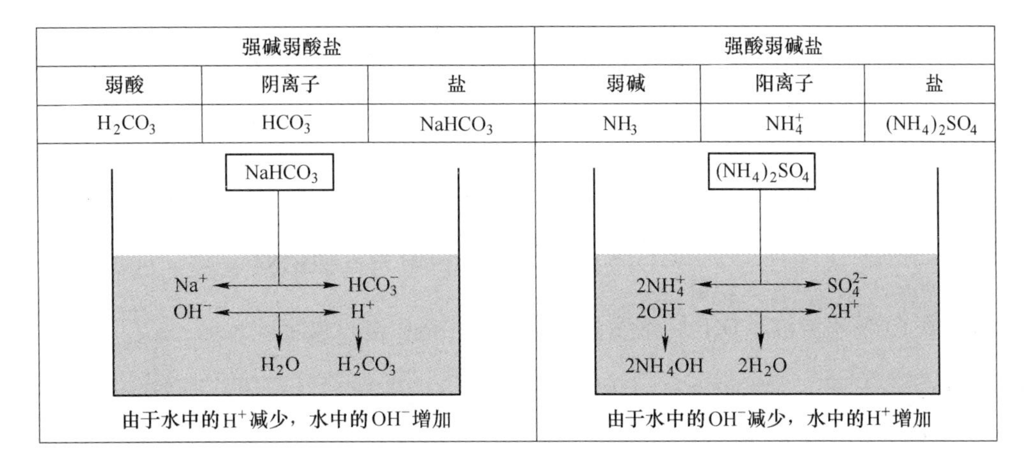

强碱弱酸盐			强酸弱碱盐		
弱酸	阴离子	盐	弱碱	阳离子	盐
H_2CO_3	HCO_3^-	$NaHCO_3$	NH_3	NH_4^+	$(NH_4)_2SO_4$

图 6-15 弱酸盐和弱碱盐

上述达到解离平衡的方程式，$[H_2O]$ 一定，可视为固定不变，电离常数 K_h 可以用如下关系式进行表示：

$$K_h = \frac{[CH_3COOH][OH^-]}{[CH_3COO^-]}$$

这里将醋酸的解离常数 K_a 和水的离子积常数 K_w 代入上述关系式后，电离常数可以用如下公式进行表示：

$$K_h = \frac{K_w}{K_a}$$

以氯化铵（强酸弱碱盐）为例：

$$NH_4Cl \longrightarrow NH_4^+ + Cl^-$$

$$NH_4^+ + H_2O \rightleftharpoons NH_4OH + H^+$$

上述达到解离平衡的方程式，$[H_2O]$ 一定，可视为固定不变，电离常数 K_h 可用如下关系式表示：

$$K_h = \frac{[NH_4OH][H^+]}{[NH_4^+]}$$

氢氧化铵的解离常数 K_b：

$$NH_4OH \rightleftharpoons NH_4^+ + OH^-$$

$K_b = \frac{[NH_4^+][OH^-]}{[NH_4OH]}$，代入电离常数 K_h 后，联立方程式得：

$$K_h = \frac{K_w}{K_b}$$

再以醋酸铵（弱酸弱碱盐）为例：

$$CH_3COO^- + NH_4^+ + H_2O \rightleftharpoons CH_3COOH + NH_4OH$$

电离常数 K_h 可表示为：

$$K_h = \frac{[CH_3COOH][NH_4OH]}{[CH_3COO^-][NH_4^+]} = \frac{K_w}{K_aK_b}$$

例题 05

求 0.20mol/L 的 KCN 水溶液中［OH^-］的离子浓度。HCN 的解离常数 K_a 为 4.0×10^{-10}。

依据电离常数 $K_h=\dfrac{K_w}{K_a}$，进行求解。

KCN 的解离平衡为：

$$K_h=\frac{[HCN][OH^-]}{[CN^-]}=\frac{[OH^-]^2}{[CN^-]},\ [OH^-]=[HCN]=x$$

将计算 KCN 水溶液［OH^-］浓度的算式于单元格中进行设定。

单元格的设定

单元格 B5　=0.00000000000001/B4

单元格 B7　=(-B5+SQRT(B5^2+4*B5*B3))/2

根据计算结果（如图 6-16 所示），求得的［OH^-］离子浓度为 2.22mmol/L。

B7　fx　=(-B5+SQRT(B5^2+4*B5*B3))/2

	A	B	C	D	E	F
1	电离常数					
2						
3	KCN	0.2	mol/L			
4	K_a (HCN)	4.00E-10				
5	K_h	2.50E-05	mol/L			
6						
7	$[OH^-]$	2.22E-03	mol/L			

图 6-16　计算结果

希托夫（Johann W. Hittorf）TOPIC

希托夫是德国化学家和物理学家，他从电化学的研究中提出了电极间离子迁移速率的概念。1853 年，他通过研究设计出了迁移率的测定装置，被称为希托夫法。原理是利用溶液中阴阳离子间的迁移率的差，可以对应求出两电极间溶液的浓度差，从而计算出离子的迁移率。

6.3　缓冲作用和溶度积

常见物质的 pH 值如图 6-17 所示，海水的 pH 值基本会稳定在 8.0~8.5，这是由于海水中存在较多的碳酸盐类所致。诸如此类可以得到稳定 pH 值的溶液称为缓冲溶液，其溶液具有缓冲作用。一般身边常见的物质的 pH 值也都是一定的。

例如，醋酸水溶液中醋酸钠的溶解情况：

$$CH_3COOH \rightleftharpoons CH_3COO^- + H^+$$

$$K_a=\frac{[CH_3COO^-][H^+]}{[CH_3COOH]}$$

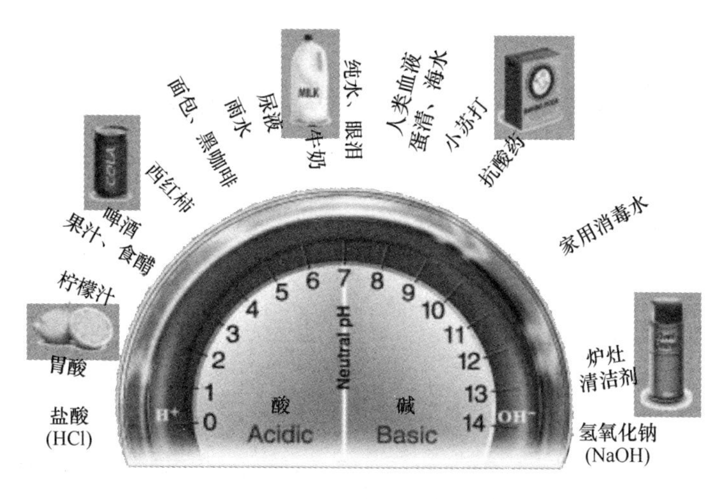

图 6-17 常见物质的 pH 值

$$[H^+] = K_a \frac{[CH_3COOH]}{[CH_3COO^-]} = K_a \frac{C_a}{C_s}$$

$$pH = -\log[H^+] = pK_a + \log \frac{C_s}{C_a}$$

上述关系式被称为“亨德森-哈塞尔巴尔赫方程（Henderson-Hasselbalch equation）”。上述关系式中，C_s 为醋酸钠盐的浓度，C_a 为醋酸的浓度。当 $C_s/C_a \approx 1$ 时，就变成了缓冲溶液，因为缓冲作用的能力可以抵抗 pH 值的变化。

例题 01

求当醋酸钠水溶液的浓度为 0.1mol/L，盐酸的浓度为 0.0010mol/L 时，此时溶液的 pH 值为多少。此时，醋酸的电离常数 K_a 为 1.75×10^{-5}mol/L。

醋酸钠于水中溶解时，

$$CH_3COONa \longrightarrow CH_3COO^- + Na^+$$

$$[CH_3COO^-] = C_s - C_a$$

$$HCl \longrightarrow H^+ + Cl^-$$

$$[H^+] = C_a$$

$$pH = pK_a + \log \frac{C_s}{C_a}$$

pH 值可以根据计算公式求出，按照上述关系式进行单元格的设定。

单元格的设定

单元格 B6 =-LOG(D3)+LOG((B3-B4)/B4)

根据计算结果（如图 6-18 所示），得到该溶液的 pH 值为 6.75。

诸如氨水和氯化铵此类的强酸弱碱盐组成的混合溶液也具有缓冲作用[2]。

$$[OH^-] = K_b \frac{C_b}{C_s}$$

B6　f_x =-LOG(D3)+LOG((B3-B4)/B4)

	A	B	C	D	E	F
1	缓冲溶液					
2		浓度		K_a		
3	CH_3COONa	0.1	mol/L	1.75E-05	mol/L	
4	HCl	0.001	mol/L			
5						
6	pH	6.75				

图 6-18　计算结果

$$[H^+]=\frac{K_w}{K_b}\cdot\frac{C_s}{C_b}$$

$$pH=14-pK_b-\log\frac{C_s}{C_b}$$

式中，K_b 为碱基的解离常数；C_s 为盐的浓度；C_b 为碱的浓度。

其他混合溶液体系也具有缓冲作用，如磷酸体系（$NaH_2PO_4+Na_2HPO_4$）和硼酸体系（$H_3BO_3+Na_2B_4O_7$）等。经常使用的缓冲溶液的组合见表 6-2。

表 6-2　缓冲溶液的组合

缓冲溶液	pH 值范围	pK_a
磷酸体系（$NaH_2PO_4+Na_2HPO_4$）	5.8~8.0	7.2
硼酸体系（$H_3BO_3+Na_2B_4O_7$）	2.0~11.0	9.2
苯二甲酸/苯二甲酸氢钾	2.2~3.8	2.9
醋酸/醋酸钠	3.7~5.6	4.8

电解质溶液的活度 a 可以用电离后离子活度 a_+、a_- 进行表示。例如氯化钠的电离情况，

$$\underset{a}{NaCl}\longrightarrow \underset{a_+}{Na^+}+\underset{a_-}{Cl^-}$$

$$a=a_+\cdot a_-=a_\pm^2$$

$a_\pm$ 被称为离子的平均活度。

一般情况下，电解质的电离可以用如下关系式进行表示：

$$B_{\nu+}A_{\nu-}\longrightarrow \nu_+ B^{(+)}+\nu_- A^{(-)}$$

$$a_\pm=[a_+^{\nu+}\cdot a_-^{\nu-}]^{\frac{1}{\nu}}$$

将 $\gamma_\pm$ 定义为平均活度系数，则有如下关系式：

$$a_+=\gamma_+\cdot m_+$$

$$a_-=\gamma_-\cdot m_-$$

$$\gamma_\pm=(\gamma_+^{\nu+}\cdot\gamma_-^{\nu-})^{\frac{1}{\nu_++\nu_-}}=(\gamma_+^{\nu+}\cdot\gamma_-^{\nu-})^{\frac{1}{\nu}}$$

$$a=m_+^{\nu+}\cdot m_-^{\nu-}\cdot\gamma_+^{\nu+}\cdot\gamma_-^{\nu-}=m_+^{\nu+}\cdot m_-^{\nu-}\cdot\gamma_\pm^{\nu}=a_\pm^{\nu}$$

$$\gamma_\pm=\frac{a_\pm}{(m_+^{\nu+}\cdot m_-^{\nu-})^{\frac{1}{\nu}}}$$

假设电解质的质量摩尔浓度为 m，则有如下关系式：

$$m_+ = \nu_+ \cdot m$$

$$m_- = \nu_- \cdot m$$

$$\gamma_\pm = \frac{a_\pm}{m(\nu_+^{\nu+} \cdot \nu_-^{\nu-})^{\frac{1}{\nu}}} = \frac{a_\pm}{m_\pm}$$

例题 02

0.010mol/L H_2SO_4 的平均活度系数为 0.544，求此溶液的平均离子活度为多少。

硫酸的电离方程式如下：

$$\underset{\text{}}{H_2SO_4} \longrightarrow \underset{2\text{mol}}{2H^+} + SO_4^{2-}$$

将计算平均离子活度的算式于单元格中进行设定。

单元格的设定

单元格 B5　=((B3 * 2)^2 * B3)^(1/(2+1))

单元格 B6　=B4 * B5

根据计算结果，如图 6-19 所示，此溶液的平均离子活度为 0.00864。

B5　fx　=((B3*2)^2*B3)^(1/(2+1))

	A	B	C	D	E	F
1	离子的活度					
2						
3	H_2SO_4	0.01	mol/L			
4	$\gamma_\pm$	0.544				
5	$m_\pm$	0.0159				
6	$a_\pm$	0.00864				

图 6-19　计算结果

对于电解质溶液来说，溶解离子间的静电相互作用决定了离子的强度，可以用离子强度进行表示。作为表示离子电荷效果最有效的离子浓度的函数，离子强度 I 可以使用如下公式进行表示：

$$I = \frac{1}{2}\sum_{i=1}^{n} m_i \cdot z_i^2$$

上述公式中，z 为离子的电荷数（离子的价态）。

例题 03

求 0.10mol/L 醋酸的离子强度，此时 $K_a = 1.75 \times 10^{-5}$mol/L。

醋酸的电离公式如下：

$$\underset{C(1-\alpha)}{CH_3COOH} \xrightarrow{\alpha} \underset{C\alpha}{CH_3COO^-} + \underset{C\alpha}{H^+}$$

醋酸的初始浓度为 C，由于 $\alpha \ll 1$，所以 $C\alpha = \sqrt{K_\alpha C}$。

根据上述关系式，可以于工作表的单元格中进行算式的设定。

单元格的设定

单元格 B5　=SQRT(D3 * B3)

单元格 B6　=1/2 * (B5 * 1^2+B5 * 1^2)

根据计算结果（如图 6-20 所示），此醋酸稀溶液的离子强度为 0.00132。

B6　=1/2*(B5*1^2+B5*1^2)

	A	B	C	D	E	F
1	离子强度 I					
2				Ka		
3	醋酸	0.1	mol/L	1.75E-05	mol/L	
4	稀释水溶液					
5	Cα	0.001323	mol/L			
6	I	0.001323				

图 6-20　计算结果

二氧化碳于水中溶解后就变成了碳酸，碳酸发生二级电离后达到平衡。

$$CO_2 + H_2O \rightleftharpoons H_2CO_3$$

碳酸进行二级电离，有如下关系式：

$$H_2CO_3 \overset{K_1}{\rightleftharpoons} H^+ + HCO_3^- \qquad K_1 = \frac{[H^+][HCO_3^-]}{[H_2CO_3]}$$

$$HCO_3^- \overset{K_2}{\rightleftharpoons} H^+ + CO_3^{2-} \qquad K_2 = \frac{[H^+][CO_3^{2-}]}{[HCO_3^-]}$$

例题 04

某 0.1mol/L 的 H_2S 水溶液。求当溶液中的 $[S^{2-}]$ 为 1.0×10^{-3}mol/L 时，溶液的 pH 值为多少。H_2S 发生二级电离，达到的电离平衡如下所示：

$$H_2S \overset{K_1}{\rightleftharpoons} H^+ + HS^- \qquad K_1 = 1.0 \times 10^{-7}\text{mol/L}$$

$$HS^- \overset{K_2}{\rightleftharpoons} H^+ + S^{2-} \qquad K_2 = 1.0 \times 10^{-13}\text{mol/L}$$

电离平衡状态时有如下关系式：

$$K_1 \times K_2 = \frac{[H^+][HS^-]}{[H_2S]} \times \frac{[H^+][S^{2-}]}{[HS^-]}$$

$$[H^+] = \sqrt{\frac{K_1K_2[H_2S]}{[S^{2-}]}}$$

$$pH = -\log[H^+]$$

根据上述关系式进行单元格的设定，并计算求解。

单元格的设定

单元格 B7　=-LOG(SQRT(B5 * B6 * B3/B4))

根据计算结果（如图 6-21 所示），此时的溶液的 pH 值为 9.0。

B7 =-LOG(SQRT(B5*B6*B3/B4))

	A	B	C	D	E	F
1	多级电离平衡					
2						
3	$[H_2S]$	0.1	mol/L			
4	$[S^{2-}]$	1.00E-03	mol/L			
5	K_1	1.00E-07	mol/L			
6	K_2	1.00E-13	mol/L			
7	pH	9.0				

图 6-21 计算结果

酸和碱概念的发展已经具有相当长的历史了。1887 年阿仑尼乌斯（Arrhenius）将水溶液中氢离子的供体定义为“酸”，氢氧根离子的供体定义为“碱”。

$$[酸]\quad HA \longrightarrow H^+ + A^-$$

$$[碱]\quad BOH \longrightarrow B^+ + OH^-$$

布朗斯特（Brφnsted）和劳里（Lowry）于 1923 年将阳离子的供体定义为“酸”，阳离子的受体定义为“碱”。

$$A \rightleftharpoons H^+ + B$$

［酸］ 阳离子［碱］

此时，B 为 A 的“共轭碱”。作为具体的例子，如下所示：

酸 1 碱 2 酸 2 碱 1

$$CH_3COOH + H_2O \rightleftharpoons H_3O^+ + CH_3COO^-$$

$$NH_4^+ + H_2O \rightleftharpoons H_3O^+ + NH_3$$

溶液中的水被视为“碱”。按照上述定义，根据反应物参照对象的不同，可以为“酸”也可以是“碱”。

路易斯（Lewis）于 1923 年提出电子对的受体为“酸”，电子对的供体为“碱”。酸与碱的中和反应就是共价键的形成过程。

$$Cl:\ddot{B}(Cl)(Cl) + :\ddot{N}(H)(H):H \longrightarrow Cl:\ddot{B}(Cl)(Cl):\ddot{N}(H)(H):H$$

例题 05

碳酸氢根的 pK_a 为 10.3。求碳酸氢根电离时的共轭碱是什么，并求出其碱的 K_b 为多少。

$$HCO_3^- \rightleftharpoons H^+ + CO_3^{2-}$$

［酸］ 阳离子 ［碱］

则碳酸氢根的共轭碱为 CO_3^{2-}，由于 $pK_b = -\log K_b$，则 $K_b = 10^{-pK_b}$。

根据上述关系式，于工作表的单元格中进行计算公式的设定。

单元格的设定

单元格 B8 =10^(B7-14)*1000

根据计算结果（如图 6-22 所示），碳酸氢根电离时的 K_b 为 0. 2mmol/L。

B8　f_x　=10^(B7-14)*1000

	A	B	C	D	E
1	共轭碱				
2					
3	$HCO_3^- = H^+ + CO_3^{2-}$				
4	这种情况下、共轭碱为 CO_3^{2-} 。				
5	$pK_b = pK_w - pK_a = 14 - pK_a$				
6	$pK_b = -\log K_b$				
7	pK_a	10.3			
8	K_b	0.200	(mmol/L)		

图 6-22　计算结果

在水中比较难溶解的盐被称为“难溶物质”，难溶物质形成饱和溶液后即达到溶解平衡。一般情况下，对于难溶性固体物质 B_mA_n 有如下电离平衡关系式：

$$B_mA_n \rightleftharpoons mB^{(+)} + nA^{(-)}$$

平衡常数为 $K_{sp}=[B^{(+)}]^m \cdot [A^{(-)}]^n$，又被叫做“溶度积”。假设溶解度为 s(mol/L)，则有如下关系式：

$$K_{sp} = (ms)^m \cdot (ns)^n = m^m \cdot n^n \cdot s^{m+n}$$

例题 06

硫酸银（Ag_2SO_4）的溶解度为 1.4×10^{-2}mol/L，求此时的溶度积是多少？

硫酸银的电离溶解如下：

$$Ag_2SO_4 \rightleftharpoons 2Ag^+ + SO_4^{2-}$$

于单元格中设定溶度积的运算公式。

单元格的设定

单元格 B4　=2^2＊1＊B3^(2+1)

根据计算结果（如图 6-23 所示），此时硫酸银的溶度积为 $1.1\times10^{-5}mol^3/L^3$。

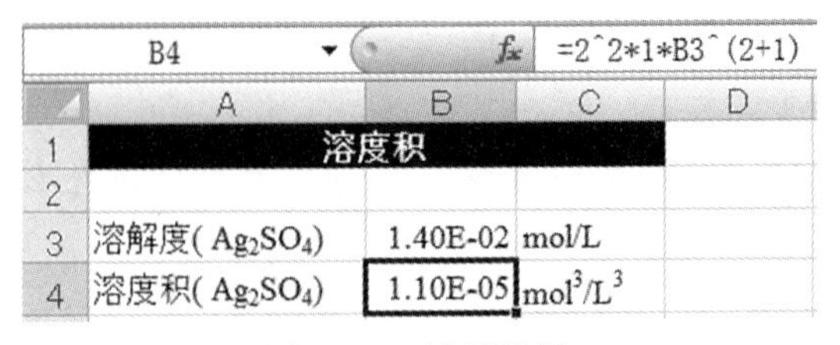

B4　f_x　=2^2*1*B3^(2+1)

	A	B	C	D
1	溶度积			
2				
3	溶解度(Ag_2SO_4)	1.40E-02	mol/L	
4	溶度积(Ag_2SO_4)	1.10E-05	mol^3/L^3	

图 6-23　计算结果

例题 07

配制离子浓度为 1.0×10^{-3}mol/L 的金属离子 M^+和阴离子 X^-浓度为 1.0×10^{-12}mol/L 的混合溶液。盐 MX 的溶度积为 $1.0\times10^{-17}(mol/L)^2$ 时，求该混合溶液是否会形成沉淀。

可以根据混合溶液的离子浓度积 $[M^+][X^-]$ 与其盐的溶度积 K_{sp}值的大小差，研究确定其是否会形成沉淀。

将计算溶液的离子浓度积 $[M^+][X^-]$ 的运算公式于单元格中进行设定。

单元格的设定

单元格 B5　=B3 * B4

根据计算结果（如图 6-24 所示），离子浓度积 $[M^+][X^-]>K_{sp}$，所以配制的混合溶液会生成沉淀。

B5　fx　=B3*B4

	A	B	C	D
1	溶度积2			
2				
3	$[M^+]$	1.00E-03	mol/L	
4	$[X^-]$	1.00E-13	mol/L	
5	$[M^+][X^-]$	1.00E-16	$(mol/L)^2$	
6	K_{sp}	1.00E-17	$(mol/L)^2$	

图 6-24　计算结果

路易斯（Gilbert N. Lewis）TOPIC

吉尔伯特·路易斯（Gilbert Newton Lewis，1875~1946），美国物理化学家。因研究电化学中的化学势而取得学位，曾在物理化学家奥斯特瓦尔德和能斯特（Hermann Walther Nernst，1864~1941）的指导下从事研究工作。

路易斯的成就主要在原子价电子理论和化学热力学方面：

（1）1916 年，路易斯和柯塞尔同时研究原子价的电子理论。柯塞尔主要研究电价键理论；路易斯主要研究共价键理论。该理论认为，两个（或多个）原子可以相互“共有”一对或多对电子，以便达成惰性气体原子的电子层结构，而形成共价键。路易斯在 1916 年《原子和分子》和 1928 年《价键及原子和分子的结构》中阐述了他的共价键电子理论的观点，并列出无机物和有机物的电子结构式。

（2）1901 和 1907 年，路易斯在《美国科技学会杂志》上发文，提出“逸度”和“活度”的概念。1923 年他在《热力学及化学物质的自由能》一书中，深入地讨论了化学平衡问题，对自由能、活度等概念做出新的解释。

路易斯后期还研究酸碱理论，对酸、碱的概念提出了如下定义：“酸”是能接受电子的物质，而“碱”是能给予电子的物质。

6.4　电池的电压和能斯特方程

在电解质溶液中插入两根铂电极后，两电极之间会产生电压，就可以形成电池。柠檬上插入铜板和锌板后，也可以形成电流，被称为“柠檬”电池，如图 6-25 所示。

作为电池的具体例子，Daniell 电池使用锌和铜做电极，电解质使用硫酸锌和硫酸铜溶液放入到电解池中，中间通过直接煅烧的多孔膜进行隔开，将两个电极用导线进行接通就会形成电流[3]。

如图 6-26 所示，阴极侧发生氧化反应，阳极侧发生还原反应。电极反应 $Zn+Cu^{2+} \rightarrow Zn^{2+}+Cu$，阴极的锌 Zn 被氧化成 Zn^{2+}，阳极的铜为 Cu^{2+} 被还原成 Cu。此种情况，被直接煅烧的多孔膜隔开的 $ZnSO_4$ 和 $CuSO_4$ 溶液组成的电池的表达式可以表示为：

$$\ominus Zn \mid Zn^{2+} \parallel Cu^{2+} \mid Cu \oplus$$

另外，为了避免 $ZnSO_4$ 和 $CuSO_4$ 溶液混合，将其分别放入到电解池中，可以用上述关系式进行表示，中间的双重线“‖”表示隔开两个电解池的“盐桥”。

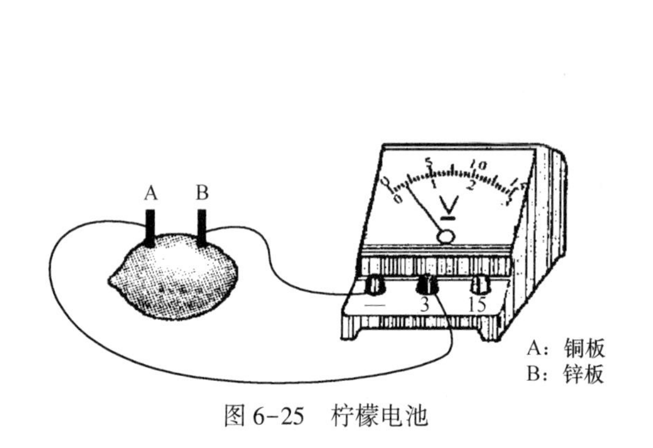

图 6-25　柠檬电池

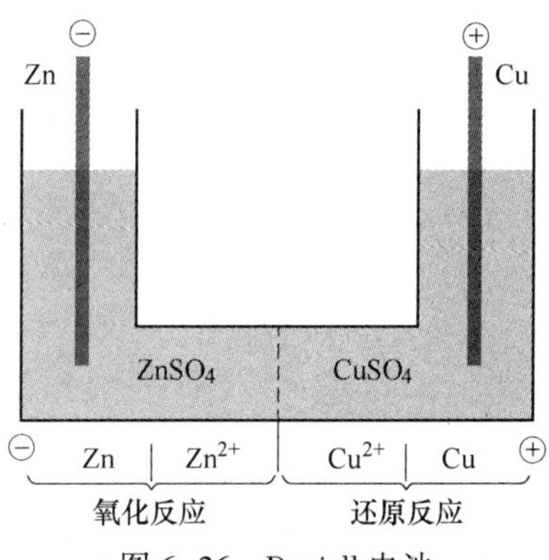

图 6-26　Daniell 电池

如果仅将丹尼尔（Daniell）电池的阴极侧取出，就被叫做“半电池”。由于电极为金属锌，所以其电极被分类为金属电极。半电池一般使用基准电极——金属银电极。

[银电极]

$$Ag \mid Ag^{+}(c)$$

$$Ag \rightleftharpoons Ag^{+} + e$$

上述情况，c 为硝酸银溶液中的银离子的浓度。

使用的标准电极中有气体电极、氧化还原电极、金属-难溶盐电极等。气体电极中有氢气电极。

[氢气电极]

$$Pt \mid H_2(p) \mid H^{+}(c)$$

$$1/2H_2 \rightleftharpoons H^{+} + e$$

上述关系式中，p 为氢气的压强。氢气电极通常被作为标准电极使用，标准氢气电极也被称作“SHE（standard hydrogen electrode）”，如图 6-27 所示。

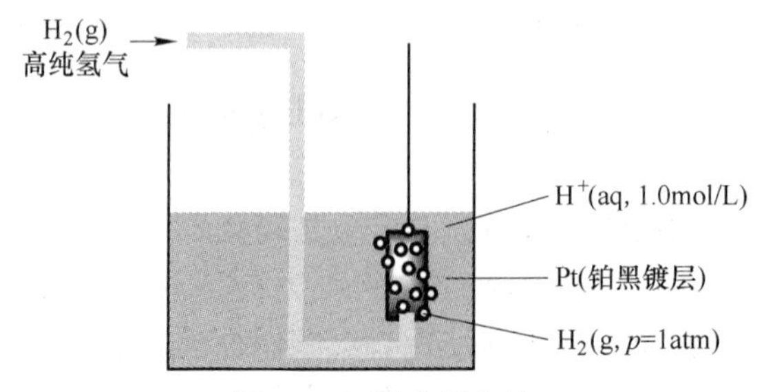

图 6-27　标准氢电极

氧化还原电极中，经常使用二价铁和三价铁做电极。

[二价铁-三价铁电极]

$$Pt \mid Fe^{2+}(c_1),\ Fe^{3+}(c_2)$$

$$Fe^{2+} \rightleftharpoons Fe^{3+} + e$$

上述关系式中，c_1 和 c_2 分别为二价铁和三价铁的浓度。

以银和氯化银为例来说明金属-难溶盐电极。另外，有时也使用甘汞（氯化亚汞）来取代氯化银。

[银-氯化银电极，SSE（silver-silver chloride electrode）]

$$Ag \mid AgCl \mid Cl^-(c)$$

$$Ag \rightleftharpoons Ag^+ + e$$

$$Ag^+ + Cl^- \rightleftharpoons AgCl(s)$$

$$Ag + Cl^- \rightleftharpoons AgCl(s) + e$$

[饱和甘汞电极，SCE（saturated calomel electrode）]

$$Hg \mid Hg_2Cl_2 \mid Cl^-(c)$$

$$Hg \rightleftharpoons Hg^+ + e$$

$$Hg^+ + Cl^- \rightleftharpoons 1/2Hg_2Cl_2$$

$$Hg + Cl^- \rightleftharpoons 1/2Hg_2Cl_2 + e$$

饱和甘汞电极如图 6-28 所示。

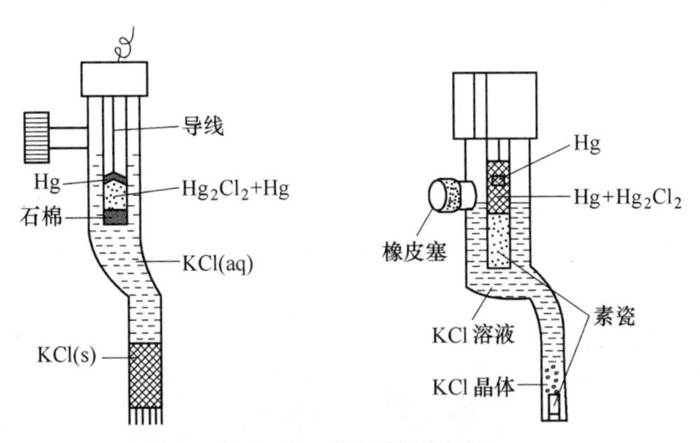

图 6-28 饱和甘汞电极

各种金属可以作为标准电极，标准电极的电位见表 6-3。

表 6-3 标准电极电位（还原电位，25℃）

电 极	电 极 反 应	$E^{\ominus}$/V
$N_3^- \mid N_2$，Pt	$\frac{1}{2}N_2+e = N_3^-$	-3.2
$Li^+ \mid Li$	$Li^+ + e = Li$	-3.045
$Rb^+ \mid Rb$	$Rb^+ + e = Rb$	-2.925
$Cs^+ \mid Cs$	$Cs^+ + e = Cs$	-2.923

续表 6-3

电　极	电 极 反 应	$E^{\ominus}/V$
$K^+ \mid K$	$K^+ + e = K$	-2.925
$Ra^{2+} \mid Ra$	$Ra^{2+} + 2e = Ra$	-2.916
$Ba^{2+} \mid Ba$	$Ba^{2+} + 2e = Ba$	-2.906
$Ca^{2+} \mid Ca$	$Ca^{2+} + 2e = Ca$	-2.866
$Na^+ \mid Na$	$Na^+ + e = Na$	-2.714
$La^{3+} \mid La$	$La^{3+} + 3e = La$	-2.522
$Mg^{2+} \mid Mg$	$Mg^{2+} + 2e = Mg$	-2.363
$Be^{2+} \mid Be$	$Be^{2+} + 2e = Be$	-1.847
HfO_2，$H^+ \mid Hf$	$HfO_2 + 4H^+ + 4e = Hf + 2H_2O$	-1.7
$Al^{3+} \mid Al$	$Al^{3+} + 3e = Al$	-1.662
$Ti^{2+} \mid Ti$	$Ti^{2+} + 2e = Ti$	-1.628
$Zr^{4+} \mid Zr$	$Zr^{4+} + 4e = Zr$	-1.529
$V^{2+} \mid V$	$V^{2+} + 2e = V$	-1.186
$Mn^{2+} \mid Mn$	$Mn^{2+} + 2e = Mn$	-1.180
$WO_4^{2-} \mid W$	$WO_4^{2+} + 4H_2O + 6e = W + 8OH^-$	-1.05
$Se^{2-} \mid Se$	$Se + 2e = Se^{2-}$	-0.92
$Zn^{2+} \mid Zn$	$Zn^{2+} + 2e = Zn$	-0.7628

例题 01

如图 6-29 所示的韦斯顿（Weston）电池，电池的化学表达式为：$Cd(Hg) \mid CdSO_4 \cdot 8/3H_2O(satd.) \mid Hg_2SO_4 \mid Hg$，温度为 t℃时的电压的表达式如下所示。求温度为 30℃ 的电压为多少。

$$E = 1.01864 - 4.05 \times 10^{-5}(t - 20) - 9.5 \times 10^{-7}(t - 20)^2$$

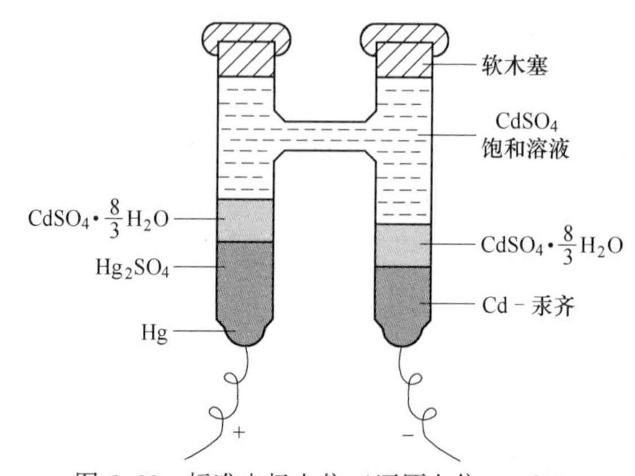

图 6-29　标准电极电位（还原电位，25℃）

直接参考电压的表达式，于工作表的单元格中进行算式的设定。

单元格的设定

单元格 B6 =1.01864-0.0000405 * (B5-20)-0.00000095 * (B5-20)^2

根据计算结果（如图 6-30 所示），这个标准电池的电压为 1.0181V，温度变化很小的话，电压稳定。

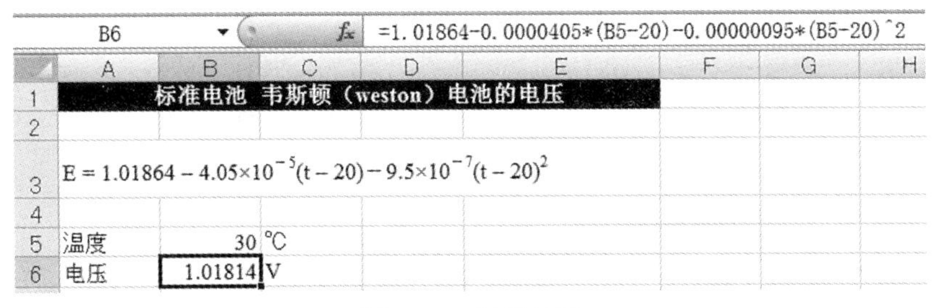

图 6-30 计算结果

电压为 E 的电池中通过电流 nF(coulomb) 时的电能为 nFE，与电池内减少的自由能 $(-\Delta G)$ 相等：

$$-\Delta G = nFE$$

$$\Delta G = -nFE$$

吉布斯-亥姆霍兹（Gibbs-Helmholtz）方程式：

$$\Delta G = \Delta H + T\left(\frac{\partial \Delta G}{\partial T}\right)_p$$

代入上述关系式后，得如下关系式：

$$\Delta H = -nFE + nFT\left(\frac{\partial E}{\partial T}\right)_p$$

依据 $\Delta G=\Delta H-T\Delta S$，可得：

$$\Delta S = nF\left(\frac{\partial E}{\partial T}\right)_p$$

例题 02

下述电池 25℃ 的标准电压为 0.610V。求 25℃ 时电池内反应的标准焓变化和标准熵变化。

$$Zn \mid ZnI_2 \mid AgI \mid Ag$$

此时，Ag、Zn、AgI、$I^-(aq)$、$Zn^{2+}(aq)$ 于 25℃ 的标准熵变 $\Delta S^{\ominus}$ 分别为 42.7J/mol、41.4J/mol、115.4J/mol、109.6J/mol、-107.1J/mol。

这个电池的反应方程式为：

$$Zn + 2AgI \longrightarrow ZnI_2 + 2Ag$$

将上述反应方程式与反应中分子的摩尔数进行关联。

由图 6-31 的计算结果可知：

$$\Delta S^{\ominus} = -74.7 J/(K \cdot mol)$$

$$\Delta H^{\ominus} = -140.0\text{kJ/mol}$$

将用于计算电池内标准焓变和标准熵变的公式于工作表的单元格中进行设定。

B13　=(B14+D8*D7*D6*B12)/1000

	A	B	C	D	E
1	标准熵变　ΔS0				
2					
3	Zn + 2AgI ⟶ ZnI_2 + 2Ag				
4	E^0	0.61	V		
5		ΔS^0(J/Kmol)			
6	Ag	42.7	F	96500	J/V
7	Zn	41.4	n	2	
8	AgI	115.4	T	298.15	K
9	I^-(aq)	109.6			
10	Zn^{2+}(aq)	-107.1			
11	ΔS^0	-74.7			
12	$(\partial E/\partial T)_p$	-0.00038705	V/K		
13	ΔH^0	-140.0	kJ/mol		
14	ΔG^0	-117730	J/mol		

图 6-31　计算结果

单元格的设定

单元格 B11　=(B10+2 * B9+2 * B6)-(B7+2 * B8)

单元格 B12　=B11/D7/D6

单元格 B13　=(B14+D8 * D7 * D6 * B12)/1000

单元格 B14　=-D7 * D6 * B4

通常情况下，一般的电池反应可用如下反应方程式进行表示：

$$a\text{A} + b\text{B} \rightleftharpoons c\text{C} + d\text{D}$$

对应的自由能的变化 ΔG 用活度 a 进行表示，有如下关系式：

$$\Delta G = \Delta G^{\ominus} + RT\ln\frac{a_{\text{C}}^{c} \cdot a_{\text{D}}^{d}}{a_{\text{A}}^{a} \cdot a_{\text{B}}^{b}}$$

将 $\Delta G=-nFE$ 代入上述关系式，可得：

$$E = E^{\ominus} - \frac{RT}{nF}\ln\frac{a_{\text{C}}^{c} \cdot a_{\text{D}}^{d}}{a_{\text{A}}^{a} \cdot a_{\text{B}}^{b}}$$

上述关系式被称为能斯特（Nernst）方程式，$E^{\ominus}$为标准电压：

$$E^{\ominus} = -\frac{\Delta G^{\ominus}}{nF}$$

温度为 25℃，$n=1$ 时：

$$E = E^{\ominus} - \frac{8.314 \times (273 + 25)}{96500} \times 2.303\log a = E^{\ominus} - 0.0591\log a$$

活度常用对数的常数为 0.0591，记住这个约 60mV 的系数会对计算非常方便。

例题 03

下述电池的标准电压 $E_{298}^{\ominus}$ 为−0.627V。求 25℃时电池的电压为多少。

$$Ag \mid Ag_2SO_4(s) \mid H_2SO_4(m=1) \mid H_2(1atm) \mid Pt$$

这个电池的电极反应方程式为：

$$[负极] \quad 2Ag + SO_4^{2-} \longrightarrow Ag_2SO_4 + 2e$$

$$[正极] \quad 2H^+ + 2e \longrightarrow H_2$$

$$2Ag + 2H^+ + SO_4^{2-} \longrightarrow Ag_2SO_4 + H_2$$

有关摩尔浓度，$m(2H^+)=0.2$，$m(SO_4^{2-})=0.1$，$m(H_2)=1atm$，$n=2$。

将计算 25℃时电压的算式于工作表的单元格中进行设定。

单元格的设定

单元格 E4 =E5 * 2

单元格 B7 =B3-B6 * B4/B5/96500 * LN(E6/E4^2/E5)

根据计算结果（如图 6-32 所示），25℃时电池的电压为−0.698V。

B7 =B3-B6*B4/B5/96500*LN(E6/E4^2/E5)

	A	B	C	D	E	F	G
1	电池的电压 E298						
2							
3	E_{298}^0	-0.627	V		m		
4	T	298	K	$[2H^+]$	0.2	mol/L	
5	n	2		$[SO_4^{2-}]$	0.1	mol/L	
6	R	8.314	J/Kmol	$[H_2]$	1	atm	
7	E_{298}	-0.698	V				

图 6-32 计算结果

例题 04

如图 6-33 所示的丹尼尔电池，求 25℃时电池的电压为多少。

$$Zn \mid ZnSO_4(a_1=0.1) \mid CuSO_4(a_2=0.05) \mid Cu$$

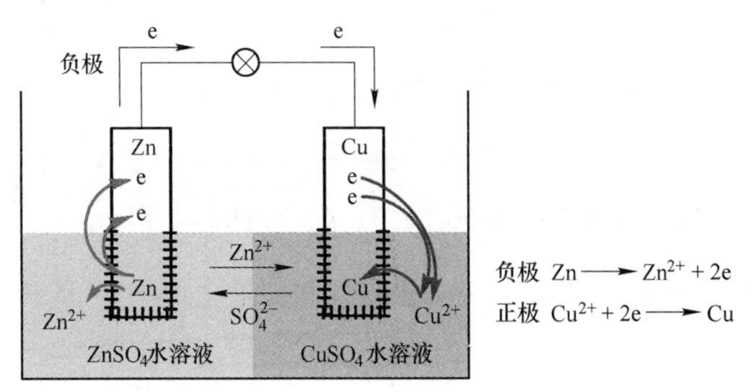

图 6-33 丹尼尔电池

丹尼尔电池的反应方程式如下表示：

$$Zn + Cu^{2+} \longrightarrow Zn^{2+} + Cu$$

可根据如下公式进行计算求解：

$$E = E^{\ominus} - \frac{RT}{nF}\ln\frac{a_{Zn^{2+}}}{a_{Cu^{2+}}}$$

将计算丹尼尔电池电压的计算公式于单元格中进行设定。

单元格的设定

单元格 B7　=B5-8.314*(273+B6)/E5/96500*LN(E6/E7)

根据计算结果（如图 6-34 所示），丹尼尔电池的电压为 1.091V。

B7　=B5-8.314*(273+B6)/E5/96500*LN(E6/E7)

	A	B	C	D	E	F	G
1	丹尼尔电池的电压						
2							
3	电池反应式	$Zn + Cu^{2+} \longrightarrow Zn^{2+} + Cu$					
4							
5	E^0	1.1	V	n	2		
6	t	25	℃	a_1	0.1		
7	E	1.091	V	a_2	0.05		

图 6-34　计算结果

对于电池反应来说，到达平衡状态，吉布斯自由能的变化不变，也就是说 $\Delta G=0$，标准电压可以通过平衡常数进行表示：

$$\Delta G^{\ominus} = -RT\ln\left(\frac{a_C^c \cdot a_D^d}{a_A^a \cdot a_B^b}\right)_{eq} = -RT\ln K$$

$$E^{\ominus} = -\frac{\Delta G^{\ominus}}{nF} = \frac{RT}{nF}\ln K$$

例题 05

求通过锌将三价铁还原成二价铁的电池反应的平衡常数 K(25℃)。这个电池的标准电压为 1.534V。

$$Fe^{3+} + 1/2Zn \longrightarrow Fe^{2+} + 1/2Zn^{2+}$$

$$Zn \mid Zn^{2+} \mid Fe^{3+},\ Fe^{2+} \mid Pt$$

如例题 04 所示，按照计算电压的公式可以求出平衡常数。

单元格的设定

单元格 B9　=EXP(B7*B8*96500/8.314/(273+B6))

如上述公式所示进行单元格的设定，根据计算结果（如图 6-35 所示），得到的平衡常数为 8.88×10^{25}。

例题 06

如图 6-36 所示，如果使用磷酸型燃料电池产生 4.0A 的电流 2h，那么需要标准状态下氧气和氢气的体积总量为多少。此时，这个反应所产生的电子完全形成电流输出。

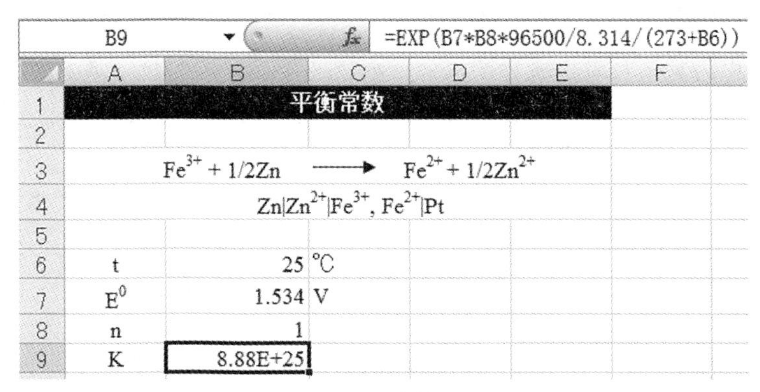

B9 =EXP(B7*B8*96500/8.314/(273+B6))

	A	B	C	D	E	F
1	平衡常数					
2						
3		$Fe^{3+} + 1/2Zn \longrightarrow Fe^{2+} + 1/2Zn^{2+}$				
4		$Zn\|Zn^{2+}\|Fe^{3+}, Fe^{2+}\|Pt$				
5						
6	t	25	℃			
7	E^0	1.534	V			
8	n	1				
9	K	8.88E+25				

图 6-35 计算结果

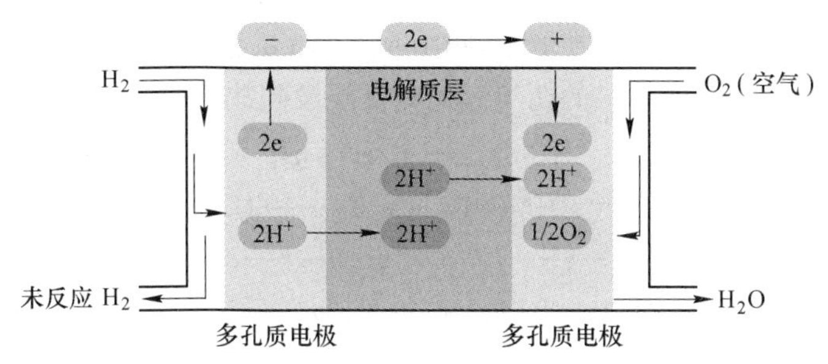

图 6-36 燃料电池

磷酸型燃料电池的反应方程式如下：

[负极] $$H_2 \longrightarrow 2H^+ + 2e$$

[正极] $$O_2 + 4H^+ + 4e \longrightarrow 2H_2O$$

$$2H_2 + O_2 \longrightarrow 2H_2O(\text{电子 }4e)$$

将用于计算氢气和氧气标准状态体积总量的公式于单元格中进行设定。

单元格的设定

单元格 B6 =B4 * B5 * 60 * 60/96500

单元格 B7 =B6 * (2+1)/B3 * 22.4

根据计算结果（如图 6-37 所示），氢气和氧气的燃料气体的总体积为 5.01L。

B7 =B6*(2+1)/B3*22.4

	A	B	C	D
1	燃料电池			
2				
3	电子数	4		
4	电流	4	A	
5	时间	2	h	
6	流动电子的摩尔数	0.298	mol	
7	燃料气体的体积	5.01	L	

图 6-37 计算结果

燃料电池 TOPIC

燃料室中的氢气和氧气通过导电的两电极连接后，燃料极（负极）通过外部回路与氧气极（正极）中的电子流动后形成电池。开路电压约为 1.2V。对于燃料电池来说，必须确保氢气的供应。

6.5 浓差电池和分解电压

如果两组电极附近存在浓度差，稀释反应时自由能的变化就会产生电压，此类电池称为浓差电池。

首先，对于压强完全不同的气体电极组成的电极浓差电池，氢气和盐酸水溶液有：

$$\mathrm{Pt} \mid H_2(p_1) \mid \mathrm{HCl}(a) \mid H_2(p_2) \mid \mathrm{Pt}$$

如下所示，压强不同（p_1 和 p_2）的两组氢气电极浸没到盐酸溶液（a）中。

$$[负极]\ H_2(p_1) \longrightarrow 2H^+ (aH^+) + 2e$$

$$[正极]\ 2H^+ (aH^+) + 2e \longrightarrow H_2(p_2)$$

$$H_2(p_1) \longrightarrow H_2(p_2)$$

对于电压，由于 $E^{\ominus}=0$ 可得：

$$E = E^{\ominus} - \frac{RT}{nF}\ln\frac{p_2}{p_1} = -\frac{RT}{nF}\ln\frac{p_2}{p_1}$$

其次，由于电解质浓度不同形成的浓差电池称为电解质浓差电池。此种情况下，两组不同浓度的电解质溶液可分为相互移动的情况和不可移动的情况，有两种通路的连接方式。可移动的情况通过隔膜隔开两种电解质溶液，不可移动的情况通过盐桥（salt bridge）连接两种电解质溶液，结构如图 6-38(a) 所示。盐桥是由含有饱和 KCl 溶液的寒天凝胶固化后填充到 U 形管内构成的，通常用于两种不同电解液的通路[4]。

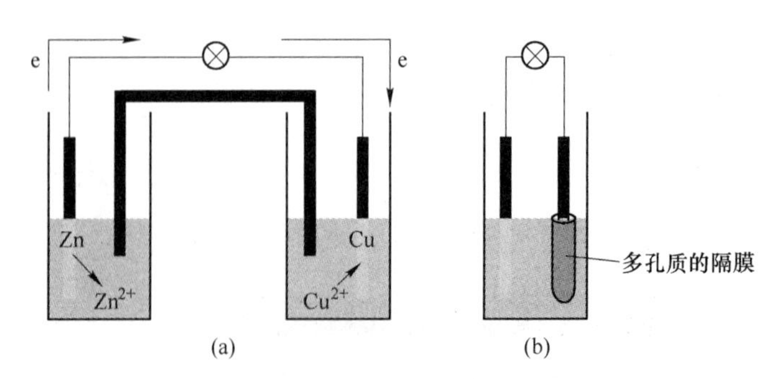

图 6-38　电解质可移动的情况和不可移动的情况

（a）盐桥（电解质溶液不可移动）；（b）隔膜（电解质溶液可移动）

对于电解质可以移动的浓差电池，通过隔膜隔开浓度不同的盐酸溶液组成浓差电池：

$$\mathrm{Pt} \mid H_2 \mid \mathrm{HCl}(a_1) \mid \mathrm{HCl}(a_2) \mid H_2 \mid \mathrm{Pt}$$

$$[\text{电极反应}]\quad H^+(a_2) \longrightarrow H^+(a_1)$$

$$[\text{液相反应}]\ (1-t_-)H^+(a_1) \longrightarrow (1-t_-)H^+(a_2)$$

$$t_-\,Cl^-(a_2) \longrightarrow t_-\,Cl^-(a_1)$$

$$t_-[H^+(a_2)+Cl^-(a_2)] \longrightarrow t_-[H^+(a_1)+Cl^-(a_1)]$$

$$E_T = E^{\ominus} - \frac{RT}{nF}\ln\frac{[a_{H^+,1}\cdot a_{Cl^-,1}]^{t_-}}{[a_{H^+,2}\cdot a_{Cl^-,2}]^{t_-}} = -\frac{RT}{F}\cdot t_-\ln\frac{a_1^2}{a_2^2}$$

由上述关系式可以求出电解质在液相中移动所产生的电压。各个离子的迁移率用 t_- 表示，$E^{\ominus}=0$，$n=1$。

对浓度不同的电解质通过盐桥等连接的情况，由于没有液相之间的移动，无法形成离子的迁移，没有离子迁移的浓差电池：

$$Pt \mid H_2 \mid HCl(a_1) \mid HCl(a_2) \mid H_2 \mid Pt$$

$$[\text{电极反应}]\ H^+(a_2) \longrightarrow H^+(a_1)$$

由于仅有电极反应，则有如下关系式：

$$E = E^{\ominus} - \frac{RT}{nF}\ln\frac{a_1^2}{a_2^2} = -\frac{RT}{F}\ln\frac{a_1^2}{a_2^2}$$

可根据上述关系式求出电压，$E^{\ominus}=0$，$n=1$。以离子迁移存在和不存在的情况进行对比的话，有如下关系式，可以根据这个关系式求出迁移率：

$$t_- = \frac{E_T}{E}$$

浓差电池 TOPIC

浓差电池中的电解质等组成物质是相同的，但是由于电解质的共同成分浓度的差异造成了两组半电池，从而构成了浓差电池。此类电池不会发生真正的化学反应，只会逐渐减少两电池间的浓度差。

例题 01

求于 0.1mol/L 的盐酸水溶液中浸没两个压强不同的氢气电极所得到的浓差电池的电压为多少。此时，温度为 25℃，一侧的氢气电极压强为 1atm，另一侧的压强为 0.25atm。

本道例题可以根据下述关系式进行求解：

$$E = -\frac{RT}{nF}\ln\frac{p_2}{p_1}$$

为了计算浓差电池的电压，将上述关系式于单元格中进行设定。

单元格的设定

单元格 B7　=-8.314*(273+B6)/B5/96500*LN(B4/B3)

根据计算结果，如图 6-39 所示，电池的电压为 0. 0178V。

B7　=-8. 314*(273+B6)/B5/96500*LN(B4/B3)

	A	B	C	D	E	F	G
1	电极浓差电池						
2							
3	p_1	1	atm				
4	p_2	0.25	atm				
5	n	2					
6	t	25	℃				
7	E	0.0178	V				

图 6-39　计算结果

用于测定氢离子浓度的 pH 计，其原理是通过薄的玻璃膜测定不同氢离子浓度的电位差。pH 计的玻璃电极，标准参比电极一般使用甘汞电极：

$$Pt \mid H_2(1atm) \mid H^+(a) \mid KCl(0.1N) \mid Hg_2Cl_2(s) \mid Pt$$

$$E = E^{\ominus} - \frac{RT}{nF}\ln a_{H^+} = 0.3358 - 0.0591\log a_{H^+}$$

由上述关系式可求出氢离子浓度对应的电位差。这种情况下，标准电极使用氢气电极，一般标准电极的电压为已知，一般用常数来表示：

$$pH = -\log a_{H^+} = \frac{E - E^{\ominus}}{0.0591}$$

可根据上述关系式进行 pH 值的计算。

例题 02

25℃下，玻璃电极的电池中加入 pH=4. 0 的缓冲溶液，电压为 0. 1122V。求当电压为 0. 2471V 时溶液的 pH 值为多少。

依据例题 01 中的常数 $E^{\ominus}$ 计算溶液的 pH 值。

将计算溶液 pH 值的关系式于单元格中进行设定。

单元格的设定

单元格 B7　=B6-B5 * 0. 0591

单元格 C5　=(C6-B7)/0. 0591

根据计算结果（如图 6-40 所示），电压为 0. 2471V 的缓冲溶液的 pH 值为 6. 28。

C5　=(C6-B7)/0. 0591

	A	B	C	D	E
1	使用玻璃电极进行pH值的测定				
2					
3	温度	25	℃		
4		缓冲溶液1	缓冲溶液2		
5	pH	4.00	6.28		
6	E (V)	0.1122	0.2471		
7	E^0(V)	-0.1242			

图 6-40　计算结果

稀薄的电解质溶液中，浸没两组白金电极，通过外部施加电压，可以测定得到电流-电压曲线。由曲线可知，当超过电解质溶液的电压时，就会产生分解电流，如图 6-41 所示，通过电流曲线引直线，与基线电压的交点称为该电解质溶液的分解电压。

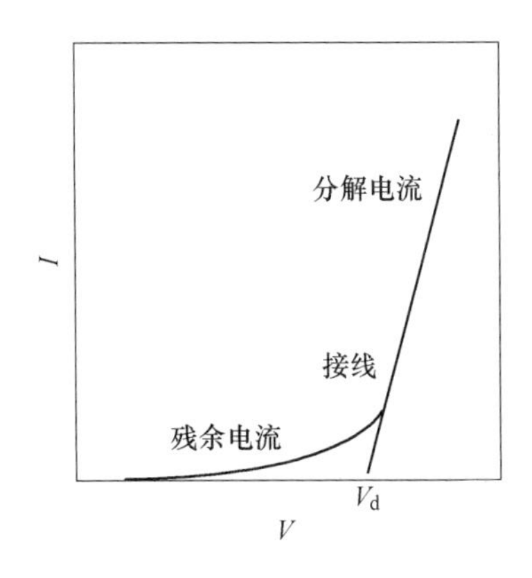

图 6-41 分解电压的概念图

V_d—分解电压

例题 03

0.1mol/L 的溴化铜水溶液，施加外部电压形成电流时，析出 1.55g 的铜。求 25℃ 下，最初的和最后的理论分解电压为多少。

此时，$Cu | Cu^{2+}$，$Br_2 | Br^-$ 的标准电极电位分别为 0.34V，1.07V。

$$Cu + Br_2 \longrightarrow Cu^{2+} + Br^-$$

分解电压可以根据能斯特方程式进行计算求解。

由电解析出铜的量可以求出铜的摩尔数，根据目前浓度与初期浓度的差，可以求出电解后溶液的摩尔数。

分解电压可根据如下公式进行求解：

$$E = E^{\ominus}_{Br} - E^{\ominus}_{Cu} - \frac{0.0591}{2}\log[a_{Cu^{2+}} \times (2a_{Br^-})^2]$$

将计算反应前后分解电压的公式于单元格中进行设定。

单元格的设定

单元格 D4 =D3/B4

单元格 D5 =D4/C3*1000

单元格 D6 =B3-D5

单元格 B10 =(C8-B8)-0.0591/B5*LOG(B3*(B3*2)^2)

单元格 B11 =(C8-B8)-0.0591/B5*LOG(D6*(D6*2)^2)

根据计算结果（如图 6-42 所示），最初的分解电压为 0.801V，电解后的分解电压为 0.945V。

B10	=(C8-B8)-0.0591/B5*LOG(B3*(B3*2)^2)					
	A	B	C	D	E	F
1	分解电压					
2		C (mol/L)	V (mL)	Cu析出		
3	$CuBr_2$	0.1	250	1.55	g	
4	Cu	63.5		0.024409	mol	
5	价电子数	2		0.097638	mol/L	
6	电解后溶液的摩尔数			0.002362	mol/L	
7		$Cu\|Cu^{2+}$	$Br_2\|Br^-$			
8	(V	0.34	1.07			
9	标准电极电位					
10	最初的分解电压	0.801	V			
11	最后的分解电压	0.945	V			

图 6-42　计算结果

残余电流 TOPIC

使用伏安法电化学试验测定电流-电压曲线时，有时会发现被检测物质因电解而产生微小的电流，这是由于溶液中不纯物等产生了电解电流和容量电流。

习 题 详 解

1. 用银电极来电解 $AgNO_3$ 水溶液。通电一段时间后，在阴极上有 0.078g 的 Ag(s) 析出。经分析知道阳极部含有水 23.14g、$AgNO_3$ 0.236g。已知原来所用溶液的浓度为每克水中溶有 $AgNO_3$ 0.00739g，试分别计算 Ag^+ 和 NO_3^- 的迁移数。

解：电解时，阳极部的 Ag^+ 向阴极移动。阳极部的 Ag^+ 变化的物质的量为 $n_{前}-n_{后}$（设水在电解前后质量不变）。

$$阴极\ Ag(s) - e = Ag^+(aq)$$

$$n_{迁} = n_{前} + n_{电} - n_{后}$$

Ag^+、NO_3^- 的迁移数为：

$$t_{Ag^+} = \frac{n_{迁}}{n_{电}},\quad t_{NO_3^-} = 1 - t_{Ag^+}$$

按照上述公式可以进行单元格的设定：

单元格 B8　=B4/B2

单元格 B9　=B7 * B5/B3

单元格 B10　=B6/B3

单元格 B11　=B8+B9-B10

单元格 B12　=B11/B8

单元格 B13　=1-B12

故 t_{Ag^+}=0.47，$t_{NO_3^-}$=0.53。

B13	=1-B12	
	A	B
1	离子的迁移数	
2	Ag分子量	107.9
3	$AgNO_3$分子量	169.9
4	阴极电解出Ag	0.078 g
5	阳极含水	23.14 g
6	阳极含$AgNO_3$	0.236 g
7	每克水中溶$AgNO_3$	0.00739 g
8	$n_{电}$	7.23E-04 mol
9	$n_{前}$	1.01E-03 mol
10	$n_{后}$	1.39E-03 mol
11	$n_{迁}$	3.40E-04 mol
12	t_{Ag+}	0.47
13	t_{NO3-}	0.53

2. 291K 时，已知 KCl 和 NaCl 的无限稀释摩尔电导率分别为 Λ_m^∞(KCl)= 1.30×10^{-2}S · m^2/mol 和 Λ_m^∞(NaCl)= 1.09×10^{-2}S · m^2/mol，K^+和 Na^+的迁移数分别为 t_{K^+}=0.496，t_{Na^+}=0.397。试求在 291K 和无限稀释时：

(1) KCl 溶液中 K^+和 Cl^-的离子摩尔电导率；

（2）溶液中 Na^+ 和 Cl^- 的离子摩尔电导率。

解：（1）$\Lambda_m^\infty(KCl)=\Lambda_m^\infty(K^+)+\Lambda_m^\infty(Cl^-)$

$$t_{K^+}=\frac{\Lambda_m^\infty(K^+)}{\Lambda_m^\infty(KCl)}$$

$$\Lambda_m^\infty(K^+)=t_{K^+}\Lambda_m^\infty(KCl)$$

$$\Lambda_m^\infty(Cl^-)=\Lambda_m^\infty(KCl)-\Lambda_m^\infty(K^+)$$

（2）同理：

$$t_{Na^+}=\frac{\Lambda_m^\infty(Na^+)}{\Lambda_m^\infty(NaCl)}$$

$$\Lambda_m^\infty(Na^+)=t_{Na^+}\Lambda_m^\infty(NaCl)$$

$$\Lambda_m^\infty(Cl^-)=\Lambda_m^\infty(NaCl)-\Lambda_m^\infty(Na^+)$$

按照上述公式进行单元格的设定：

单元格 B7　=B3 * B5

单元格 B8　=B3-B7

单元格 B9　=B4 * B6

单元格 B10　=B4-B9

B10　=B4-B9

	A	B	C	D
1	离子摩尔电导率			
2				
3	Λ (KCl)	1.30E-02	Sm²/mol	
4	Λ (NaCl)	1.09E-02	Sm²/mol	
5	t_{K+}	0.496		
6	t_{Na+}	0.397		
7	Λ (K^+)	6.43E-03	Sm²/mol	
8	Λ (Cl^-)	6.53E-03	Sm²/mol	
9	Λ (Na^+)	4.31E-03	Sm²/mol	
10	Λ (Cl^-)	6.55E-03	Sm²/mol	

故　$\Lambda_m^\infty(K^+)=6.43\times10^{-3}S\cdot m^2/mol$，$\Lambda_m^\infty(Cl^-)=6.53\times10^{-3}S\cdot m^2/mol$

$\Lambda_m^\infty(Na^+)=4.31\times10^{-3}S\cdot m^2/mol$，$\Lambda_m^\infty(Cl^-)=6.55\times10^{-3}S\cdot m^2/mol$

3. 有下列不同类型的电解质：①HCl；②$MgCl_2$；③$CuSO_4$；④$LaCl_3$；⑤$Al_2(SO_4)_3$。设他们都是强电解质，当他们的溶液浓度分别为 0.025mol/kg 时，试计算各种溶液的：

（1）离子强度 I；

（2）离子平均质量摩尔浓度 $m_\pm$；

（3）用 Debye-Hückel 极限公式计算离子平均活度因子 $\gamma_\pm$；

（4）计算电解质的离子平均活度 $a_\pm$ 和电解质的活度 a_B。

解：以 HCl 为例

（1）$I=\dfrac{1}{2}\sum m_B z_B^2$；

（2）$m_\pm=(m_+^{\nu+}\cdot m_-^{\nu-})^{1/\nu}=(v_+^{\nu+}\cdot v_-^{\nu-})^{1/\nu}\cdot m_B=m_B$；

（3）Debye-Hückel 极限公式：$\lg\gamma_\pm=-A|z_+\cdot z_-|\sqrt{I}$；

（4）$a_\pm=\gamma_\pm\times m_\pm/m^\ominus$，$a_B=(a_\pm)^\nu$。

按照上述公式可以进行单元格的设定：

单元格 B4　=1/2＊B3＊(1+1)

单元格 B5　=B3

单元格 B6　=10^(-0.509＊1＊1＊SQRT(B4))

单元格 B7　=B6＊B4/1

单元格 B8　=B7^2

B6　=10^(-0.509*1*1*SQRT(B4))

	A	B	C	D	E
1	HCl电解质				
2					
3	浓度m_B	0.025	mol/kg		
4	离子强度I	0.025	mol/kg		
5	平均摩尔质量浓度$m_\pm$	0.025	mol/kg		
6	平均活度因子$\gamma_\pm$	0.83			
7	离子平均活度$a_\pm$	0.02			
8	电解质活度a_B	4.31E-04			

故 $I=0.025\text{mol/kg}$，$m_\pm=0.025\text{mol/kg}$，$\gamma_\pm=0.83$，$a_\pm=0.02$，$a_B=4.31\times10^{-4}$。

其余结果如下表所示：

	$MgCl_2$	$CuSO_4$	$LaCl_3$	$Al_2(SO_4)_3$
$m_B/\text{mol}\cdot\text{kg}^{-1}$	0.025	0.025	0.025	0.025
$I/\text{mol}\cdot\text{kg}^{-1}$	0.075	0.10	0.15	0.375
$m_\pm$	$\sqrt[3]{4}m_B$	m_B	$\sqrt[4]{27}m_B$	$\sqrt[5]{108}m_B$
$\gamma_\pm$	0.526	0.227	0.256	0.0135
$\alpha_\pm$	0.835	0.227	0.584	0.0344
α_B	0.582	0.0515	0.116	4.81×10^{-8}

4. 298K 时，所用纯水的电导率为 $k(H_2O)=1.60\times10^{-4}\text{S/m}$。试计算该温度下 $PbSO_4(s)$ 饱和溶液的电导率。已知 $PbSO_4(s)$ 溶度积为 $K_{ap}^{\ominus}=1.60\times10^{-8}$，$\Lambda_m^\infty\left(\frac{1}{2}Pb^{2+}\right)=7.0\times10^{-3}\text{S}\cdot\text{m}^2/\text{mol}$，$\Lambda_m^\infty\left(\frac{1}{2}SO_4^{2-}\right)=7.98\times10^{-3}\text{S}\cdot\text{m}^2/\text{mol}$。

解：

$$\Lambda_m^\infty\left(\frac{1}{2}PbSO_4\right)=\Lambda_m^\infty\left(\frac{1}{2}Pb^{2+}\right)+\Lambda_m^\infty\left(\frac{1}{2}SO_4{}^{2-}\right)$$

$$c\left(\frac{1}{2}PbSO_4\right)=2c(PbSO_4)=2\cdot\sqrt{K_{sp}}$$

$$k(PbSO_4)=c\left(\frac{1}{2}PbSO_4\right)\times\Lambda_m^\infty\left(\frac{1}{2}PbSO_4\right)$$

$$k(\text{溶液})=k(PbSO_4)+k(H_2O)$$

按照上述公式进行单元格的设定：

单元格 B7　=2＊SQRT(B4)＊(B5+B6)

单元格 B8　=B3+B7

故饱和溶液电导率 $k(\text{溶液})=1.64\times10^{-4}\text{S/m}$。

B7	=2*SQRT(B4)*(B5+B6)			
	A	B	C	D
1	饱和溶液电导率			
2				
3	k(H_2O)	1.60E-04	S/m	
4	k^{θ}_{sp}	1.60E-08		
5	Λ(1/2Pb^{2+})	7.00E-03	Sm^2/mol	
6	Λ(1/2SO_4^{2-})	7.98E-03	Sm^2/mol	
7	k($PbSO_4$)	3.79E-06	S/m	
8	k(溶液)	1.64E-04	S/m	

5. 291K 时，在一电场梯度为 1000V/m 的均匀电场中，分别放入含 H^+、K^+和 Cl^-离子的稀溶液，试求各种离子的迁移速率。已知各溶液中离子的摩尔电导率如下：

离 子	H^+	K^+	Cl^-
$\Lambda_m/\times10^{-3}S\cdot m^2\cdot mol^{-1}$	27.8	4.80	4.90

解：1mol 离子所带的电荷量与离子电迁移率的乘积为离子的摩尔电导率，则：

$$\Lambda_m = Aeu_{m^+} = Fu_{m^+}$$

故：

$$\gamma_{m^+} = u_{m^+}\times\frac{dE}{dl} = \frac{\Lambda_m}{F}\left(\frac{dE}{dl}\right)$$

按照上述公式进行单元格的设定：

单元格 B8 =B5/B3 * B4

单元格 B9 =B6/B3 * B4

单元格 B10 =B7/B3 * B4

B10	=B7/B3*B4	
	A	B	C
1	离子迁移速率		
2			
3	法拉第常数F	96500	C/mol
4	电场梯度dE/dl	1000	V/m
5	$\Lambda_{m(H+)}$	2.78E-02	Sm^2/mol
6	$\Lambda_{m(K+)}$	4.80E-03	Sm^2/mol
7	$\Lambda_{m(Cl-)}$	4.90E-03	Sm^2/mol
8	γ(H^+)	2.88E-04	m/S
9	γ(K^+)	4.97E-05	m/S
10	γ(Cl^-)	5.08E-05	m/S

故 $\gamma(H^+)=2.88\times10^{-4}$m/S，$\gamma(K^+)=4.97\times10^{-5}$m/S，$\gamma(Cl^-)=5.08\times10^{-5}$m/S。

6. 298K 时，$CO_2(g)$ 饱和水溶液的电导率为 1.87×10^{-4}S/m，已知该温度下纯水的电导率为 6.0×10^{-6}S/m，假定只考虑碳酸的一级解离，并已知该解离常数 $K_1^{\ominus}=4.31\times10^{-7}$。试求 $CO_2(g)$ 饱和水溶液的浓度。（已知 $\Lambda^{\infty}_{m,H^+}=3.498\times10^{-2}S\cdot m^2/mol$，$\Lambda^{\infty}_{m,HCO_3^-}=4.45\times10^{-3}S\cdot m^2/mol$。）

解：设 $CO_2(g)$ 饱和水溶液的浓度为 c（H_2CO_3 的浓度与其相同）：

$$k_{H_2CO_3} = k_{溶液} - k_{H_2O}$$

$$\Lambda^{\infty}_m(H_2CO_3) = \Lambda^{\infty}_m(HCO_3^-) + \Lambda^{\infty}_m(H^+)$$

$$\Lambda_{m,\ H_2CO_3} = \frac{k_{H_2CO_3}}{c} \qquad (\text{i})$$

$$\alpha = \frac{\Lambda_{m,\ H_2CO_3}}{\Lambda^{\infty}_{m,\ H_2CO_3}} \qquad (\text{ii})$$

把式（i）代入式（ii）得：

$$\alpha = \frac{1}{\Lambda^{\infty}_{m,\ H_2CO_3}} \times \frac{k_{H_2CO_3}}{c}$$

又

$$K_1^{\ominus} = 4.31 \times 10^{-7} = \frac{c/c^{\ominus} \times \alpha^2}{1-\alpha} = \frac{c \times \alpha \times \alpha}{1-\alpha}$$

按照上述公式进行单元格的设定：

单元格 B8　=B5/((B3-B4)/(B6+B7)+B5)

单元格 B9　=(B3-B4)/(B6+B7)/B8

B9　f_x =(B3-B4)/(B6+B7)/B8

	A	B	C	D	E
1	一级解离				
2					
3	k(溶液)	1.87E-04	S/m		
4	k(H_2O)	6.00E-06	S/m		
5	k^{θ}_1	4.31E-07			
6	$\Lambda_{m(H+)}$	3.50E-02	Sm^2/mol		
7	$\Lambda_{m(HCO3-)}$	4.45E-03	Sm^2/mol		
8	解离度α	9.39E-05			
9	溶液浓度c	4.89E+01	mol/m^3		

故 $\alpha = 9.39 \times 10^{-5}$，$c = 4.89 \times 10^{1} mol/m^3$。

7. 在 293K 和 313K 分别测定丹尼尔电池的电动势，得到：

$$E_1(298K) = 1.1030V, \quad E_2(313K) = 1.096V$$

设丹尼尔电池的反应为：

$$Zn(s) + CuSO_4(\alpha = 1) = Cu(s) + ZnSO_4(\alpha = 1)$$

并设在上述温度范围内，E 随 T 的变化率保持不变，求丹尼尔电池在 298K 反应的 $\Delta_r G_m$、$\Delta_r S_m$、$\Delta_r H_m$ 和可逆热效应 Q_R。

解：丹尼尔电池的反应为

$$Zn(s) + CuSO_4(\alpha = 1) = Cu(s) + ZnSO_4(\alpha = 1)$$

$$\left(\frac{\partial E}{\partial T}\right)_p = \frac{E_2 - E_1}{T_2 - T_1}, \quad \Delta_r G_m = -zEF, \quad \Delta_r S_m = zF\left(\frac{\partial E}{\partial T}\right)_p$$

$$\Delta_r H_m = \Delta_r G_m + T\Delta_r S_m, \qquad Q_R = T\Delta_r S_m$$

按照上述公式进行单元格的设定：

单元格 B7　=-2 * B3 * 96500

单元格 B8　=2 * 96500 * ((B4-B3)/(B6-B5))

单元格 B9　=B7+B5 * B8

单元格 B10　=B5 * B8

故 $\Delta_r G_m = -212.88kJ/mol$，$\Delta_r S_m = -90.07J/(K \cdot mol)$，$\Delta_r H_m = -239.72kJ/mol$，$Q_R = -26.84kJ/mol$。

B10 f_x =B5*B8

	A	B	C
1	丹尼尔电池		
2			
3	E_1	1.103	V
4	E_2	1.096	V
5	T_1	298	K
6	T_2	313	K
7	$\Delta_r G_m$	-212879	J/mol
8	$\Delta_r S_m$	-90.07	J/Kmol
9	$\Delta_r H_m$	-239719	J/mol
10	Q_R	-26839.9	J/mol

8. 在 298K 时，有电池：Ag(s) | AgCl(s) | NaCl(aq) | Hg_2Cl_2(s) | Hg(l)，已知化合物的标准生成吉布斯自由能分别为：$\Delta_r G_m^{\ominus}$(AgCl，s) = −109.79kJ/mol，$\Delta_r G_m^{\ominus}$(Hg_2Cl_2，s) = −210.75kJ/mol。试写出该电池的电极和电池反应，并计算电池的电动势。

解：电极反应：

负极 $$\mathrm{Ag(s)} + 2\mathrm{Cl^-}(a_{\mathrm{Cl^-}}) \longrightarrow \mathrm{AgCl(s)} + 2\mathrm{e}$$

正极 $$\frac{1}{2}\mathrm{Hg_2Cl_2(s)} + \mathrm{e} \longrightarrow \mathrm{Hg(l)} + \mathrm{Cl^-}(a_{\mathrm{Cl^-}})$$

电池反应 $$\mathrm{Ag(s)} + \frac{1}{2}\mathrm{Hg_2Cl_2(s)} \longrightarrow \mathrm{Hg(l)} + \mathrm{AgCl(s)}$$

$$\Delta_r G_m^{\ominus} = \Delta_r G_m^{\ominus}(\mathrm{AgCl, s}) - \frac{1}{2}\Delta_r G_m^{\ominus}(\mathrm{Hg_2Cl_2, s})$$

标准下 $$E = E^{\ominus} = -\frac{\Delta_r G_m^{\ominus}}{zF}$$

按照以上公式进行单元格的设定：

单元格 B6　=-B5 * 1000/(1 * 96500)

B6 f_x =-B5*1000/(1*96500)

	A	B	C	D	E
1	电池电动势				
2					
3	$\Delta_r G^{\theta}_m(Hg_2Cl_2)$	-210.75	kJ/mol		
4	$\Delta_r G^{\theta}_m$(AgCl)	-109.79	kJ/mol		
5	$\Delta_r G^{\theta}_m$	-4.415	kJ/mol		
6	E	4.58E-02	V		

故 $\Delta_r G_m^{\ominus} = -4.415$kJ/mol，$E = 4.58 \times 10^{-2}$V。

参 考 文 献

[1] 张黎．物理化学考点精讲及复习思路［M］．西安：西北工业大学出版社，2002.
[2] 盛永丽．无机化学［M］．北京：科学出版社，2017.
[3] 李狄．电化学原理［M］．北京：北京航空航天大学出版社，1989.
[4] 陈媛梅．普通化学［M］．北京：高等教育出版社，2016.

7 质能转换物理化学计算

7.1 研究背景

钢铁冶金作为高能耗产业，余热回收利用对节能降耗起着关键性作用。炉渣显热能级高，约占全部高温余热资源的35%，回收炉渣显热对钢铁工业节能减排、提高能源利用率至关重要。由于回收技术的问题，炉渣显热回收率很低，目前约2%热量得到回收利用，其余热量都被浪费[1]，炉渣显热是少数未被开发利用的重要余热资源。钢铁冶金过程 CO_2 排放量大，粉尘污染严重，如何实现 CO_2 温室气体在炼钢过程中循环利用，减少钢铁企业 CO_2 排放，将其变废为宝和资源有效化利用将是现代钢铁企业实现循环经济、节能环保的必要举措之一，同时也是冶金化工领域有待研究的重要课题。

CO_2 氛围下利用炉渣余热进行煤气化制取合成气，不仅可利用炉渣余热，同时生成的气体又能作为新能源进行利用，还能降低温室气体的排放，是环境友好及高效率的质能转换方法。充分发挥炉渣余热和煤气化的经济价值，使煤气化制取合成气技术具有适用性，降低生产成本。将低品位的炉渣转化成为清洁、安全的高品位的合成气，可以减少对环境的热污染，实现对炉渣余热的高效回收、转换和利用，为炉渣高值化利用提供一条新的科学思路，使煤气化技术更具有适用性，对缓解我国能源压力、实现可持续发展具有重大的节能意义。

7.1.1 转炉钢渣

转炉渣是炼钢过程的产物，主要任务是调整钢液中 C、Si、Mn 含量，去除 P、S 等有害元素，减少夹杂物，完成合金化，并控制合适温度以便于后续精炼处理。转炉吹氧冶炼过程中，常加入石灰、白云石和铁矿石等熔剂和造渣材料，经过1500~1750℃高温反应，形成互不相溶的熔渣和钢液[2]。

7.1.1.1 转炉渣化学组成

转炉渣化学组成主要是 CaO、SiO_2、FeO、MgO、Al_2O_3、MnO 和 P_2O_5 等，物理化学特性受炉渣成分影响很大，物相组成因碱度和处理方式不同而有差异[3]。转炉渣中氧化钙是强碱性氧化物，约占转炉渣的30%~60%，CaO 含量越高，转炉渣活性越大，因为随着 CaO 含量增加，转炉渣碱度增加，可以激发炉渣潜在活性。为实现转炉钢渣的良好冶金功能，转炉冶炼过程中加入适量石灰或石灰石等，成为转炉钢渣中（CaO）的主要来源。转炉渣中氧化硅是强酸性氧化物，占转炉熔渣的8%~20%。氧化硅分为两部分：一是自生氧化硅，来自于转炉吹氧冶炼初期，铁水中大量被氧化的硅；二是外加二氧化硅，来自于造渣料。降低转炉铁水硅含量就等于降低了熔渣石灰用量及炉渣总量，并且其含量决定了转炉渣中硅酸钙矿物数量。渣中氧化铝一般形成铝酸钙或硅铝酸钙玻璃体，对转炉渣活性有利，渣中 Al_2O_3 含量越高，转炉渣活性就越高。渣中氧化铁属于两性氧化物，主要以 FeO 形式存在，占转炉钢渣的 20%～30%。熔渣中 FeO 的含量是转炉冶炼中极其重要的工艺参数，表示熔渣氧化性，为铁水中一些元素（如 Si、C、P 等）氧化反应创造了合适的氧化性环境。氧化铁是早期造渣的重要条件之一，但也易腐蚀炉衬耐火材料[4]。

7.1.1.2 转炉渣矿物组成

转炉渣矿物组成主要有镁蔷薇辉石、橄榄石、RO 相、硅酸二钙、硅酸三钙、游离氧化钙、铁酸钙、FeO 等。硅酸三钙多数为长柱状及宽窄不等的条状、板状交错生长，构成网络结构的骨架。硅酸二钙与硅酸三钙连生，并垂直生长在其边部，一般有针状、纺锤状[5]。RO 相大多数呈浑圆状、粒状、十字状，但是也有树枝状雏晶，属于均质矿物。RO 相中 MgO 含量随着转炉渣碱度增加而增加，逐渐形成以 MgO 为基体的 RO 相。转炉渣中游离 CaO 呈粒状，通常以团块出现。炉渣中铁酸盐以铁酸钙为主，还有固溶钒（V_2O_5）和 TiO_2 等成分，结晶形态有粒状、长条状和不规则状，分布在其他矿物颗粒之间[6]。转炉渣中铁物相主要是以氧化亚铁固溶体为主，与 MgO 可形成完全的固溶体，其中有少量的磁铁矿、磁赤铁矿等多种矿物的复合矿物相。转炉渣中金属铁主要以球粒状的形式嵌布，少数呈斑点状。表 7-1 列出了不同碱度下转炉渣的矿物相组成。

表 7-1 不同碱度下转炉渣矿物相组成 （质量分数,%）

碱度（CaO)/(SiO$_2$)	C_3S	C_2S	CMS	C_3MS_2	RO
4.24	50～60	0～5	0～5	0～5	15～20
3.07	35～45	10～20	5～10	5～10	15～20
2.73	30～35	20～30	5～10	10～20	15～20
2.62	20～30	20～25	10～15	30～40	15～20
2.56	15～25	20～35	10～15	30～40	20～31
2.20	10～15	30～40	15～20	15～20	15～20
1.24	0	5～10	20～25	20～30	5～15

7.1.2 转炉钢渣资源化利用

合理利用和有效回收转炉渣是现代钢铁冶金技术进步的重要标志，也是降低生产成本的重要措施。转炉渣可以回收金属铁，作为冶炼熔剂、烧结原料和炼钢返回渣等，用于铁水脱硅、磷[7]。国内外大型钢铁厂都采用破碎磁选技术回收转炉渣中大量的金属铁。转炉渣部分代替石灰用于炼铁、炼钢及转炉熔剂，高碱度转炉渣的加入可以有效改善酸性熔渣的流动性，降低石灰、萤石等熔剂用量，还可使转炉渣中 Fe、Mn 等元素被还原进入铁液。烧结过程添加转炉渣可提高成品烧结矿转鼓指数及结块率，有利于烧结造球和提高烧结速度，使高炉冶炼顺行、降低焦比[8]。转炉终渣作为下一炉冶炼时初渣使用，可使冶炼初期成渣快，减少初期渣对炉衬的侵蚀而提高炉龄。转炉渣氧化铁能提供一定氧位，氧化钙能提供碱剂，转炉渣作为部分铁水预处理脱磷剂，可节约脱磷熔剂，降低生产成本。

转炉渣作为硅酸盐水泥材料，可生产钢渣水泥，生产钢渣砖和砌块，用作道路工程或回填材料。水泥生产中将转炉渣作为混合料加入，由于转炉钢渣含有硅酸三钙和硅酸二钙胶凝性矿相，一定程度上提高复合硅酸盐水泥强度。转炉钢渣水泥配入 200 号和 400 号混凝土使用，具有耐磨性好及耐化学腐蚀高等优点，广泛用于民用建筑砌砖及防水混凝土工程等。转炉钢渣强度高，是一种优良的筑路回填材料[9~11]。

转炉渣应用于环境保护领域，可作废水去磷剂、污水净化剂、烟气脱硫剂等。转炉渣含有钙、铁、铝等与磷亲和力强的元素[12]，可替代天然材料去除废水中的磷[13]。当转炉渣作为污水净化剂时，可处理含磷废水、含铜废水、含镍废水、含铬废水、含砷废水。利用渣中游离 CaO 同烟气中的 SO_2 作用，生成稳定硫酸钙，从而去除烟气中硫，这是一种以废治废的烟气脱硫工艺。

作为大气 CO_2 永久固结剂，矿物碳化是一种极具潜力的固定大气中 CO_2 的技术，因此尝试将高 CaO 转炉渣作为一种矿物碳化材料[13,14]。实现转炉渣碳化不仅提高了钢渣利用率，还可减轻 CO_2 排放量[15]。转炉渣碳化主要有湿法和干法两种不同方法。干法是固体渣了在高温 200~500℃下直接与 CO_2 反应，生成稳定碳酸盐，控制温度和 CO_2 气氛对此碳化过程十分重要[16]；湿法是将转炉渣粉置于 CO_2 饱和水溶液中进行碳酸化处理，并在大气环境下选择合适的 CO_2 流速、渣液比以及温度，从而不仅减少含碱性化合物引发的高碱水污染，而且可实现大气中气体 CO_2 的永久性固定[17]。

7.1.3　煤气化

煤炭科学利用和环境保护方面提出了洁净煤技术[18]，煤气化是国内外十分重视的洁净煤利用技术之一[19]。煤气化是将固体转化为 CO、H_2、CH_4 等可燃气体为主要成分合成气的过程，在一定温度及压力下使煤中有机质与气化剂（如蒸汽、空气或氧气）发生一系列化学反应。煤气化过程的反应可分成非均相气体-固体反应和均相气相反应两种类型。

煤气化是典型的气固多相反应，总气化历程要经过以下七个步骤：

（1）反应物 A 从气体主体穿过静止气膜，传递到固体颗粒外表面（外扩散过程）。

（2）反应物 A 在固体颗粒内孔的传递（内扩散过程）。

（3）反应物 A 在固体表面活性位上被吸附，并形成中间络合物（吸附过程）。

（4）吸附的中间络合物之间或中间络合物和气体分子之间的表面化学反应（表面反应过程）。

（5）产物 R 从固体表面上脱附下来（脱附过程）。

（6）产物 R 通过固体颗粒内孔传递到颗粒外表面处（内扩散过程）。

（7）产物 R 从颗粒外表面传递到气流主体中被带走（外扩散过程）。

七个步骤可归纳为扩散过程和化学动力学过程两类：（1）、（2）、（6）、（7）为扩散过程，其中又有外扩散和内扩散之分；而（3）、（4）、（5）即吸附、表面反应和脱附均涉及化学键的变化，属于化学过程的范围，故称为化学动力学过程。

煤气化技术是煤炭高效清洁利用的关键核心技术，是发展煤化工技术的基础。表 7-2 列出了煤炭气化过程中基本化学反应及反应热。煤气化过程中发生的反应包括煤热解、气化和燃烧反应。其中，煤热解是指煤从固相变为气、固、液三相产物的过程。在热解失重过程中，受到颗粒尺寸大小的影响，颗粒尺寸越小，受到传热传质影响越小，所以小颗粒煤粉的热解失重量大于大颗粒。但是并不是颗粒尺寸越小越好，当粒径小于 0.25mm 时，主要受到煤岩组分富集的影响，随颗粒尺寸减小，热解失重量略有降低。煤气化和燃烧反应包括非均相气-固反应和均相的气相反应。

表 7-2 煤气化过程中基本化学反应

序号	反应方程式	ΔH(298K, 0.1MPa)/kJ · mol^{-1}	备 注
1	$C+O_2 = CO_2$	-393.5	碳的完全燃烧
2	$C+1/2O_2 = CO$	-110.5	碳不完全燃烧
3	$C+H_2O = CO+H_2$	+131.3	水蒸气气化
4	$C+CO_2 = 2CO$	+172.5	二氧化碳还原
5	$C+2H_2 = CH_4$	-74.4	碳加氢气化
6	$H_2+1/2O_2 = H_2O$	-241.8	氢燃烧
7	$CO+1/2O_2 = CO_2$	-283.0	一氧化碳燃烧
8	$CO+H_2O = CO_2+H_2$	-41.2	变换反应
9	$CO+3H_2 = CH_4+H_2O$	-205.7	甲烷化反应
10	$CH_xO_y = (1-y)C+yCO+0.5xH_2$	+17.0	煤热解反应
11	$CH_xO_y = (1-y-x/8)C+yCO+0.25xH_2+0.125xCH_4$	+8.0	煤热解反应

煤是一种非均相的高分子化合物，受热分解生成可燃性气体（CO、H_2、CH_4、C_2H_4、CO_2、C_2H_6 等）、焦油和固定碳。其热解过程可分为四个阶段：第一阶段主要是水分和吸附气体的释放；第二阶段只发生微量失重，煤中弱键首先发生解聚生成小分子链，煤官能团发生分解，析出以 CO_2 为主的气体物质；第三阶段煤发生解聚释放出大量的可燃气体后，变成半焦；第四阶段主要是半焦缩聚成焦炭，释放出 H_2 和 CO 为主的气体。CO 的逸出分两个阶段，第一阶段在 415~605℃的低温热解范围内，第二阶段在 675~900℃的高温气化区域内。低温热解阶段，煤中部分的烃基和碳基受热裂解生成 CO，还有部分的烃基以酸类化合物的形式转移到热解焦油产物中。高温阶段，随着羟基、含氧杂环及脂肪酸类物质受热分解以及碳和热解产物发生气化反应而产生 CO[20]。

7.1.4 炉渣余热化学法回收研究进展

高炉渣余热回收技术分为湿法工艺和干式工艺[21]，钢铁企业 90%以上采用水淬渣处理工艺，该渣处理工艺虽在技术方面比较成熟，但水淬渣法不仅耗水多，而且对环境污染严重。干法渣处理与水淬渣法相比，更为节水和环保，但设备投入大，工业化应用受到限制[22]。淬粒化和干式粒化工艺，都是通过接触传热或辐射传热来回收熔渣显热，属于物理方法，熔渣所含高品质能量经过多次转化，热损失较大。为从根本上解决这个问题，化学法回收熔渣热量的研究势在必行[23]。钢铁熔渣余热资源未被充分利用的主要原因包括：渣、热利用难以两全；钢铁熔渣热资源具有间歇性；余热回收效率很低。通过将炉渣处理的同时把热能转化成为化学能进行余热回收，有望突破熔渣间歇性限制，提高热回收效率的新途径[24]。

Matsuura 等[25]通过软件计算炼钢炉渣中 FeO 与水蒸气反应产生 H_2 热力学，提高吹入气体的温度、CaO 与 SiO_2 质量比以及渣中 FeO 含量，可提高生成氢气量。Sato 等[26]通过实验验证了以上反应，证明了计算结果的正确性和可行性，得出 1723K 温度下 FeO 含量和 CaO 与 SiO_2 质量比的提高可以增加氢气的产量。

Akiyama[27]对高温废弃物化学反应热回收进行热力学分析，针对高炉渣废热生成 H_2 和 CO，从㶲、焓两方面分析高炉渣热回收系统，认为传统回收手段㶲损大，相对而言化学法对高温余热余能回收具有优势。传统的热回收手段如热水和蒸汽，因为其㶲损比较大，将高品质能量转化为了低品质的能量，是不适于对高温熔渣进行余热回收的。相对于传统热回收手段而言，利用化学热对高温炉渣余热余能进行热回收具有优势，其不仅回收了高温熔渣的热量，而且㶲损也很低。比较熔渣热回收的几种化学反应可以发现，石灰石裂解、甲烷整合和煤气化三种方式更适于高温熔渣的回收利用。

利用高炉熔渣作为热载体进行 C 与 CO_2 反应生产煤气的方法，既对高炉余热进行了回收利用，又充分利用了工业废气，减少了 CO_2 的排放。高炉熔渣粒化处理过程中需要快速冷却，进行大量放热，而煤的气化正好是吸热过程，此过程需要不断吸热、升温，以确保气化反应所需的温度。高炉渣余热煤气化技术包括煤气化系统、煤气收集系统、水淬系统、水净化系统和冷却壁系统[28]。实现高炉渣综合利用将热量用于煤气化，可保证了炉渣热量有效利用，同时又将高炉渣充分粒化并加以冷却，为高炉渣颗粒的应用提供了可能。

7.1.5　FactSage 软件在热力学计算的应用

FactSage 系统是最重要的计算软件和热化学数据率之一。加拿大蒙特利尔综合工业大学通过将原有的 FACT 软件和德国 GTT 公司的 Chemsage 软件相融，形成了综合性集成热力学计算软件。FactSage 集先进的多元多相平衡计算程序 ChemSage 为代表的多种功能计算程序与化合物和多种溶液（尤其是炉渣、熔锍和熔盐）体系的热化学数据库为一体，具有计算功能强大、数据库内容丰富，以及 Windows 平台下的操作简易等优势[29]。FactSage 数据库包括：（1）包含了 4517 种化合物的纯物质数据库；（2）包含 20 种元素的氧化物数据库；（3）包含 20 种阳离子及 8 种阴离子的熔盐数据库；（4）包含 Pb、Sn、Fe、Cu、Zn 等常见合金体系、熔锍体系与部分水溶液体系的综合数据库；（5）用于如电解铝、造纸工业、高纯硅等具体工业过程的特定数据库。FactSage 还可使用 SGTE 等国际上其他知名数据库，并提供用户建立私有数据库的功能。这些丰富的热力学数据库为模拟与计算复杂工业过程提供了可能[29]。

上述软件本质上是将热力学模型和计算原理与电脑强大的数值计算和处理功能相结合，对不同状态下体系热力学函数、热力学平衡态相图、复杂体系多元多相平衡等进行评估和模拟计算，为冶金过程优化和材料设计等提供了强有力的工具。

7.2　转炉渣与 $CO-CO_2-H_2O$ 气体反应行为

高温炉渣不仅作为热源和催化剂，也可通过其组分的化学反应来合成气，生成气体能作为新能源进行利用。首先，转炉渣可以催化煤气化，增加气化速率；其次，液态渣可以作为煤气化热源，提高混合气热值；第三，氢气和一氧化碳可以作为燃料，而含有 CaO 和 FeO 的含碳炉渣可以在烧结机内回收而作为辅助燃料。在 FeO 炉渣中添加碳，不仅能够利用炉渣热能，也能获得 CO 和 H_2。本节通过研究碳、$CaO-SiO_2-FeO$ 渣系和 $CO-CO_2-H_2O$ 气体的反应热力学，探讨了炉渣成分、炉渣温度对生成 CO 和 H_2 的影响，为炉渣高值化利用提供新的利用思路。

7.2.1 计算条件

利用 FactSage 热力学计算软件研究了 $CaO-SiO_2-FeO$ 渣系在添加碳后与 $CO-CO_2-H_2O$ 气体的反应行为。表 7-3 列出了计算的具体热力学条件，使用不同含量配比的 CaO、FeO、SiO_2 三种氧化物在不同的初渣温度下进行平衡，平衡后得到包括熔渣与固体氧化物的最初凝聚相。然后将这些凝聚相与碳以及 $H_2O-CO-CO_2$ 气体进行反应达到热力学平衡。在最初凝聚相的准备阶段，CaO、FeO、SiO_2 三种氧化物的加入总量为 10kg，三种氧化物的含量根据碱度以及初始 FeO 含量确定，在这个阶段不容许气体产生。

表 7-3 FactSage 热力学计算条件

计算阶段	反应式	计算条件
炉渣准备	$FeO(s)+CaO(s)+SiO_2(s) \rightarrow FeO-CaO-SiO_2$（炉渣）+其他凝聚相	FeO：10%和 30%（质量分数） $CaO/SiO_2=1\sim4$
炉渣与气相平衡	$FeO-CaO-SiO_2$（炉渣）+其他凝聚相+C（石墨相）+$H_2O-CO-CO_2(g, 1m^3, 1atm) \rightarrow FeO-Fe_2O_3-CaO-SiO_2$（炉渣）+其他凝聚相+$H_2O-H_2-CO-CO_2(g)$	$CO_2/CO=0.1$（摩尔分数） $H_2O/(CO+CO_2+H_2O)=0.1$（摩尔分数）

7.2.2 计算结果与分析

7.2.2.1 钙硅质量比对气相中气体摩尔分数的影响

炉渣初始温度分别为 1773K、1823K、1873K、1923K、1973K 的恒定温度条件下进行热力学计算。炉渣初始钙硅质量百分比由 1~4 变化，炉渣中加入 30mol 碳以及 $1m^3$ $CO-CO_2-H_2O$ 气体进行热力学反应，炉渣初始 FeO 含量分别设定在 10%和 30%。

如图 7-1 所示，当炉渣初始 FeO 含量（质量分数）为 10%时，炉渣初始钙硅质量比小于 1.8 时，CO 摩尔分数变化不规律；当炉渣初始钙硅质量比数值达到 1.8 后，CO 摩尔

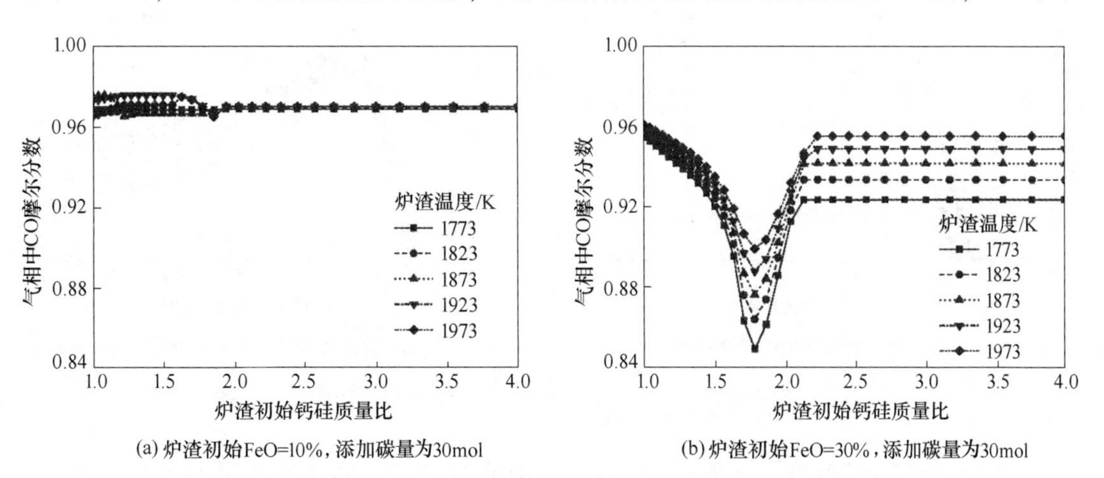

(a) 炉渣初始FeO=10%，添加碳量为30mol

(b) 炉渣初始FeO=30%，添加碳量为30mol

图 7-1 不同温度下气相中 CO 摩尔分数与炉渣初始钙硅质量比的关系

分数保持不变。当炉渣初始 FeO 含量为 30%时，初始钙硅质量比小于 1.8，CO 摩尔分数呈下降趋势；初始钙硅质量比大于 1.8，CO 摩尔分数呈上升趋势，达到 2.2 后保持不变。

如图 7-2 所示，当炉渣初始 FeO 含量为 10%，炉渣初始钙硅质量比小于 1.8 时，CO_2 摩尔分数变化不规律；当炉渣初始钙硅质量比数值达到 1.8 后，CO_2 摩尔分数保持不变。当炉渣初始 FeO 含量为 30%时，炉渣初始钙硅质量比 1.8 是 CO_2 摩尔分数的转折点，CO_2 摩尔分数先增长后减少，达到 2.2 后保持不变。可以发现气相中 CO_2 摩尔分数变化与 CO 摩尔分数变化呈相反趋势。

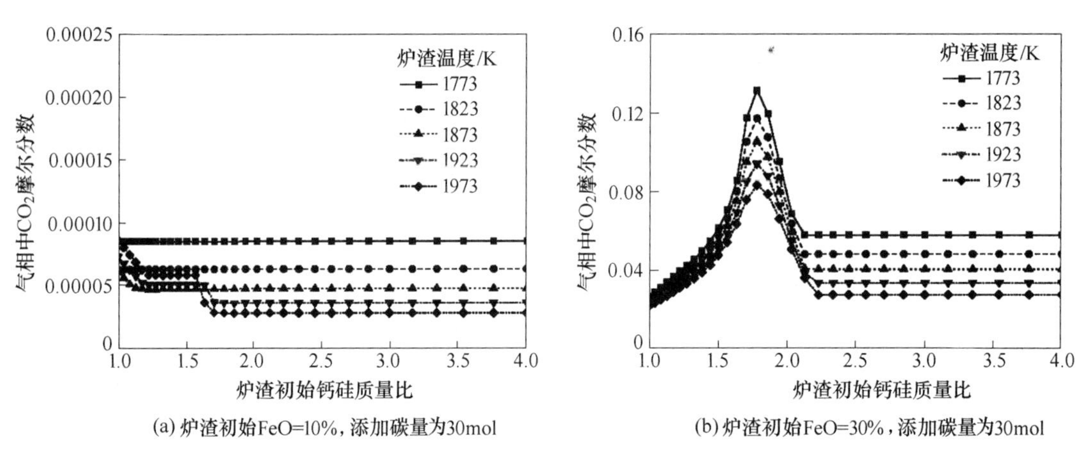

(a) 炉渣初始FeO=10%，添加碳量为30mol　　(b) 炉渣初始FeO=30%，添加碳量为30mol

图 7-2　不同温度下气相中 CO_2 摩尔分数与炉渣初始钙硅质量比的关系

7.2.2.2　钙硅质量比对 C_2S 量和 MeO_A#1 量的影响

在 FactSage 数据库中，“α-C_2S”代表 $2CaO \cdot SiO_2$ 相，$2CaO \cdot SiO_2$ 的生成情况如图 7-3 所示。随着炉渣初始钙硅质量比的增加，$2CaO \cdot SiO_2$ 相不断生成，当炉渣初始钙硅质量比达到 1.8 时，生成的 $2CaO \cdot SiO_2$ 相也达到最大值。

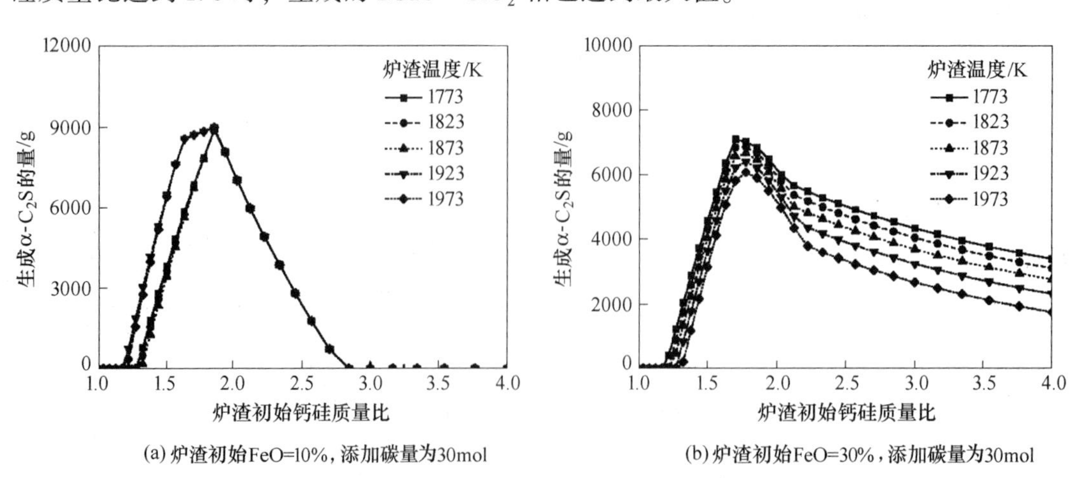

(a) 炉渣初始FeO=10%，添加碳量为30mol　　(b) 炉渣初始FeO=30%，添加碳量为30mol

图 7-3　不同温度下生成 C_2S 的质量与炉渣初始钙硅质量比的关系

“MeO_A#1”代表的是由 FeO、Fe_2O_3、CaO 形成的相，其生成情况如图 7-4 所示。由于 CaO 的碱度强于 FeO，随着炉渣初始钙硅质量比的增加，渣中 CaO 增多取代了

$2FeO \cdot SiO_2$ 相中的 FeO，使渣中 FeO 含量增多，导致炉渣中 FeO 活度提高。另外，CaO 含量增加带入较多的 O^{2-}，使得渣中 O^{2-} 数量增加，FeO 活度增加。而生成的“MeO_A#1”固溶相一开始含量为 0，当炉渣初始钙硅比达到 2.5 左右时，“MeO_A#1”固溶相不断增加。综合这两种相的影响，当炉渣初始钙硅质量比达到 1.8 时，FeO 活度达到最大值，这将会影响渣中 FeO 与碳的反应以及 Fe 的生成。

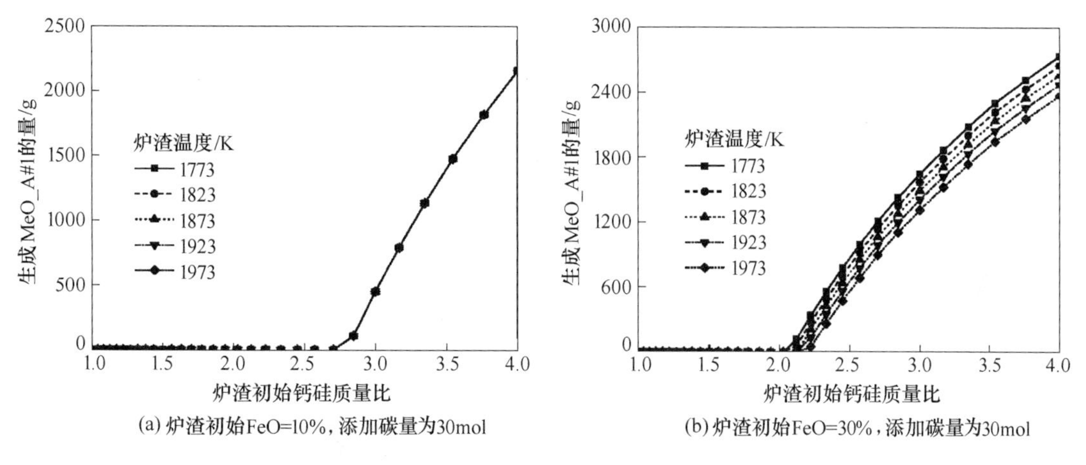

(a) 炉渣初始FeO=10%，添加碳量为30mol　(b) 炉渣初始FeO=30%，添加碳量为30mol

图 7-4　不同温度下生成 MeO_A#1 的量与炉渣初始钙硅质量比的关系

FeO 的活度越高，越容易被碳还原生成 Fe。根据反应方程式，碳与 CO_2 的反应（式（7-1））比碳与 FeO 的反应（式（7-2））生成更多的 CO。在高 FeO 活度下，一些碳被消耗生成 Fe，随着 Fe 的生成，总的 CO 含量减少。所以，CO 摩尔分数与生成的液态或者固态 Fe 的变化趋势相反。从图 7-5 可以看出，当炉渣初始钙硅比质量比达到 1.8 时，此时生成的液态或固态铁的量达到最大值。综上所述，当炉渣初始钙硅质量比达到 1.8 时，生成的 $2CaO \cdot SiO_2$ 相、FeO 的活度以及生成的液态或者固态 Fe 达到最大值，而气相中 CO 摩尔分数达到最小值。

$$C(s) + CO_2(g) \longrightarrow 2CO(g) \qquad \Delta G^{\ominus} = 161000 - 168.1T \quad J/mol \qquad (7-1)$$

$$FeO(l) + C(s) \longrightarrow Fe(s) + CO(g) \qquad \Delta G^{\ominus} = 120200 - 132.2T \quad J/mol \qquad (7-2)$$

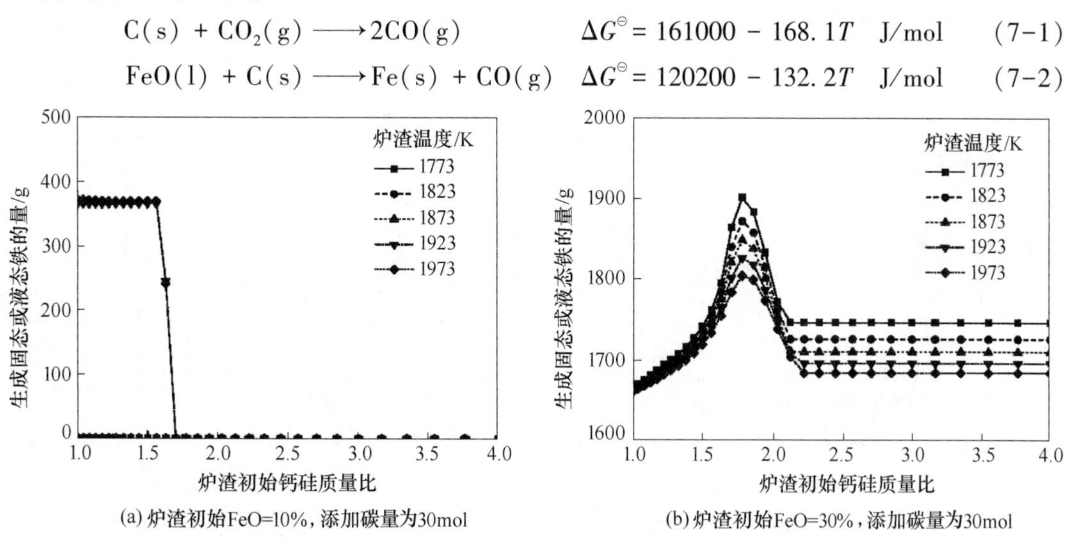

(a) 炉渣初始FeO=10%，添加碳量为30mol　(b) 炉渣初始FeO=30%，添加碳量为30mol

图 7-5　不同温度下生成固态或液态铁的量与炉渣初始钙硅质量比的关系

7.2.2.3　钙硅质量比对气相中 H_2O 的影响

图 7-6 所示为炉渣初始钙硅质量比与达到平衡时气相中 H_2O 摩尔分数的关系曲线。当炉渣初始 FeO 为 10%时，温度越高，H_2O 摩尔分数越低。在 1923K 和 1973K 时，炉渣初始钙硅质量比小于 1.8 时，H_2O 摩尔分数呈下降趋势；炉渣初始钙硅质量比大于 1.8 时，H_2O 摩尔分数保持不变。在其他几个初始温度下，炉渣初始钙硅质量比对 H_2O 摩尔分数几乎没有影响。然而，当炉渣初始 FeO 为 30%，炉渣初始钙硅质量比达到 1.8 时，H_2O 摩尔分数出现转折点，H_2O 摩尔分数随着炉渣初始钙硅质量比的增加先增加后减小保持不变。由于 CO_2 与碳的反应（式（7-1））是强吸热反应，随着温度的升高，CO_2 还原反应加快，从而生成更多的 CO。同时，随着温度升高而生成大量 CO 会阻碍 C 与 H_2O 之间反应（式（7-3）和式（7-4））的进行。

$$C(s) + H_2O(g) \longrightarrow CO(g) + H_2(g) \qquad \Delta G^{\ominus} = 133500 - 141.9T \ \ \text{J/mol} \qquad (7-3)$$

$$C(s) + 2H_2O(g) \longrightarrow CO_2(g) + H_2(g) \qquad \Delta G^{\ominus} = 106000 - 115.6T \ \ \text{J/mol} \qquad (7-4)$$

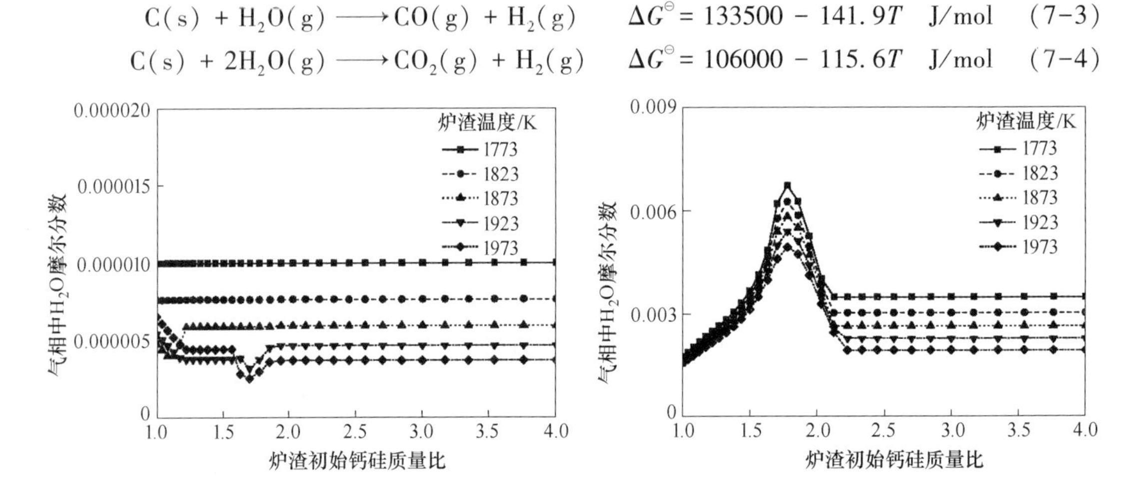

(a) 炉渣初始FeO=10%，添加碳量为30mol　　(b) 炉渣初始FeO=30%，添加碳量为30mol

图 7-6　不同温度下气相中 H_2O 摩尔分数与炉渣初始钙硅质量比的关系

7.2.2.4　钙硅质量比对渣相量的影响

图 7-7 所示为不同炉渣初始 FeO 含量下生成炉渣量的变化曲线。对于炉渣初始 FeO 为 10%时，生成炉渣的量随着炉渣初始钙硅质量比的增加而减少，当炉渣初始钙硅质量比

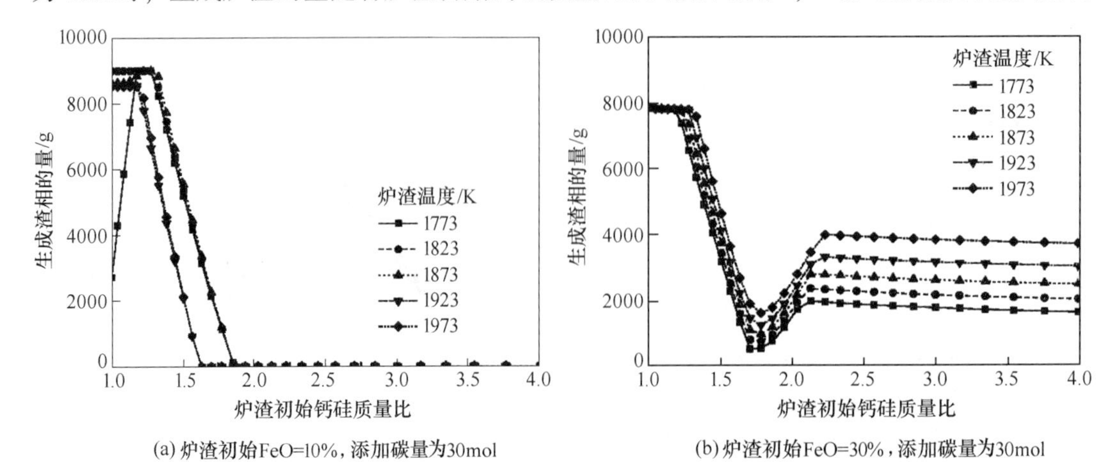

(a) 炉渣初始FeO=10%，添加碳量为30mol　　(b) 炉渣初始FeO=30%，添加碳量为30mol

图 7-7　不同温度下生成渣相的量与炉渣初始钙硅质量比的变化曲线

大于 1.8，生成炉渣的量减少为 0。当炉渣初始 FeO 含量为 30%时，炉渣量先减少再增加然后保持不变，炉渣初始钙硅质量比为 1.8，就是渣量达到最小值时对应的点。

图 7-8、图 7-9 所示分别为在不同温度下，随着炉渣初始钙硅质量比的变化，生成 $CaSiO_5$ 和 Fe_3C 的量。当转炉初始 FeO 为 30%时，不生成 $CaSiO_5$ 和 Fe_3C；当转炉初始 FeO 为 10%时，$CaSiO_5$ 的量增加到最大值后再减少。温度不同，Fe_3C 的量随着炉渣初始钙硅比的变化表现出的趋势也不同。当温度较高时，Fe_3C 的量也呈现出先增加后不变的趋势，当温度较低时，Fe_3C 的量几乎保持不变。

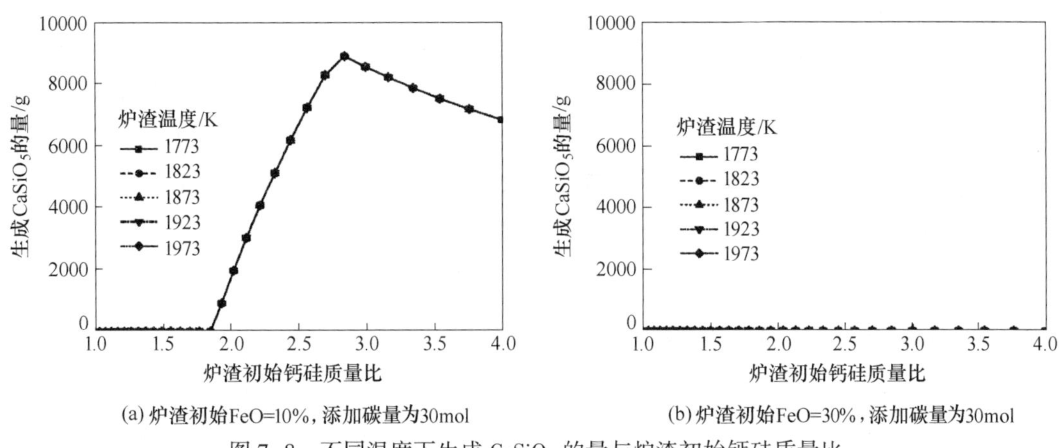

图 7-8　不同温度下生成 $CaSiO_5$ 的量与炉渣初始钙硅质量比

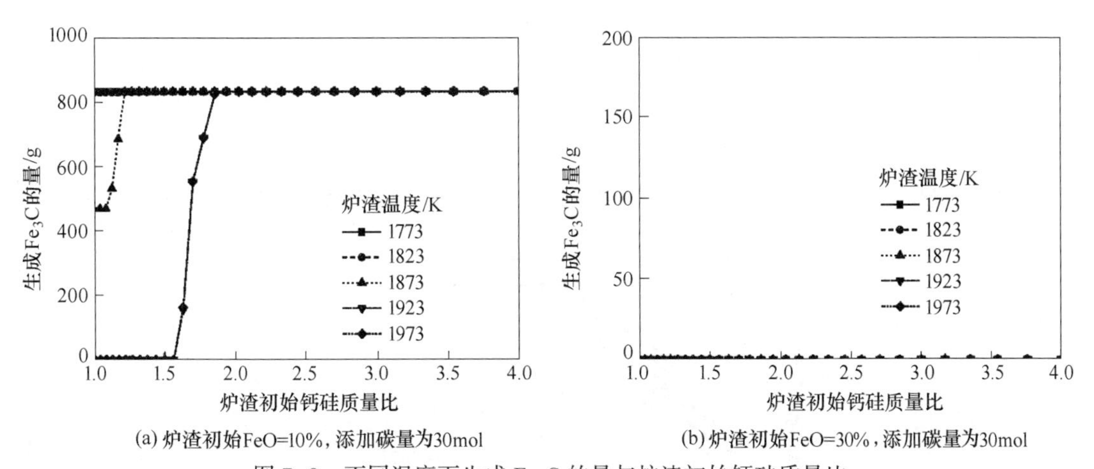

图 7-9　不同温度下生成 Fe_3C 的量与炉渣初始钙硅质量比

7.3　加碳量对转炉渣中 CO、H_2O 的影响

含 FeO 炉渣中添加碳不仅能够利用炉渣热能，还能获得 CO_2。通过研究碳、CaO-SiO_2-FeO 渣系和 CO-CO_2-H_2O 气体之间的反应热力学，分析加碳量对达到平衡时气相中气体的摩尔分数及固相成分的影响。通过热力学计算，找到最合适的碳量，为转炉渣热能利用奠定理论基础。

7.3.1　计算条件

炉渣初始温度为1773K、1823K、1873K、1923K、1973K的恒定温度条件下进行热力学计算。添加的碳量从10~120mol变化，炉渣初始钙硅比为2.3，炉渣初始FeO含量分别为10%、20%和30%。

7.3.2　计算结果与分析

7.3.2.1　添加碳量对气相中气体摩尔分数的影响

图7-10所示为加碳量与气相平衡时CO摩尔分数的关系曲线。随着碳量的增加，CO摩尔分数先增加后保持不变。当炉渣初始FeO为10%、20%和30%时，加碳量分别达到20mol、30mol和50mol后，CO摩尔分数保持不变，把不同碳量对应的点称为转折点。当加碳量低于转折点时，CO摩尔分数随着炉渣初始温度的升高而增加；当加碳量高于转折点时，CO摩尔分数几乎没有影响。炉渣初始FeO含量越高，开始时气相中CO摩尔分数越低。

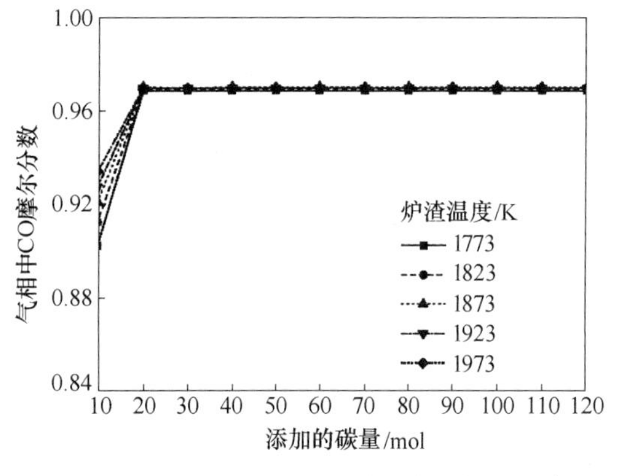

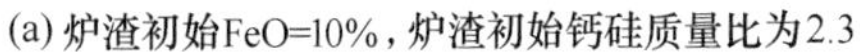
(a) 炉渣初始FeO=10%，炉渣初始钙硅质量比为2.3

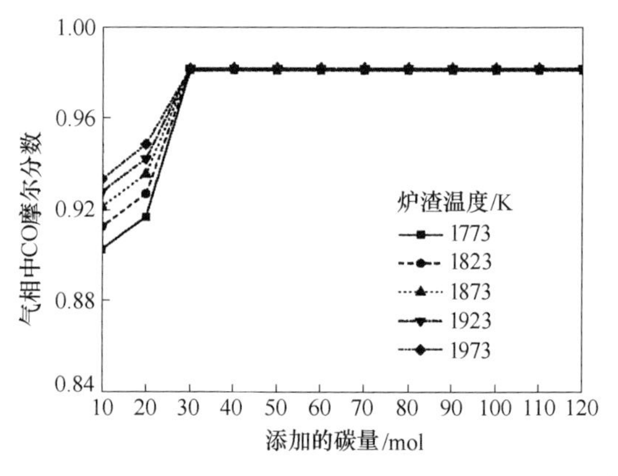

(b) 炉渣初始FeO=20%，炉渣初始钙硅质量比为2.3

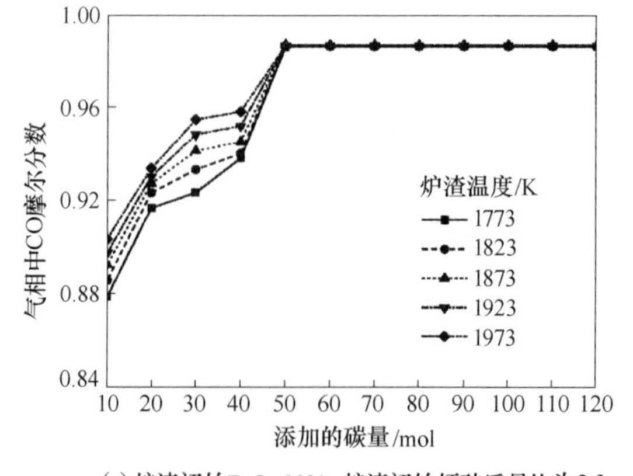

(c) 炉渣初始FeO=30%，炉渣初始钙硅质量比为2.3

图7-10　不同温度下气相中CO摩尔分量与加碳量的关系

图7-11所示为加碳量与气相平衡时CO_2摩尔分数的关系曲线。随着碳量的增加，CO_2摩尔分数不断减少直到变为0。CO_2摩尔分数的变化与CO摩尔分数的变化呈相反趋

势。当炉渣初始 FeO 为 10%、20% 和 30% 时，加碳量分别达到 20mol、30mol 和 50mol 后，CO_2 摩尔分数开始变为 0，然后保持不变。当加碳量低于转折点时，CO_2 摩尔分数随着炉渣初始温度的升高而减少。炉渣初始 FeO 含量越高，开始时气相中 CO_2 摩尔分数越高。

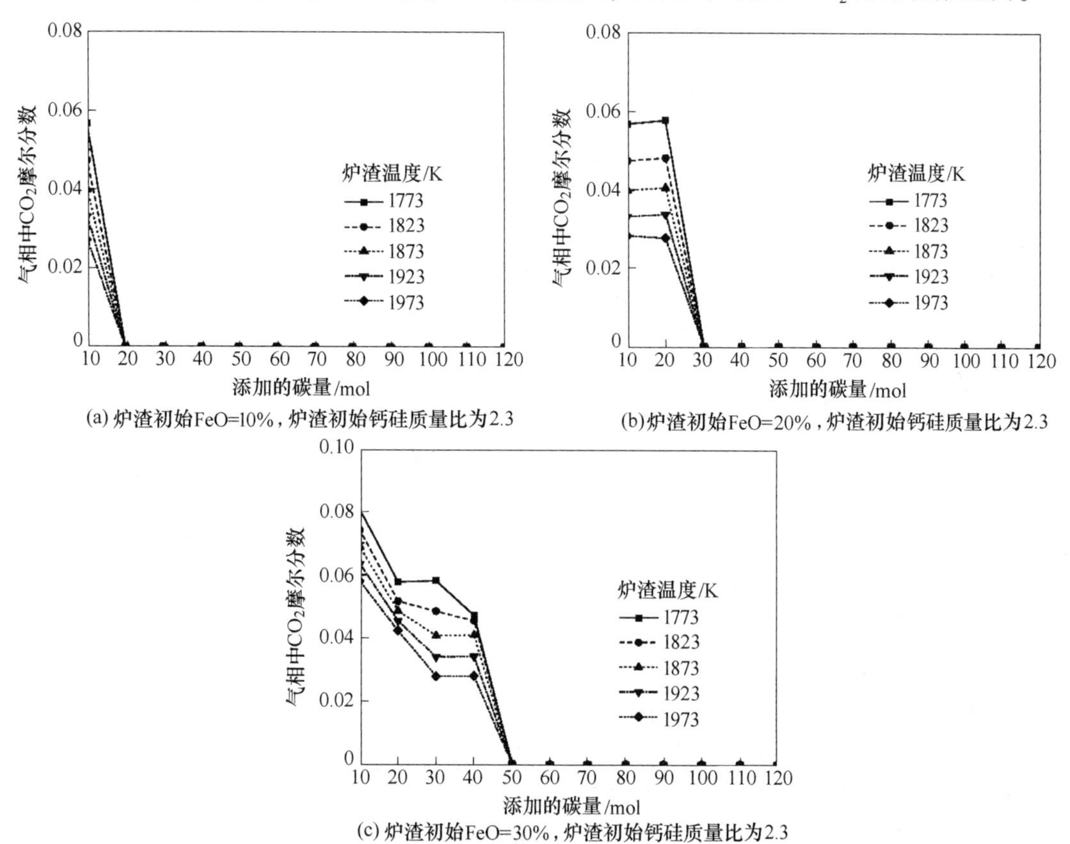

(a) 炉渣初始FeO=10%，炉渣初始钙硅质量比为2.3

(b) 炉渣初始FeO=20%，炉渣初始钙硅质量比为2.3

(c) 炉渣初始FeO=30%，炉渣初始钙硅质量比为2.3

图 7-11　不同温度下气相中 CO_2 摩尔分数与加碳量的关系

图 7-12 所示为加碳量与气相平衡时 H_2O 摩尔分数的关系曲线。随着碳量增加，H_2O 摩尔分数不断减少直到 0。炉渣初始温度变化对 H_2O 摩尔分数影响较小。当加碳量低于转折点时，随着炉渣初始温度的升高，H_2O 摩尔分数降低。炉渣初始 FeO 含量越高，开始时 H_2O 摩尔分数越高。

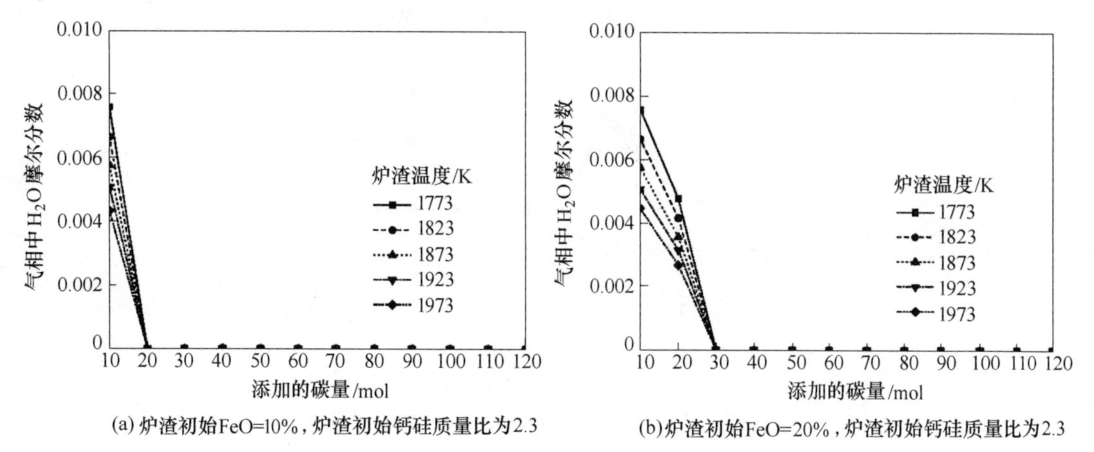

(a) 炉渣初始FeO=10%，炉渣初始钙硅质量比为2.3

(b) 炉渣初始FeO=20%，炉渣初始钙硅质量比为2.3

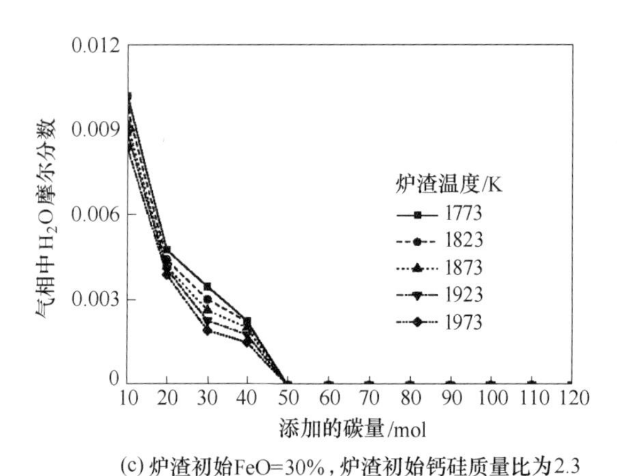

(c) 炉渣初始FeO=30%，炉渣初始钙硅质量比为2.3

图 7-12　不同温度下气相中 H_2O 摩尔分数与加碳量的关系

7.3.2.2　加碳量对 C_2S 和 MeO_A#1 的影响

图 7-13、图 7-14 所示分别为不同温度下，加碳量对生成 C_2S 和 MeO_A#1 的影响。当炉渣初始 FeO 为 10%时，加碳量达到 20mol 时，MeO_A#1 相全部消失，α-C_2S 减少了约一半。当炉渣初始 FeO 为 20%和 30%时，C_2S 和 MeO_A#1 有着相同的变化规律，不过加碳量分别达到 30mol、50mol。

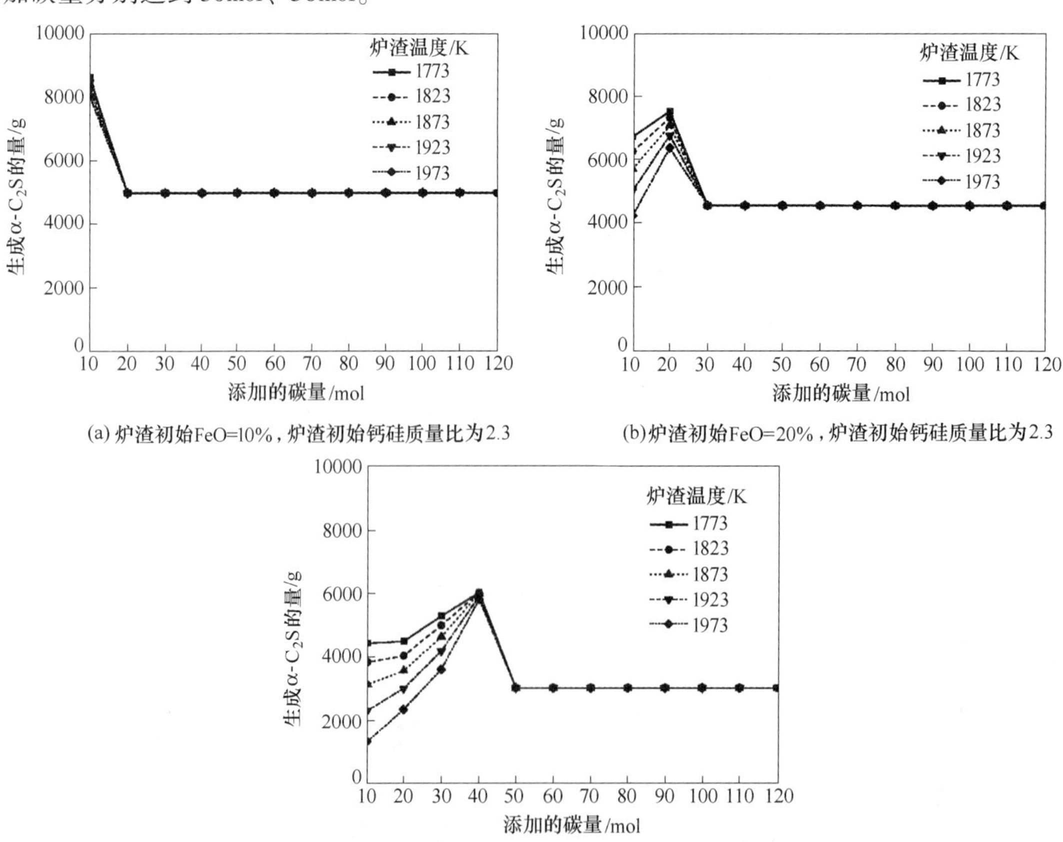

(a) 炉渣初始FeO=10%，炉渣初始钙硅质量比为2.3

(b) 炉渣初始FeO=20%，炉渣初始钙硅质量比为2.3

(c) 炉渣初始FeO=30%，炉渣初始钙硅质量比为2.3

图 7-13　不同温度下生成 C_2S 量与加碳量的关系

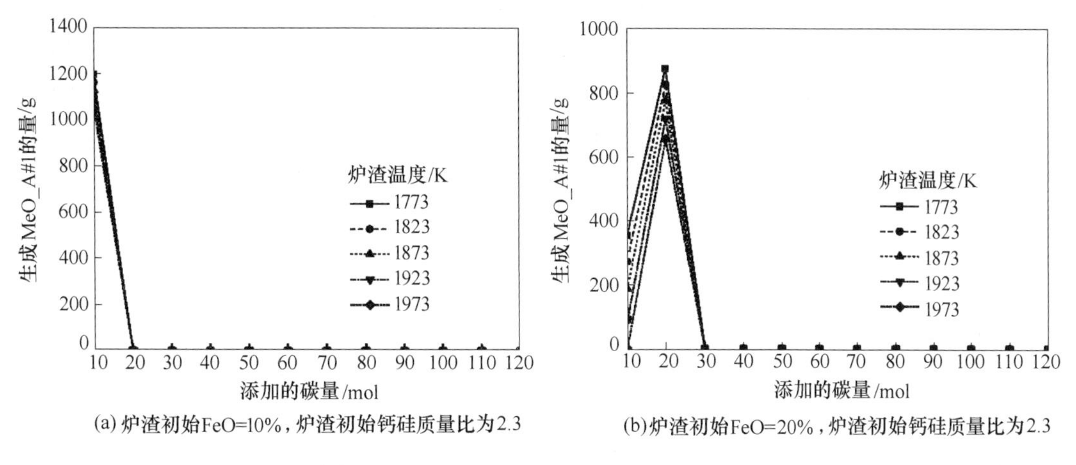

(a) 炉渣初始FeO=10%，炉渣初始钙硅质量比为2.3　(b) 炉渣初始FeO=20%，炉渣初始钙硅质量比为2.3

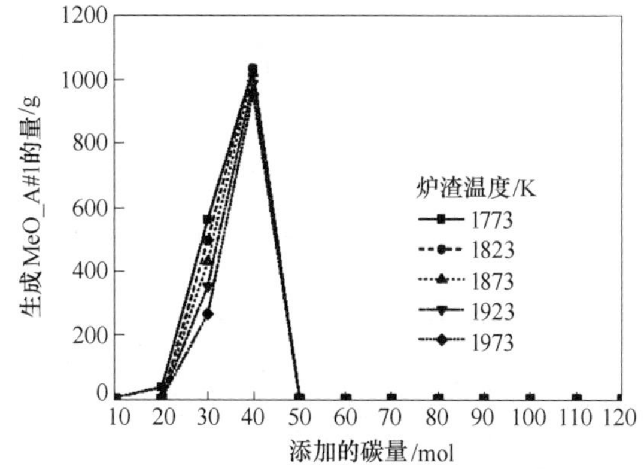

(c) 炉渣初始FeO=30%，炉渣初始钙硅质量比为2.3

图 7-14　不同温度下生成 MeO_A#1 量与加碳量的关系

7.4　恒温条件煤炭与转炉渣的相关热力学计算

针对熔渣具有的潜能和通过水蒸气来回收熔渣热能的技术，考虑到高温炉渣不仅可以作为热源和催化剂来促进煤分解，而且可以利用渣中特有的组成通过化学反应来生产合成气，在高温 FeO-CaO-SiO_2 炉渣中加入煤以及通入 CO_2 气体来达到生成 CO 的目的。

采用 CO_2 气氛，根据煤的成分，通过输入 C 来代替煤中的固定碳，输入 H_2O 来代替煤中水分，输入 CH_4 来代替煤中挥发分，输入 SiO_2、CaO 和 Al_2O_3 来代替煤的灰分。恒温条件下通过热力学软件 FactSage 进行煤、CaO-SiO_2-FeO 渣系及 CO_2 的热力学计算，研究炉渣中初始 FeO 含量、炉渣初始钙硅比对达到平衡时气相中气体生成量、渣相成分、炉渣中 FeO 活度及固相成分的影响。

7.4.1　热力学计算条件

利用 FactSage 热力学软件研究 CaO-SiO_2-FeO 渣系在添加煤后与 CO_2 恒温条件下的反应行为。表 7-4 列出了具体热力学计算条件。使用不同含量的 CaO、FeO、SiO_2 在不同初渣温度下进行平衡，平衡后得到包括熔渣与固体氧化物的最初凝聚相，然后使其与煤在

CO_2 氛围进行反应达到平衡。在最初凝聚相的准备阶段，CaO、FeO、SiO_2 三种氧化物的加入总量为 10kg，根据炉渣碱度以及炉渣初始 FeO 含量的不同，三种氧化物的含量也随之变化，在这个阶段的计算中，不容许气体产生。计算用拟煤化学成分见表 7-5，煤挥发分用 CH_4 代替，煤灰分用各种氧化物代替。在恒定温度下进行热力学计算，炉渣初始温度分别为 1773K、1823K、1873K、1923K、1973K，在计算得到的初始炉渣中，加入 5kg 煤炭，不断通入 20kg CO_2 气体。

表 7-4　恒温条件下的热力学计算条件

反应阶段	计　算　条　件
炉渣准备	FeO(s) + CaO(s) + SiO_2(s) → FeO - CaO - SiO_2(炉渣) + 其他凝聚相
炉渣量	总量：10kg
炉渣成分	FeO：10%~40%；CaO/SiO_2 = 1~3
温度	1773~1973K，Delta：50
炉渣与气平衡	
反应	FeO - CaO - SiO_2(炉渣) + 其他凝聚相 + 5kg 拟煤 + 20kg CO_2(g，1atm) → FeO - Fe_2O_3 - CaO - SiO_2(炉渣) + 其他凝聚相 + H_2O - H_2 - CO - CO_2(g)
压力	1atm

表 7-5　计算用拟煤的化学成分

成　分	C	H_2O	CH_4	SiO_2	CaO	Al_2O_3
质量分数/%	86	3	4	4	2	1

7.4.2　计算结果与分析

7.4.2.1　炉渣初始 FeO 影响

图 7-15 所示为在恒定温度条件下，炉渣初始钙硅比为 1，随着炉渣初始 FeO 变化，生成 CO 和 H_2O 量及剩余 CO_2 量的情况。反应温度越高，生成的 CO 越多。达到平衡后生成 CO 量与剩余 CO_2、H_2O 量呈相反的变化趋势。

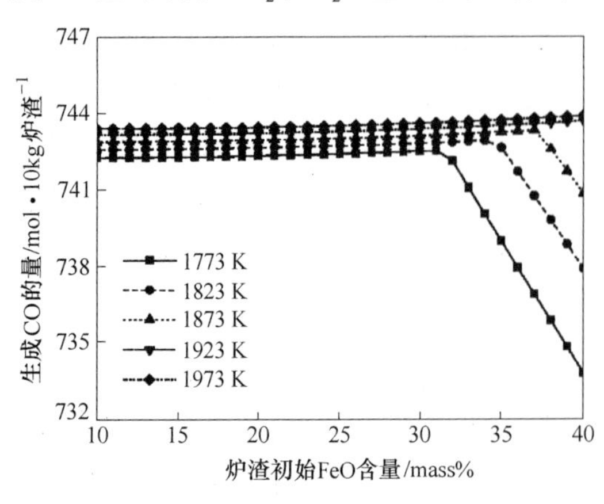

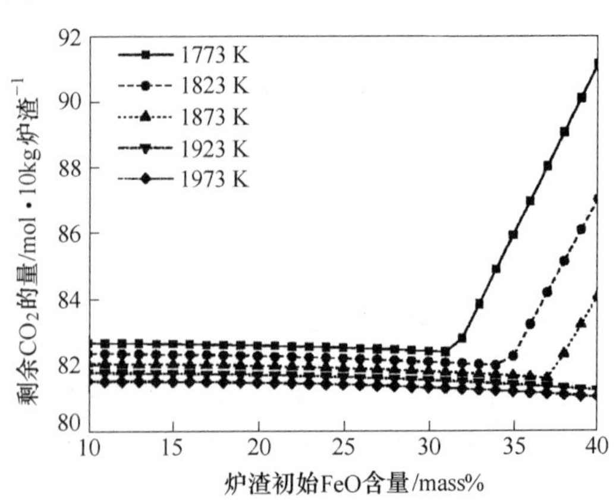

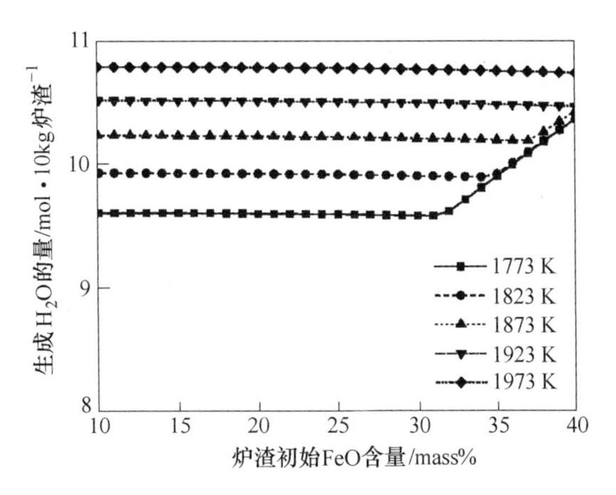

图 7-15 生成 CO 和 H_2O 及 CO_2 剩余含量与炉渣初始 FeO 含量关系

反应温度为 1773K、1823K 和 1873K，炉渣初始 FeO 含量高于 30%时，生成 CO 随 FeO 含量增加而减少，与生成液态或者固态铁量的变化趋势相反。图 7-16 示出初始渣 FeO 含量与渣相 FeO 活度的相互关系。当炉渣初始 FeO 含量在 20%和 40%，达到平衡时渣相中 FeO 含量分别为 19.2%和 33.5%，对应的渣相中 FeO 活度为 0.29 和 0.58。可以看出当初始渣中 FeO 含量超过 30%时，渣相中 FeO 活度与炉渣初始 FeO 含量不是成正比关系，这证明渣中 FeO 被消耗。随着 FeO 活度增加，煤中的碳更易被还原而促进 Fe 生成。由于碳与 CO_2 反应比碳与 FeO 反应生成更多 CO，所以在高 FeO 活度的情况下，一些碳被消耗生成 Fe，随着 Fe 生成，总 CO 量在减少。

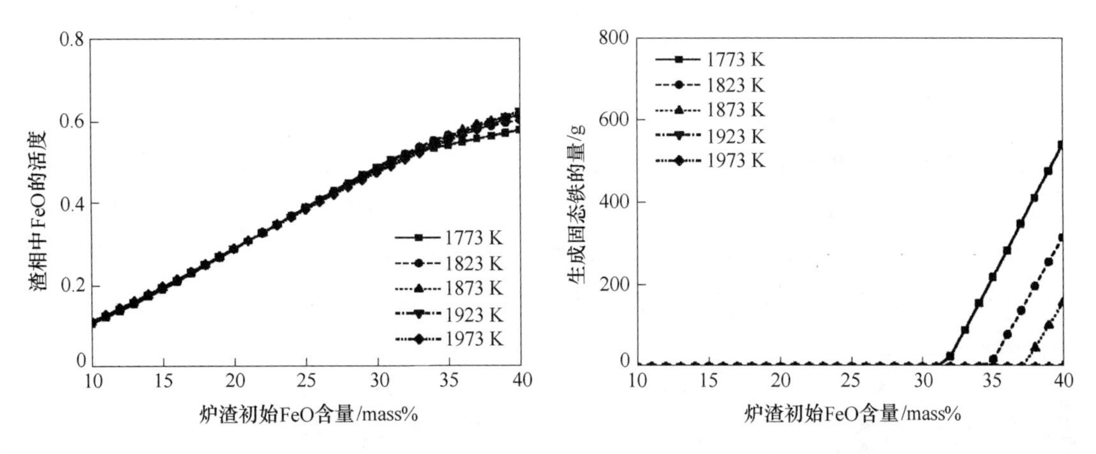

图 7-16 炉渣初始 FeO 含量与渣相 FeO 活度及生成固态铁量的关系

7.4.2.2 炉渣初始钙硅比的影响

图 7-17 所示为炉渣初始钙硅比与生成 CO 和 H_2O 及剩余 CO_2 量的关系曲线。温度为 1923K 和 1973K 时，炉渣初始钙硅比的影响不明显；当炉渣温度为 1773K、1823K 和 1873K 时，炉渣初始钙硅比 1.8 是生成 CO 和 H_2O 以及剩余 CO_2 量的转折点。平衡时气相中 CO 的摩尔分数随炉渣初始钙硅比的增加，先减少后增加，然后保持不变。剩余 CO_2、生成 H_2O 的变化趋势与 CO 的相反。

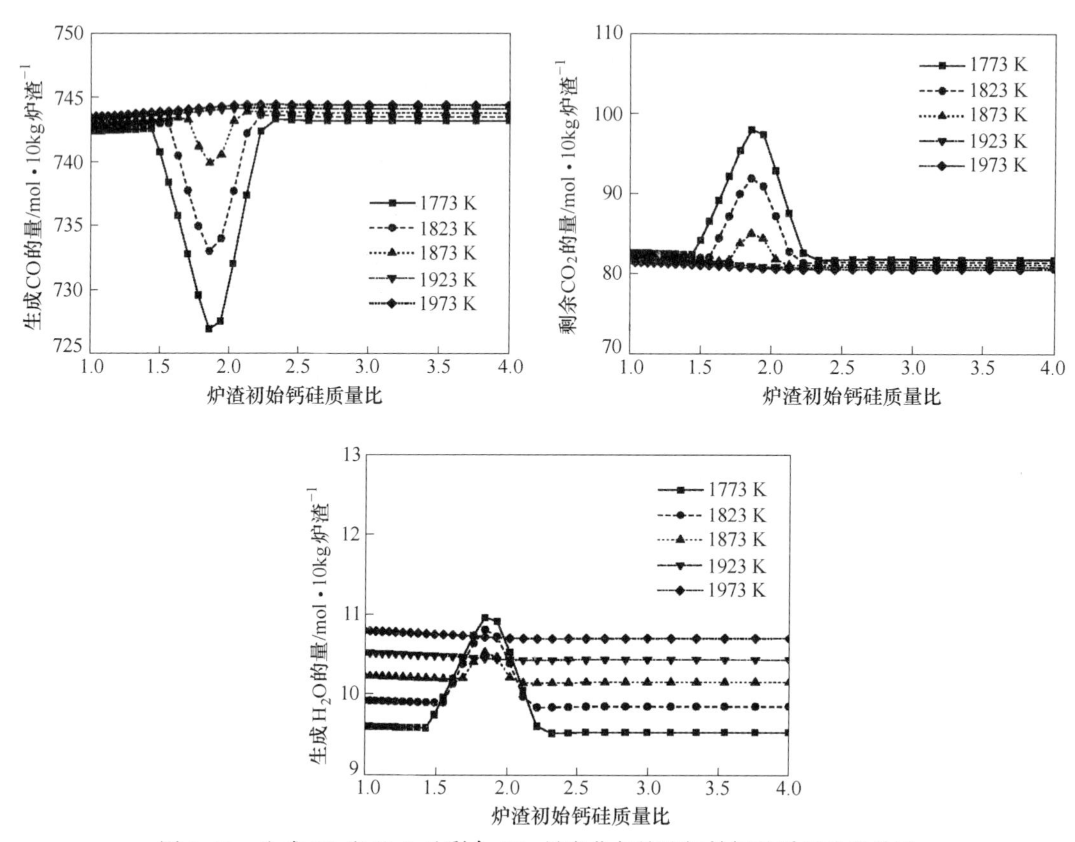

图 7-17　生成 CO 和 H_2O 及剩余 CO_2 量变化与炉渣初始钙硅质量比的关系

在 FactSage 数据库中，“固溶体相”代表了由 FeO、Fe_2O_3 和 CaO 组成的相，“固溶体相”和 $2CaO \cdot SiO_2$ 相的生成情况如图 7-18 所示。随着炉渣初始钙硅比的变化 FeO 活度的变化如图 7-19 所示。当炉渣初始钙硅比小于 1.8 时，FeO 的活度随钙硅比的增加而增加，到最大后减小保持不变。随着炉渣初始钙硅比的增加，$2CaO \cdot SiO_2$ 相不断生成，当炉渣初始钙硅比达到 1.8 时，生成的 $2CaO \cdot SiO_2$ 相达到最大值。这是由于炉渣初始钙硅比的增加，CaO 含量增加，带入的 O^{2-} 使渣中 O^{2-} 数量增加，可使

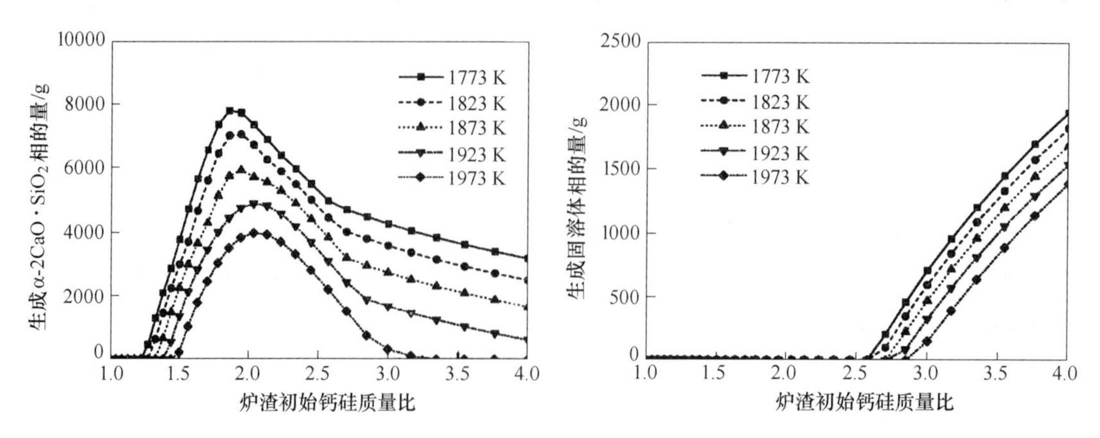

图 7-18　生成 $2CaO \cdot SiO_2$ 和固溶体的量与炉渣初始钙硅质量比的关系

复杂的硅氧复合阴离子解体成简单的结构；另外，增多的 O^{2-} 和 Fe^{2+} 形成 $Fe^{2+}-O^{2-}$ 强离子对，而 Ca^{2+} 则存在于解体后比较简单的复合阴离子周围，形成弱离子对，从而使渣中 $Fe^{2+}-O^{2-}$ 离子的浓度增加，因而 FeO 活度增加[30]。当炉渣初始钙硅比高于 2.6 时，“固溶体相”由于 CaO 和 FeO 的剩余而生成。所以，FeO 的活度呈先减小后保持不变的趋势。

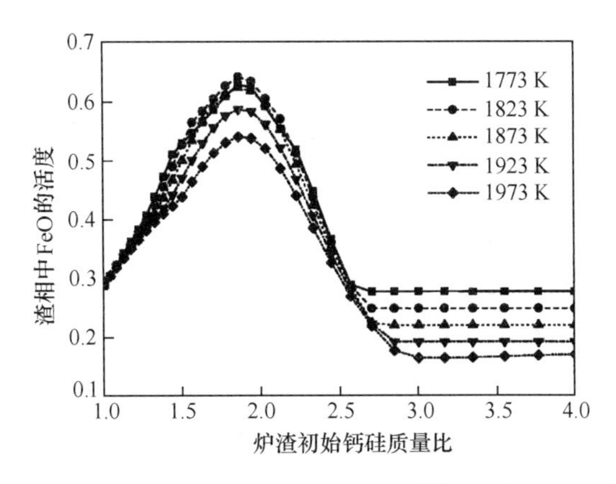

图 7-19 渣相中 FeO 的活度与炉渣初始钙硅质量比的关系

当炉渣初始钙硅比在 1.4~2.1 之间时，液相中 FeO 活度随着炉渣初始钙硅比增加先增加后减少，影响炉渣 FeO 与碳之间的反应，进而影响了 CO 生成趋势。

7.5 无焓变条件煤炭与炉渣的相关热力学计算

在无焓变条件下，通过模拟炉渣温度降到 1772K 之前，向炉渣中不断喷入 CO_2 气体及煤粉的工序，使得模拟与实际更加相近。根据煤的实际成分，输入 C 来代替煤中固定碳，输入 H_2O 来代替煤中水分，输入 CH_4 来代替煤中挥发分，输入 SiO_2、CaO 和 Al_2O_3 来代替煤中灰分。

无焓变条件通过热力学软件 FactSage 进行煤、$CaO-SiO_2-FeO$ 渣系及 CO_2 的热力学计算，研究炉渣中初始 FeO 含量、炉渣初始钙硅比、炉渣温度对达到平衡时气相中气体生成量、渣相成分及炉渣中 FeO 活度的影响。

7.5.1 热力学计算条件

在无焓变条件的计算中，首先准备炉渣，然后将得到的凝聚相与气体和拟煤反应达到平衡，得到包括熔渣与固体氧化物的凝聚相将继续循环作为下次计算的初始凝聚相，与新的气体和拟煤进行反应。由于每一步计算都是在无焓变条件下进行，随着循环的进行，系统温度会不断下降，当温度低于 1772K 时，上述炉渣与气体的平衡计算停止，退出循环。在每步计算中煤炭随 CO_2 气体一同喷入进行反应。拟煤化学成分见表 7-5，表 7-6 为无焓变条件下 FactSage 的计算条件。每步计算时加入 10L CO_2 气体同时喷入 5kg 拟煤。炉渣初始温度为 1873K。

表 7-6　无焓变条件下 FactSage 的计算条件

反应阶段	计　算　条　件
炉渣准备	CaO/SiO_2 = 1~4；FeO：10%~40%；炉渣总量：10kg
反应	FeO - CaO - SiO_2(炉渣) + 其他凝聚相 + 5g 拟煤 + 10L CO_2(g) → FeO - Fe_2O_3 - CaO - SiO_2(炉渣) + 其他凝聚相 + H_2O - H_2 - CO - CO_2(g) 在每一个计算步骤中
气体条件	气体温度：298K 气体压力：$p(CO_2)$ = 1.0atm
温度	为满足无焓变计算而改变

7.5.2　计算结果与分析

7.5.2.1　初始 FeO 的影响

图 7-20 所示为炉渣初始钙硅比为 1，不同炉渣初始 FeO 含量，随着 CO_2 加入生成 CO 和 H_2O 以及剩余 CO_2 量的变化。所有气体生成摩尔分数与 CO_2 气体加入量呈线性关系。炉渣初始 FeO 含量越大，生成 CO 越少，而其对 CO_2、H_2O 影响与对 CO 影响相反。

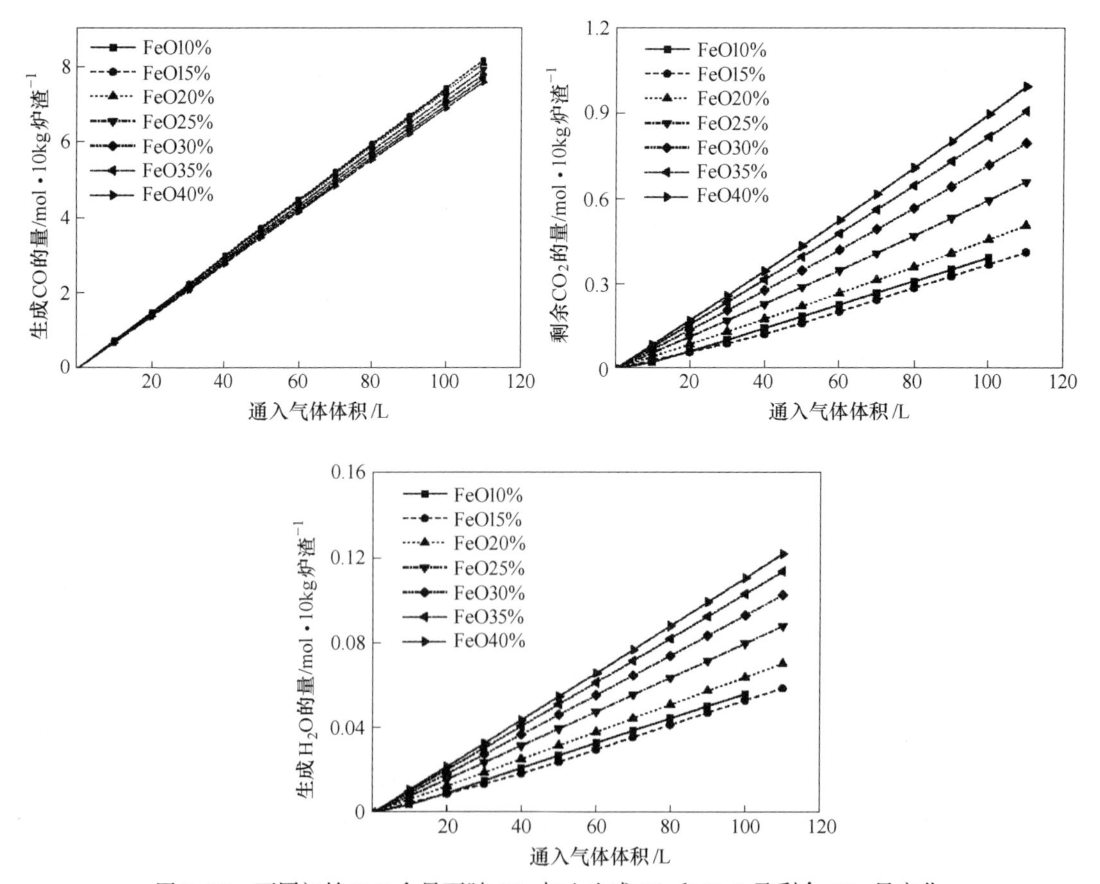

图 7-20　不同初始 FeO 含量下随 CO_2 加入生成 CO 和 H_2O 及剩余 CO_2 量变化

随着 CO_2 气体加入，在不同炉渣初始 FeO 含量下渣中 FeO 活度都保持在不同的稳定值（图7-21）。当加入 CO_2 气体少于80L时，有液态和固态铁生成。炉渣初始FeO含量越大，随着气体不断加入，生成Fe量增加趋势更加明显。

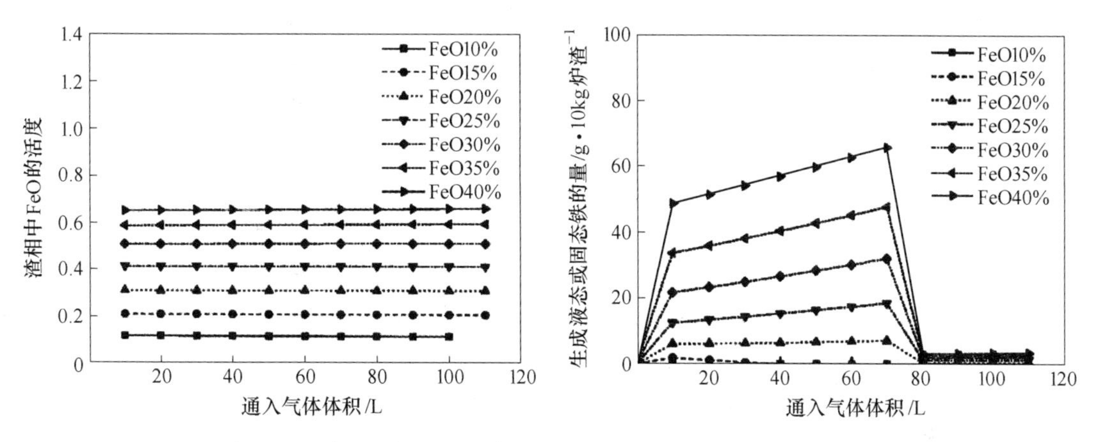

图7-21　随 CO_2 加入渣相中FeO活度及生成固态或液态铁的变化

7.5.2.2　炉渣初始钙硅比的影响

图7-22所示为无焓变条件不同炉渣初始钙硅比随着 CO_2 加入生成CO和 H_2O 以及剩余 CO_2 量的变化。炉渣初始钙硅比对气体量的影响对于 CO_2 和 H_2O 来说相同，但是对于

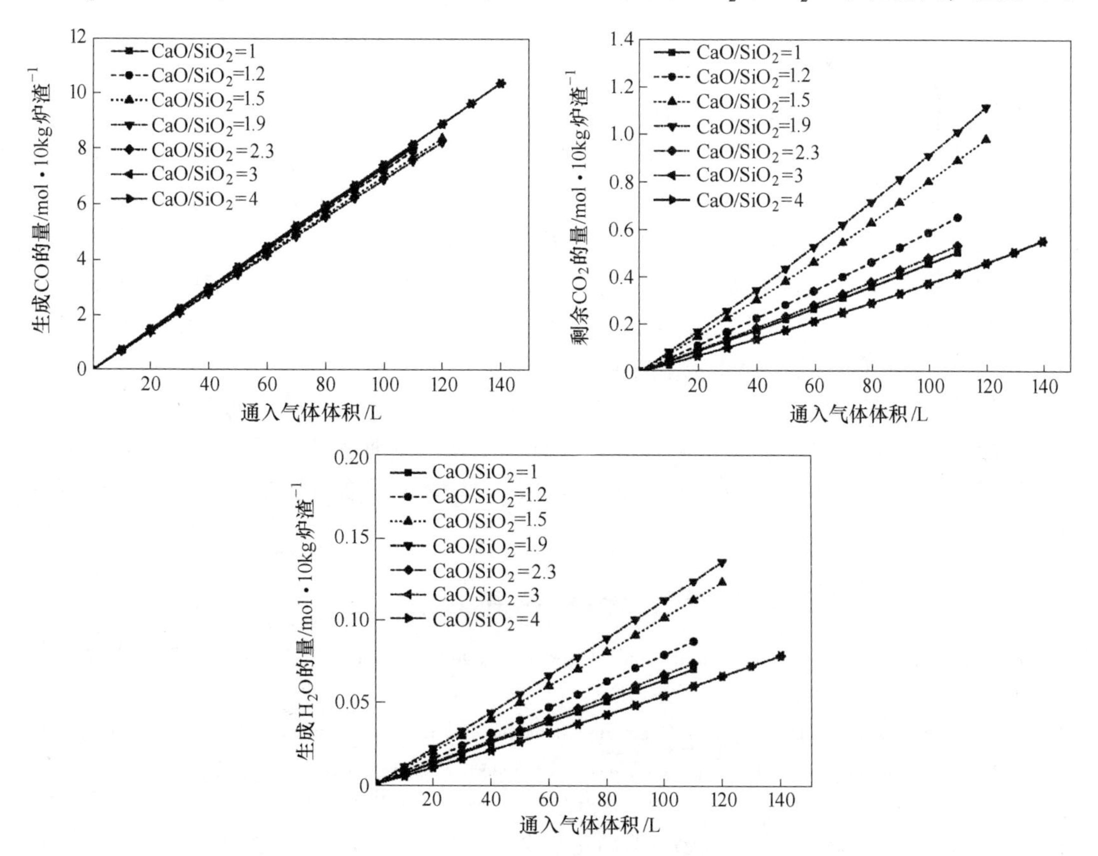

图7-22　不同炉渣初始钙硅比下随 CO_2 加入生成CO和 H_2O 及剩余 CO_2 量的变化

CO 来说却有相反的变化趋势。当炉渣初始钙硅比为 1.9 时，生成 CO 量达到最小值，而生成的 H_2O 量以及剩余的 CO_2 量达到最大值。当炉渣初始钙硅比为 3 或 4 时，生成 CO 达到最大，而生成 H_2O 量以及剩余 CO_2 量达到最小值。

CO 和 H_2O 及剩余 CO_2 量的变化趋势与液相渣中 FeO 活度有关（图 7-23），FeO 活度受到炉渣初始钙硅比、生成 α-2CaO · SiO_2 相及生成液态和固态铁的影响，高 FeO 活度时，FeO 被碳还原生成金属铁，使生成 CO 量减少。当炉渣初始钙硅质量比为 3 或 4 时，FeO 活度最低生成 CO 量达到最大，这主要原因是发生碳与 CO_2 吸热反应。

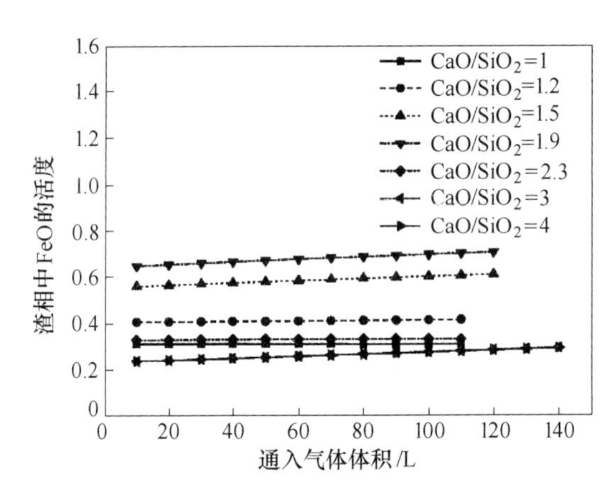

图 7-23　不同炉渣初始钙硅比下随 CO_2 的加入生成 FeO 活度的变化

7.5.2.3　炉渣初始温度的影响

在无焓变条件不同初始炉渣温度下，随着 CO_2 加入，生成 CO 和 H_2O 及剩余 CO_2 量的变化，在不同条件下的曲线斜率相同，但生成量的最大值在曲线的不同位置处。炉渣初始温度越高，生成 CO 越多，这是由于 CO_2 气体不断加入，直到温度下降到 1772K。炉渣初始温度越高，可利用能量越多，生成 CO 气体量越多。每次通入 10L 气体，温度对 CO 和 H_2O 生成量几乎没有影响，生成 CO 和 H_2O 分别为 0.073mol 和 6.403×10^{-4} mol。炉渣温度对 FeO 活度几乎没有影响，这就解释了不同炉渣温度下 CO 和 H_2O 具有相同的气体生成率。相反，炉渣温度对反应剩余 CO_2 量与通入 CO_2 的关系具有一定的影响。如果炉渣初始温度较高，通入 CO_2 气体与炉渣热交换而迅速升温。由于在不同炉渣初始温度下加入气体等条件相同，所以 CO_2 气体量相对变少，低温下有少量的 CO_2 剩余。

参考文献

[1] Wang J, Chen C, Lu Z. Recovery of residual heat integrated steelworks [J]. Iron & Steel, 2007, 42 (6): 1-7.

[2] Wu Y, Matsuura H, Yuan Z, et al. Generation behavior of syngas between coal and FeO-containing slag under CO_2-Ar atmosphere [J]. Applied Thermal Engineering, 2017, 122: 492-502.

[3] 田志国. 转炉护炉实用技术 [M]. 北京：冶金工业出版社，2011.

[4] 黄毅，徐国平，程慧高，等. 典型钢渣的化学成分，显微形貌及物相分析 [J]. 硅酸盐通报，2014，33 (8)：1902-1907.

[5] 吴燕．转炉渣余热利用及煤气化质能转换的基础研究［D］．北京：北京大学，2017.

[6] 侯贵华，李伟峰，郭伟，等．转炉钢渣的显微形貌及矿物相［J］．硅酸盐学报，2008，36（4）：436-443.

[7] 张朝晖．冶金资源综合利用［M］．北京：冶金工业出版社，2011.

[8] Das B，Prakash S，Reddy P S R，et al. An overview of utilization of slag and sludge from steel industries［J］. Resources，Conservation and Recycling，2007，50（1）：40-57.

[9] Shen W，Zhou M，Ma W，et al. Investigation on the application of steel slag-fly ash-phosphogypsum solidified material as road base material［J］. Journal of Hazardous Materials，2009，164（1）：99-104.

[10] Lin J D，Hung C T，Chen S H，et al. Applying basic oxygen furnace slag in porous asphalt pavement［J］. Advanced Materials Research. Trans Tech Publications，2011，243：4195-4200.

[11] Huang L S，Lin D F. Influence of cooling efficiency of basic oxygen furnace slag used in recycled asphalt mixtures［J］. International Journal of Pavement Research and Technology，2011，4（6）：347-355.

[12] Bowden L I，Jarvis A P，Younger P L，et al. Phosphorus removal from waste waters using basic oxygen steel slag［J］. Environmental Science & Technology，2009，43（7）：2476-2481.

[13] Eloneva S，Teir S，Salminen J，et al. Steel converter slag as a raw material for precipitation of pure calcium carbonate［J］. Industrial & Engineering Chemistry Research，2008，47（18）：7104-7111.

[14] Chang E E，Pan S Y，Chen Y H，et al. Accelerated carbonation of steelmaking slags in a high-gravity rotating packed bed［J］. Journal of Hazardous Materials，2012，228（16）：97-106.

[15] Eloneva S，Teir S，Revitzer H，et al. Reduction of CO_2 emissions from steel plants by using steelmaking slags for production of marketable calcium carbonate［J］. Steel Research International，2009，80（6）：415-421.

[16] Yu J，Wang K. Study on characteristics of steel slag for CO_2 capture［J］. Energy & Fuels，2011，25（11）：5483-5492.

[17] Tsutsumi N，Tanaka M，Tasaki T，et al. Development of rapid stabilization process for steelmaking slag［J］. Shinnittetsu Giho，2008，388：99.

[18] 陈连军．生物质热解与气化试验及其在燃煤电厂中的应用研究［D］．保定：华北电力大学，2008.

[19] Wu Y，Matsuura H，Yuan Z，et al. Equilibrium between carbon and FeO-containing slag in $CO-CO_2-H_2O$ atmosphere by FactSage calculation［J］. Steel Research International，2016，87（11）：1552-1558.

[20] 陈静升，马晓迅，李爽，等. CoMoP/13X 催化剂上黄土庙煤热解特性研究［J］．煤炭转化，2012，（1）：4-8.

[21] 李洋，冯立斌．干法与湿法的高炉渣余热回收热效率与效率分析［J］．价值工程，2018，37（2）：157-159.

[22] 郭豪，周守航．高炉渣余热回收技术探讨［C］. 2010 年全国炼铁生产技术会议暨炼铁学术年会，2009.

[23] 孔德文，张建良，郭伟行，等．高炉渣处理技术的现状及发展方向［J］．冶金能源，2011，30（5）：55-60.

[24] 张军玲，赵宏欣，袁章福，等．转炉熔渣余热重整甲烷制氢反应的热力学研究［J］．中国稀土学报，2012，30（8）：97-101.

[25] Matsuura H，Tsukihashi F. Thermodynamic calculation of generation of H_2 gas by reaction between FeO in steelmaking slag and water vapor［J］. ISIJ International，2012，52（8）：1503-1512.

[26] Sato M，Matsuura H，Tsukihashi F. Generation behavior of H_2 gas by reaction between FeO-containing slag and H_2O-Ar gas［J］. ISIJ International，2012，52（8）：1500-1502.

[27] Akiyama T，Mizuochi T，Yagi J I，et al. Feasibility study of hydrogen generator with molten slag granulation

[J] . Steel Research International, 2004, 75 (2): 122-127.

[28] 国宏伟. 一种高炉渣余热煤气化系统: 中国, 102766706A, 2012-11-07.

[29] 曹战民, 宋晓艳, 乔芝郁, 热力学模拟计算软件 FactSage 及其应用 [J] . 稀有金属, 2008, 32 (2): 216-219.

[30] Wu Y, Matsuura H, Yuan Z, et al. Thermodynamic calculation of reaction and equilibrium between coal and FeO-containing slag in the atmosphere of CO_2 gas [J] . ISIJ International, 2017, 57 (4): 593-601.

8 冶金过程 CO_2 资源化应用基础

8.1 CO_2 应用的研究背景

由于钢铁行业的 CO_2 排放量约占工业产品总量的15%~20%，约占全球 CO_2 排放量的20%，因此减少 CO_2 排放一直是亟待解决的问题[1]。此外，钢铁行业严重依赖化石燃料作为能源和石灰石来净化铁氧化物，导致 CO_2 排放量增加。因此，对钢铁冶金过程来说，面对 CO_2 排放最小化的严重需求，对环境有利，实现可持续发展是至关重要的。国内外积极开发钢铁工业节能技术，解决这一问题势必要在转炉炼钢过程中实行高效化生产，开发资源循环利用的新途径，推进炼钢系统的节能降耗。目前，应用在炼钢中的节能技术有溅渣护炉工艺、CO_2 在转炉炼钢和 AOD 炉的应用资源化、PS 转炉炼铜以及近年来提出的用石灰石代替石灰造渣炼钢工艺等。

本章从实际应用出发，结合作者的研究成果，针对转炉高效化生产中节能降耗的关键问题，以及 CO_2 溅渣护炉及石灰石部分代替石灰造渣炼钢工艺研究，使炼钢过程中资源和能源得到充分利用、工艺最佳化和环境生态化，为转炉炼钢技术提供理论依据及指导，对促进钢铁企业的节能降耗、环境友好和低碳可持续发展具有重要的意义。

8.1.1 钢铁工业 CO_2 再利用

我国以煤炭为主的能源结构决定了电力、钢铁、水泥、化工等高耗能工业是温室气体 CO_2 的主要排放源。针对我国钢铁产业发展特点，降低能耗、提高能源利用效率以及 CO_2 回收和资源化利用等，是我国钢铁工业 CO_2 减排的主要途径[2]。因此，急需采取有效措施，实现我国钢铁工业 CO_2 减排目标。要使钢铁生产过程中 CO_2 排放实现回收和利用，最关键的技术难点是 CO_2 的分离和封存。目前分离回收 CO_2 的方法有吸附法、吸收法、膜分离法等[3]，较成熟的有变压吸附、溶剂吸收等技术，最新发展起来的有膜分离技术、离子液体捕获技术等。

CO_2 再利用技术包括 CO_2 的捕集封存及循环利用，如图 8-1 所示。转炉煤气中的 CO_2 经除尘、热交换处理后获得含 55%CO 转炉煤气，经 CO_2 吸收及分离系统处理得到大于85%CO 高热值煤气，用于燃料和化学合成。分离出的 CO_2 能够用于 CO_2 喷吹 PS 转炉炼铜以及 AOD 炉冶炼不锈钢，剩余的 CO_2 循环利用于转炉炼钢。该技术是 CO_2 资源化的大胆探索，对我国掌握 CO_2 捕集封存及循环利用资源化技术，建设资源节约型、环境友好型社会具有积极的意义。

8.1.2 CO_2 在转炉吹炼过程中资源化原理

8.1.2.1 CO_2 转炉吹炼的动力学

与 N_2 与 Ar 不同，CO_2 会与［Si］、Fe 及［Mn］元素发生氧化反应且气体体积保持不

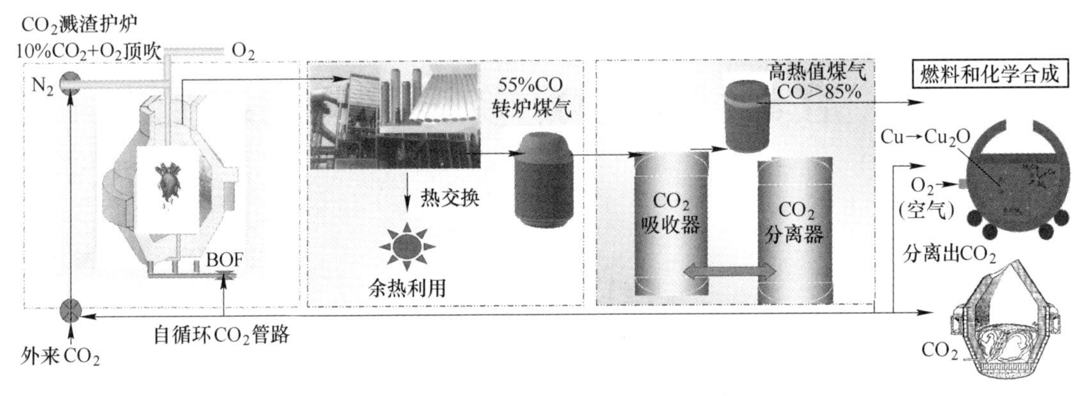

图 8-1　CO_2 捕集封存及循环利用技术

变，而 CO_2 与［C］元素反应会成倍增加原气体体积。因而在转炉炼钢过程中底吹 CO_2 气体时主要包括以下几种熔池搅拌能：（1）底吹 CO_2 气体时在喷嘴出口产生的初始动能；（2）CO_2 气体从室温状态到钢液状态下持续热膨胀所做的功；（3）CO_2 与［C］元素反应增加气体体积做的膨胀功；（4）CO_2 与 CO 气体混合产生浮力做功，底吹 CO_2 气体产生的熔池搅拌力强于 N_2 与 Ar[4,5]。

CO_2 气体与钢液元素发生作用如下：熔池中元素 Si、Fe、Mn 以及 C 由钢液内部逐渐扩散至气泡表面，与气泡表面的 CO_2 发生界面反应形成 CO，产物 CO 逐渐扩散至气泡内部，形成的氧化产物扩散至钢液内部。

8.1.2.2　CO_2 转炉吹炼的热力学

当炼钢温度高于 1300℃ 时，CO_2 气体呈弱氧化性，能够与熔池中的［Si］、［C］、［Mn］以及 Fe 发生氧化反应。在转炉炼钢吹炼前期，与 O_2 和［Mn］、［Si］的放热反应相比，CO_2 放热反应产生的热量下降了 70%。在转炉吹炼中后期，大量的［Mn］、［Si］被氧化，此时 CO_2 与熔池中的 Fe、［C］发生吸热反应。因此转炉炼钢过程中顶吹 CO_2-O_2 气体能够降低高温火点区的温度，降低炼钢时铁出现的蒸发氧化率。而底吹 CO_2 气体能够加强对熔池搅拌，加快渣-金界面的反应[4,5]。

8.1.3　CO_2 在炼钢中的资源化应用

8.1.3.1　CO_2 充当反应介质在炼钢中的应用

在转炉冶炼过程中，冶炼 1t 钢产生含 50% 氧化铁的烟尘量约 20kg。烟尘量增加不仅降低铁收得率，而且加大除尘难度。由于氧气射流与高温铁液直接接触产生温度为 2500～3000℃ 的高温火点区，而金属铁沸点只有 2750℃，部分金属铁氧化挥发与产生的高温烟尘一起排放。因此，降低氧气射流的火点区温度能够降低烟尘排放量。喷吹 CO_2-O_2 混合气体，CO_2 作为氧化剂与 C 发生吸热反应，能够降低熔池火点区温度，减少金属铁的蒸发。因此，喷吹 CO_2-O_2 混合气体能够实现强效搅拌与控温能力，提高转炉煤气中 CO 比例[6]。

8.1.3.2　CO_2 充当保护气在炼钢中的应用

在精炼与浇注环节提供 CO_2 作保护气保护钢液，防止钢液增氮及二次氧化。使用情况如下：（1）中间包。连铸钢液流入充盈 CO_2 气体的中间包，能够防止二次氧化与钢液增氮，有效改善钢纯净度。（2）出钢。出钢时利用 CO_2 密封钢包顶部控制精炼炉增氮。将固态 CO_2 放入钢包内，干冰升华产生 CO_2 气体驱逐钢包内空气，使包内处于微正压状态。由于 CO_2 的密度大，与 N_2 相比可避免钢液增氮，与氩气相比难于上浮。（3）连铸注流。钢液通过钢包流进中间包及由中间包流进结晶器时均需氩气进行保护，避免形成负压出现二次氧化。采用 CO_2 代替氩气能够节约成本。（4）LF 炉。在 LF 炉中进行加热，吹入 CO_2 使炉内处于正压状态，同时在钢液面上产生保护层，避免二次氧化及钢液吸氮，可有效地保护炉内钢液[6]。

8.1.3.3 CO_2 在冶炼不锈钢中的应用

使用 AOD 工艺冶炼不锈钢，需消耗大量氩气，致使冶炼不锈钢成本较高。在冶炼初期或中期使用 CO_2 部分代替 O_2 与 Ar，在碳的质量分数为 0.15%左右时再改用氩气。吹入 CO_2 能够降低冶炼不锈钢的成本，起到脱碳保铬的作用[6]。

8.1.4 转炉溅渣护炉的研究进展

溅渣护炉的基本原理是：向初期渣或终点渣中加入白云石或菱镁矿等含 MgO 的调渣剂，使渣中 MgO 含量达到饱和或过饱和状态而形成黏渣。在出钢后，采用氧枪喷吹高压氮气，利用氮气的冲击能量和对炉渣的冷却作用，将留在炉内的炉渣喷溅起来涂敷在转炉内衬上，形成炉渣保护层，以减轻下次炼钢过程对炉衬的机械冲刷和化学侵蚀，从而达到保护炉衬，提高炉龄的目的[7]。

基于炼钢过程产生的转炉煤气有效利用效率较低及 CO_2 的排放问题，提出转炉炼钢采用 CO_2 取代 N_2 溅渣护炉和转炉煤气 CO_2 循环利用的新方法和技术路线。开发 CO_2 溅渣护炉技术，对我国钢铁节能降耗与资源循环利用具有重要意义。

8.1.5 石灰石在转炉炼钢中的应用

石灰石热分解是重要的气固反应，在冶金、化工、电力领域等中广泛应用[8,9]。石灰石经过高温煅烧获得的石灰是炼钢过程中重要的造渣添加剂。转炉渣成分主要包括 CaO、SiO_2、MgO、MnO 和 FeO 等。其中，SiO_2、MnO 和 FeO 是通过氧化进入渣中，而 CaO 是通过加入造渣料添加进来。

在炼钢转炉中，通常加入石灰造渣，以达到脱磷脱硫效果从而得到高品质钢水。近几年，开始采用用石灰石代替部分石灰造渣的炼钢方法[10]。石灰是在石灰窑中通过高温煅烧石灰石生产得到的，转炉炼钢温度（1400~1500℃）高于石灰石分解温度（800℃），完全满足石灰石煅烧所需温度[11]。用石灰石代替石灰炼钢造渣，免去了石灰煅烧过程，可以降低 CO_2 排放和热量消耗；而且石灰石的价格远低于石灰，这对降本增效也有着重要的意义。

朱道良[12]等通过工业实验及理论研究，分析了舞钢用石灰石代替石灰炼钢的造渣过程。研究表明，石灰石在转炉内吸热分解，在保证转炉热量情况下，可以用石灰石造渣，满足转炉脱磷的要求，同时能够降低辅料的用量，降低生产成本。冯佳等[13]根据实际转炉炼钢中铁水成分和温度，应用热力学研究 CO_2-CO 气体与 Fe-C-Si-Mn 体系反应以及铁水中［C］含量对碳酸钙分解温度的影响。结果表明，CO_2-CO 气体含量的相对大小影响

CO_2 对铁水中元素的氧化顺序。与石灰窑相比，石灰石在转炉内煅烧分解温度更低，石灰石分解反应和 CO_2 氧化反应相互促进，对石灰石热分解和炼钢过程都有利。

8.1.6　PS 转炉炼铜研究进展

现代强化铜熔炼工艺主要包括以氧气底吹为代表的熔池熔炼和以闪速熔炼为代表的悬浮熔炼。其中，氧气底吹炼铜是我国自主研发的新型铜冶金技术，具有原料适应性强、富氧浓度高、传热传质好、渣含铜低、熔炼强度大、高效节能和投资少等优点，已应用于多家铜冶炼工厂。随着氧气底吹冶炼技术的完善与发展，出现了新技术和装备组合，如底吹熔炼-PS 转炉吹炼、底吹熔炼-底吹吹炼和底吹熔炼-悬浮吹炼，实现了粗铜连续冶炼[14]。

氧气底吹炼铜原理[15]是将硫化铜、熔剂及其他含铜物料在氧气和空气的作用下高温加热熔化，得到互不相溶的液体产物——冰铜和炉渣。冰铜由铜锍包运至 PS 转炉吹炼。炉渣经过缓冷、送渣、选铜处理降低渣中的有价金属含量。烟气进入余热锅炉，经电收尘后进入酸车间制取硫酸[16]。

8.2　CO_2 炼钢过程中的应用

转炉耳轴部位两侧的炉衬侵蚀严重、补炉次数多等对生产节奏产生了很大的影响[17]。因此，优化溅渣护炉工艺，减少补炉次数，对提高溅渣护炉的冶金效果和经济效益具有十分重要的意义。

提高转炉尾气回收率不仅能够有效降低炼钢生产成本，满足“负能炼钢”的需求，同时也在一定程度上减少了污染物的排放量，实现绿色生产[18]。在转炉废气回收和利用方面做了许多努力[19]，但大部分研究局限在余热利用和转炉废气回收方面，没有提出如何利用回收的气体，更不用说降低 CO_2 气体的排放。作者创新性地提出采用溅渣护炉技术回收利用 CO_2 气体的绿色方法[7]。在转炉废渣喷溅过程中利用转炉废气中分离出的 CO_2 或加入其他 CO_2 气体，可在一定程度上降低 CO_2 排放和环境负荷。通过热力学分析了 CO_2 溅渣护炉的可行性，用 HSC 热力学软件计算不同配碳比下 CO_2 的平衡转化率，同时对物料和能量进行了定性分析。

8.2.1　CO_2 溅渣护炉流程简介

CO_2 循环用于溅渣护炉的新方法，与传统的溅渣护炉工艺不同的是，溅渣护炉所用的 CO_2 来源于转炉煤气回收分离或其他工业炉窑回收的 CO_2。转炉车间整个工艺如图 8-2 所示，由煤气净化系统、CO_2 吸收系统、CO_2 再生系统及 CO_2 溅渣系统四个主要部分组成。

转炉冶炼出钢后，部分转炉终渣留在炉底用于溅渣。为了获得良好的溅渣效果，首先对转炉终渣进行调渣处理，主要是调整渣中 FeO 和 MgO 含量；然后加入合适的焦炭粉或煤粉，调节出流动性良好的高温熔渣。熔渣调好后开始 CO_2 溅渣操作，降低氧枪至转炉底部，通过多孔氧枪喷头形成滞止压力约 0.8MPa 的超声速射流，使熔渣喷溅至炉内壁表面，并与炉衬黏附、固化、反应形成炉渣的固体层覆盖炉衬，对炉衬起到一定的保护作用。

在整个 CO_2 溅渣护炉过程中，相同的压力、流量和氧枪条件下，CO_2 与 N_2 的射流特

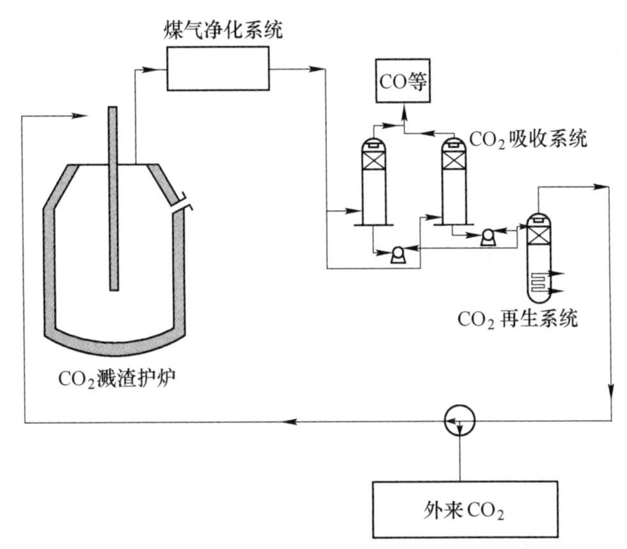

图 8-2 CO_2 循环用于溅渣护炉的工艺流程

性如图 8-3 所示。同条件下 CO_2 的射流核心区长度略短于 N_2 的射流核心区长度，在射流冲击熔池液面的正常位置附近（1~1.5m），可通过增大滞止压力来达到相似的射流效果。两者出口射流动能在同一数量级内，如图 8-4 所示。因此，超声速 CO_2 射流能够达到与 N_2 相同的射流效果。

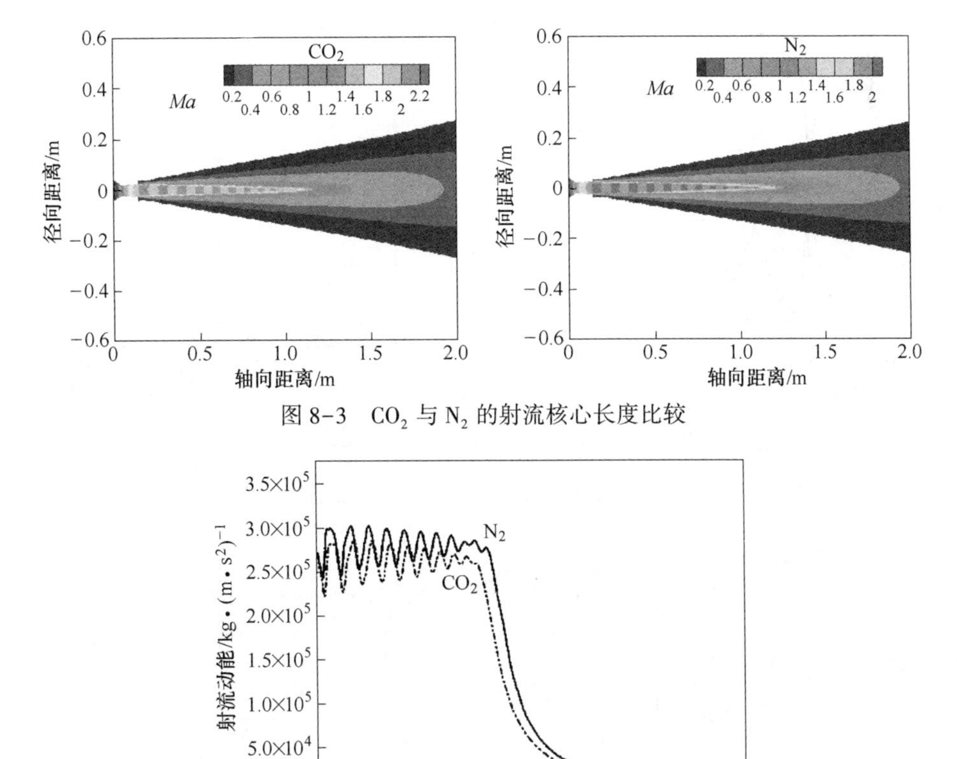

图 8-3 CO_2 与 N_2 的射流核心长度比较

图 8-4 CO_2 与 N_2 的射流出口动能比较

采用转炉煤气分离出的 CO_2 代替 N_2 溅渣护炉，可实现煤气的回收及 CO_2 循环利用。与传统 N_2 溅渣护炉相比，CO_2 还可以调节转炉煤气的组成。溅渣护炉用 CO_2 与高温熔渣中的碳发生反应生成 CO，可利用目前燃煤电厂比较成熟的 CO_2 回收分离工艺，从转炉煤气回收分离 CO_2，将从转炉煤气分离出的 CO_2 再次作为溅渣护炉的气源，实现废气在转炉炼钢车间的循环利用。而采用传统 N_2 时，不能进行转炉煤气回收的操作。

8.2.2 CO_2 溅渣护炉热力学计算

纯 CO_2 与配碳炉渣的平衡组成利用 HSC 软件计算。转炉渣成分的初始摩尔比值以天钢炼钢厂实际炉渣组成计算，转炉渣成分见表 8-1。

表 8-1 转炉终渣成分

组　分	CaO	SiO_2	MgO	Al_2O_3	MnO	P_2O_5	FeO
质量分数/%	52.69	16.00	9.01	1.64	2.07	1.35	17.24

8.2.2.1 CO_2 溅渣过程反应

在 CO_2 溅渣护炉过程中，配入碳的熔渣不可避免地发生还原反应。为了方便分析溅渣过程的还原反应，计算过程中均配过量碳。转炉渣中 FeO、P_2O_5 及 MnO 等分别被还原为 Fe、P_2 及 Mn，如图 8-5 所示。转炉渣中 MgO、Al_2O_3、CaO 等在溅渣温度区间内认为基本

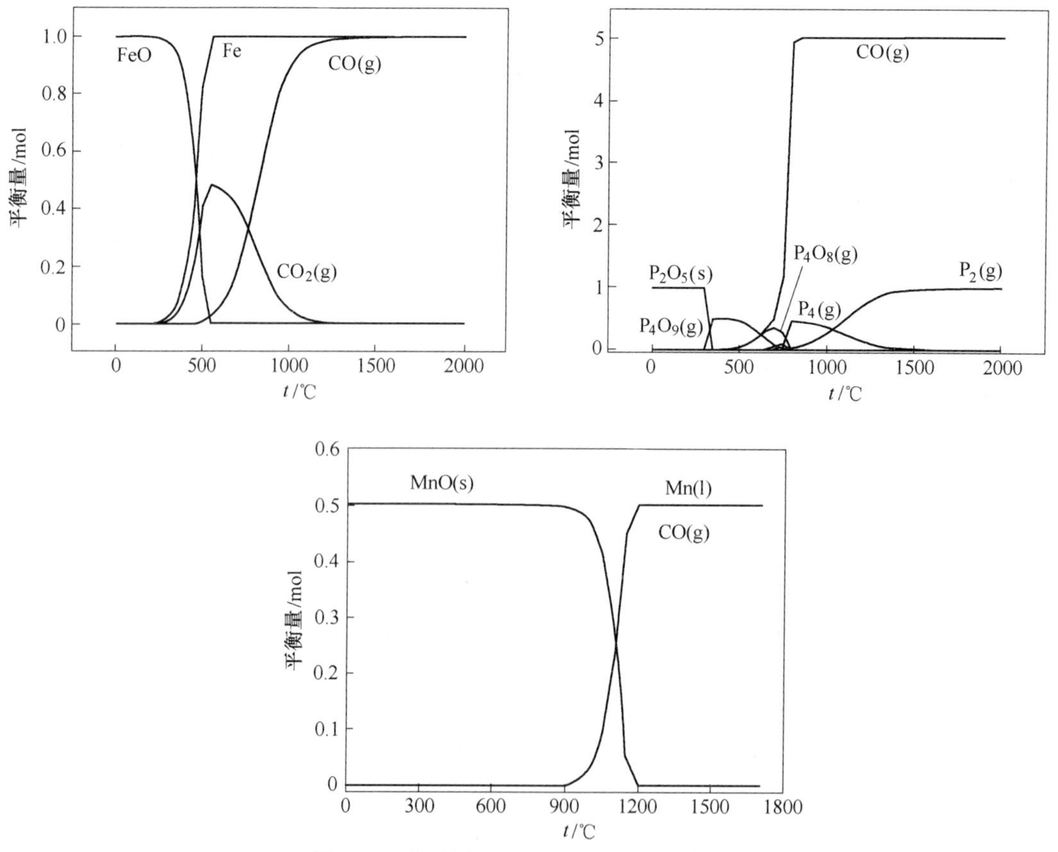

图 8-5 碳还原 FeO、P_2O_5、MnO 的产物

上不被还原，如图 8-6 所示。由热力学计算分析可知，CO_2 溅渣护炉过程主要的化学反应如下[7]：

$$CO_2(g) + C(s) = 2CO(g) \quad \Delta G^\ominus = 172130 - 177.46T \tag{8-1}$$

$$FeO(l) + C(s) = Fe(l) + CO(g) \quad \Delta G^\ominus = 141660 - 139.45T \tag{8-2}$$

$$P_2O_5(l) + 5C(s) = P_2(g) + 5CO(g) \quad \Delta G^\ominus = 613650 - 461.50T \tag{8-3}$$

$$MnO(s) + C(s) = Mn(l) + CO(g) \quad \Delta G^\ominus = 294477 - 174.88T \tag{8-4}$$

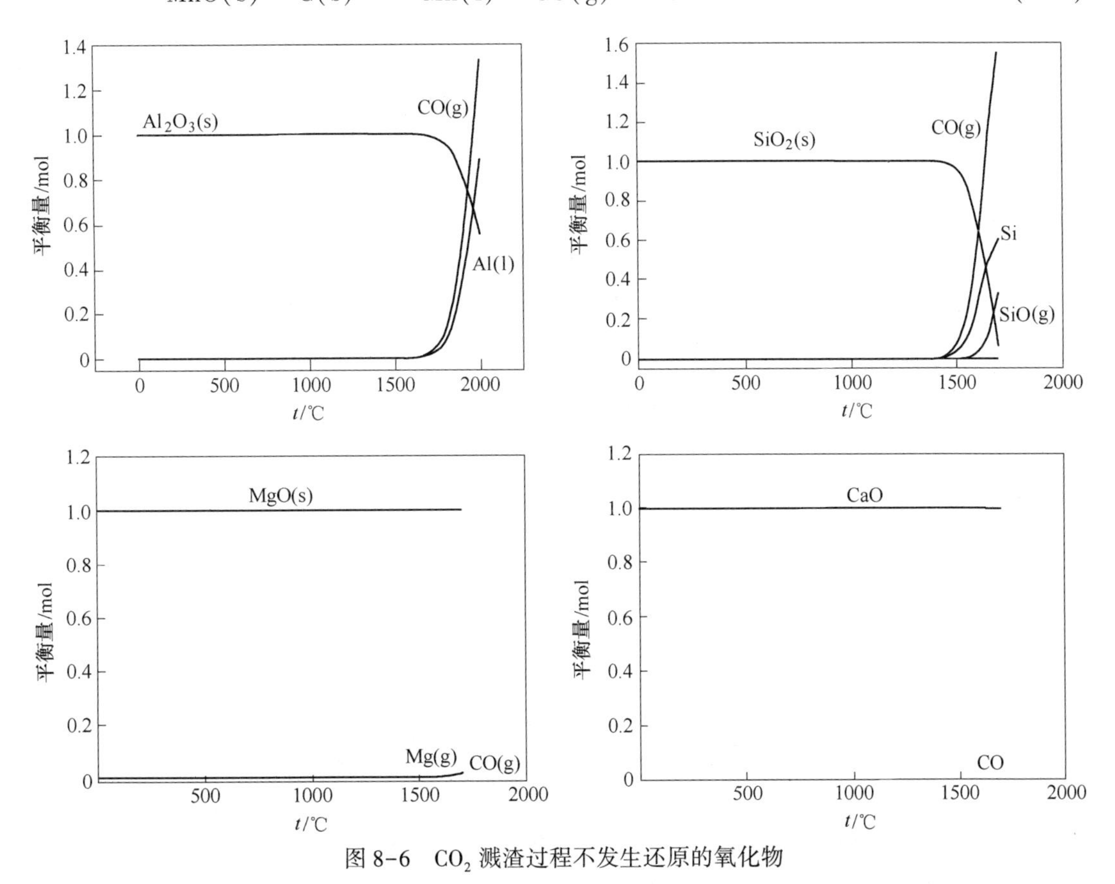

图 8-6 CO_2 溅渣过程不发生还原的氧化物

8.2.2.2 计算结果与讨论

CO_2 溅渣护炉过程中，较高的 FeO 含量有利于降低炉渣的熔化性温度及黏度，保证炉渣良好的流动性，但同时会增加渣中的低熔点相。FeO 含量在 10%～13%时可获得良好的溅渣效果[7]。图 8-7 所示为溅渣过程中不同配碳量下剩余 FeO 含量。溅渣护炉过程中，配碳量的增加促进了渣中氧化物 FeO 的还原，使剩余 FeO 含量降低。温度升高，剩余 FeO 含量略有增加，升温抑制 FeO 的还原。配碳量超过 6%以上时，渣中剩余 FeO 极少，甚至 FeO 完全被还原。此时，炉渣变得非常黏稠，无法实现溅渣。因此，欲达到较好的溅渣效果，需确保渣中一定的 FeO 含量（10%～13%），由图 8-7 可知，配碳量在 3%～4%时可满足溅渣所需的炉渣成分。

图 8-8 所示为不同配碳量下 CO_2 的转化率（C/slag = 3.00%～8.00%）。CO_2 转化率随配碳量和温度的增加而增加。由图 8-7 可知，FeO 含量为 10%～13%，配碳量为 3%～4%

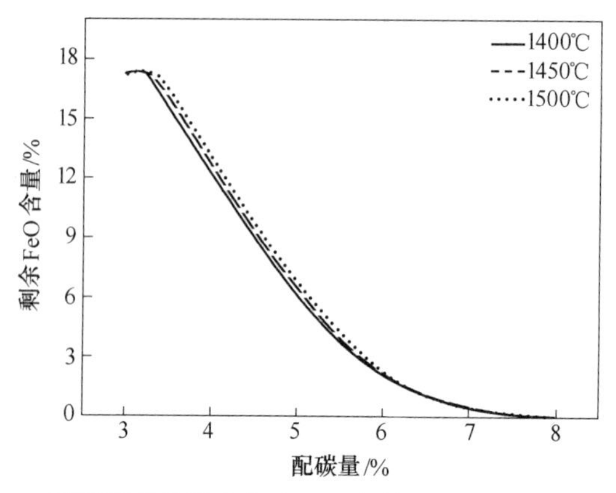

图 8-7　不同配碳量下反应后 FeO 含量（C/slag=3.8%~8%）

时能够顺利溅渣。配碳量为 3.50%，温度为 1500℃，CO_2 的转化率达到最高（68%）。即在溅渣温度下，配碳应使尽可能多的 CO_2 转化成高自由能 CO，同时保证渣的流动性，即一定的 FeO 量（10%~13%），需降低 FeO 的还原。

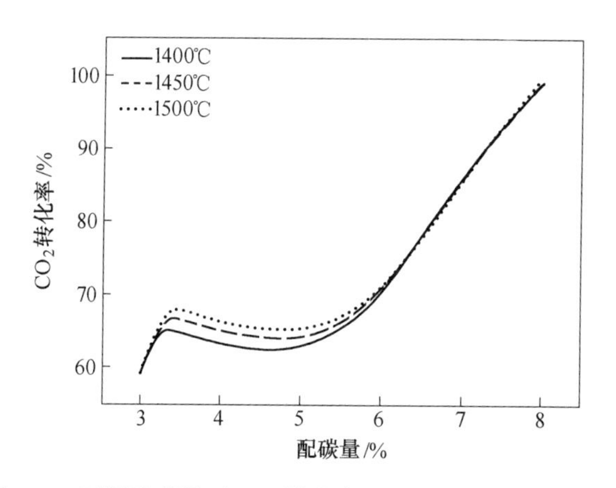

图 8-8　不同配碳量下 CO_2 转化率（C/slag=3.0%~8.0%）

8.2.2.3　CO_2 溅渣护炉物料和能量定性分析

CO_2 循环用于溅渣护炉的新方法，是在炉渣内配入少量碳，用 CO_2 代替氮气溅渣护炉。从整个溅渣护炉过程看，由于碳的添加，碳氧化物的排放量整体呈增加的趋势，但此方法能够使炼钢过程产生的 CO_2 回收分离后在炼钢车间内部循环利用而不排入大气，碳的少量添加使溅渣护炉所使用的 CO_2 部分转化成高热值 CO。就目前工业燃料来源看，如果把多次循环所得到的高自由能 CO 再次作为工业过程的热量来源，可以代替部分化石燃料，一定程度上减少了化石燃料工业过程中 CO_2 的排放。因此，从整个工业生态系统看，最终 CO_2 的排放量是减少的，如图 8-9 所示。

溅渣约耗 CO_2 $13m^3/t$ 钢，根据热力学结果，当 CO_2 转化率为 60%时（注：外补充 CO_2 即为转炉煤气回收的 CO_2），从图 8-9 可以看出：

（1）n 次溅渣护炉后消耗的 $CO_2 \approx 8nm^3/t$ 钢，产生的 $CO \approx 16nm^3/t$ 钢。

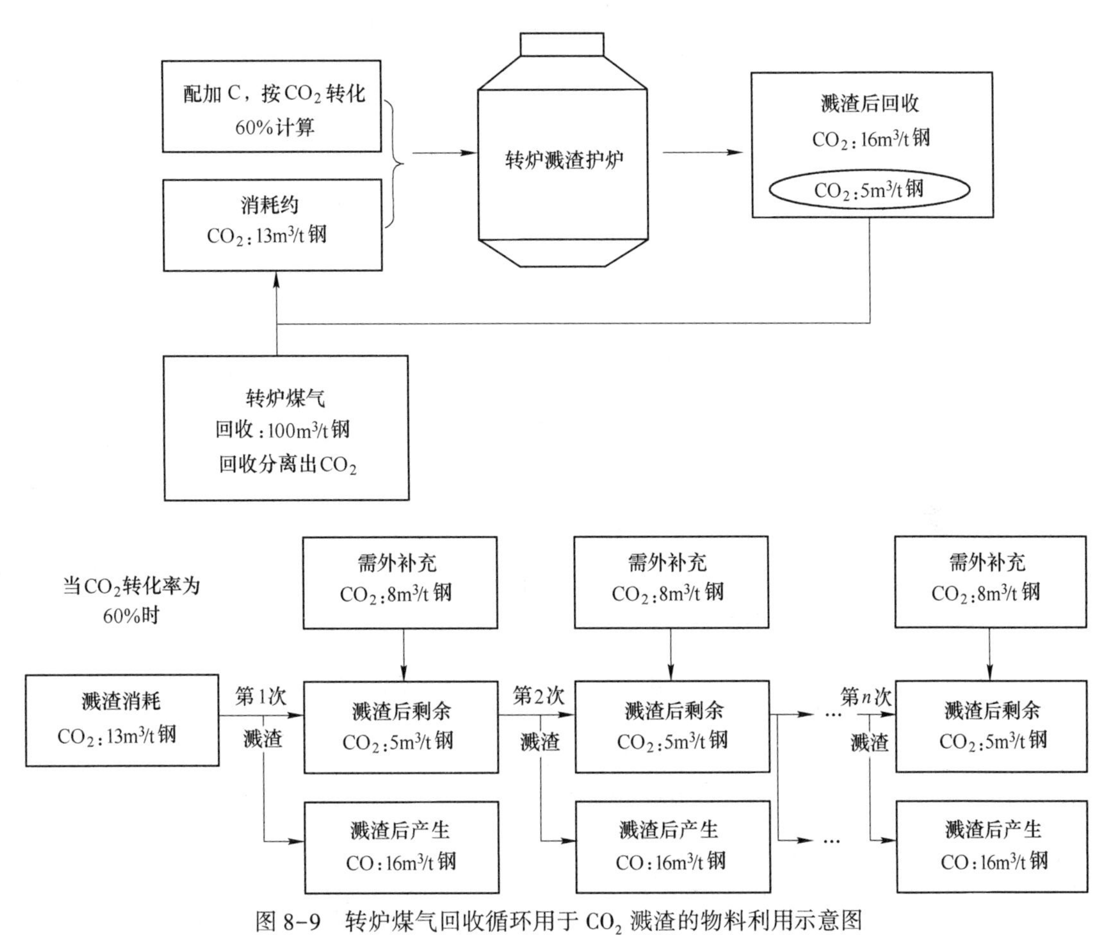

图 8-9 转炉煤气回收循环用于 CO_2 溅渣的物料利用示意图

（2）1mol C 与 CO 完全燃烧产生的热效应分别为：

$$C + O_2 = CO_2, \quad \Delta H^{\ominus}_{C}(298K) = -394762J/mol$$

$$CO + (1/2)O_2 = CO_2, \quad \Delta H^{\ominus}_{CO}(298K) = -283047J/mol$$

（3）溅渣护炉 n 次循环所放出的 CO 完全燃烧产生的热效应为（$16n/22.4$）× $\Delta H^{\ominus}_{CO}(298K) = -2.02 \times 10^5 nJ/t$ 钢，燃烧放出的 CO_2 体积标况下为 $16nm^3/t$ 钢。

（4）产生等热效应需要 C 的物质的量为 $-2.02\times10^5 n/\Delta H^{\ominus}_{C}(298K) = 0.50n mol/t$ 钢，燃烧放出的 CO_2 体积标况下为 $0.50n\times22.4 = 11.50nm^3/t$ 钢。

（5）从整个工业生态系统看，n 次 CO_2 循环溅渣护炉后，节排 CO_2 量为：$8n-(16n-11.50n) = 3.50nm^3/t$ 钢。

因此，CO_2 溅渣护炉能够使炼钢过程产生的大部分 CO_2 回收分离后在炼钢车间内循环利用而不排入大气中，溅渣护炉消耗的 CO_2 扣除循环过程中多排放的 CO_2（产生的 CO 燃烧所释放的 CO_2 与该 CO 等热效应的碳燃烧放出的 CO_2 的差值），最终达到减排 CO_2 目的。若全国每年约 4 亿吨钢采用转炉生产，50%采用该方法溅渣将减排 CO_2 约 $4\times10^8\times50\%\times3.50 = 7\times10^8 m^3$。

由热力学计算分析可知，CO_2 溅渣护炉过程主要是碳的气化反应和 FeO、P_2O_5 及 MnO 的还原反应。由式（8-1）~式（8-4）可知，几个反应均为吸热反应。

参照实际溅渣护炉过程，设 120t 转炉熔池留渣量 10%即 12t，CO_2 的吹入量（标态）为 60000m^3/h（2.50min），按炉渣成分分别计算得出 12t 渣中各氧化物的量：FeO 为 28.73kmol，MnO 为 3.50kmol，P_2O_5 为 1.14kmol，炉渣的比热容约为 1.20kJ/(kg · ℃)。分别计算 1500℃不同配碳量时，碳气化反应和各氧化物的还原程度，CO 的总生成量以及反应吸收热量情况。

当配碳量 3%时，各物质的反应程度见表 8-2。FeO 和 MnO 没有发生还原反应，CO 的生成来源为碳气化产物及 P_2O_5 还原产物。

表 8-2　配碳量 3%时各反应反应物与生成物的物质的量　　(kmol)

项　目	反应物					生成物			
	C	CO_2	FeO	MnO	P_2O_5	CO	Fe	P_2	Mn
初始值	30	41	28.73	3.50	1.14	0.00	0.00	0.00	0.00
最终值	0.00	16.70	28.73	3.50	0.00	54.30	0.00	1.14	0.00

当配碳量 3%时，各物质反应吸收热量见表 8-3。碳气化反应产生 48.6kmol CO，P_2O_5 还原产生 5.7kmol CO。CO 的主要来源是碳气化反应，同时吸收热量较高。

表 8-3　配碳量 3%时各反应吸收热量

反　应	ΔH/J · mol^{-1}	CO 量/kmol	吸收能/kJ
$CO_2(g) + C(s) = 2CO(g)$	172130	48.60	4182759
$FeO(l) + C(s) = Fe(l) + CO(g)$	141660	0.00	0.00
$P_2O_5(l) + 5C(s) = P_2(g) + 5CO(g)$	613650	5.70	699561
$MnO(s) + C(s) = Mn(l) + CO(g)$	294477	0.00	0.00

当配碳量 3.5%时，各物质的反应程度及反应吸收热量见表 8-4 和表 8-5。除了发生碳气化及 P_2O_5 的完全还原，FeO 也发生还原，产生 1.62kmol CO。

表 8-4　配碳量 3.5%时各反应反应物与生成物的物质的量　　(kmol)

项　目	反应物					生成物			
	C	CO_2	FeO	MnO	P_2O_5	CO	Fe	P_2	Mn
初始值	35	41	28.73	3.50	1.14	0.00	0.00	0.00	0.00
最终值	0.00	13.30	27.10	3.50	0.00	54.30	1.62	1.14	0.00

表 8-5　配碳量 3.5%时各反应吸收热量

反　应	ΔH/J · mol^{-1}	CO 量/kmol	吸收能/kJ
$CO_2(g) + C(s) = 2CO(g)$	172130	55.40	4768001
$FeO(l) + C(s) = Fe(l) + CO(g)$	141660	1.62	229489
$P_2O_5(l) + 5C(s) = P_2(g) + 5CO(g)$	613650	5.70	699561
$MnO(s) + C(s) = Mn(l) + CO(g)$	294477	0.00	0.00

当配碳量 4%时，各物质的反应程度及反应吸收热量见表 8-6 和表 8-7 所示。随着配

碳量的增加，FeO 还原程度增大，MnO 有少量被还原，P_2O_5 完全还原，碳气化产物 CO 略有降低。

表 8-6 配碳量 4%时各反应反应物与生成物的物质的量 (kmol)

项 目	反应物					生成物			
	C	CO_2	FeO	MnO	P_2O_5	CO	Fe	P_2	Mn
初始值	40	41	28.73	3.50	1.14	0.00	0.00	0.00	0.00
最终值	0.00	13.90	21.60	3.48	0.00	54.20	7.15	1.14	0.02

表 8-7 配碳量 4%时各反应吸收热量

反 应	ΔH/J · mol^{-1}	CO 量/kmol	吸收能/kJ
$CO_2(g)+C(s)=2CO(g)$	172130	54.20	464723
$FeO(l)+C(s)=Fe(l)+CO(g)$	141660	7.15	1012869
$P_2O_5(l)+5C(s)=P_2(g)+5CO(g)$	613650	5.70	699561
$MnO(s)+C(s)=Mn(l)+CO(g)$	294477	0.02	5889

由表 8-7 可知，碳气化产生 CO 的反应受抑制，FeO 还原产物 CO 明显增加。FeO 还原反应与碳气化反应成为吸收热量的主要化学反应。

由表 8-2～表 8-7 可知，加碳最先发生的是碳气化反应及 P_2O_5 还原反应。碳气化反应是消耗能量的主要反应，随着配碳量的增加，碳气化消耗的能量增加。当配碳量大于 3.5%时，FeO 还原反应明显增加，也成为消耗能量的主要反应之一。

表 8-8 为 CO_2 溅渣护炉不同配碳量下 CO_2 转化率及能耗。随着配碳量增加，CO_2 的转化率增加，CO_2 溅渣护炉过程吸收热量增加，熔渣的温度变化增大。若全国每年约 4 亿吨钢采用转炉生产，50%采用 CO_2 溅渣护炉新方法，配碳量 2%，即 CO_2 转化率为 35.37%时，溅渣将能利用熔融转炉渣余热折合标煤约 $4\times10^8\times50\%\times108.54/120/1000=18.09$ 万吨。CO_2 溅渣护炉过程在利用转炉渣余热的同时可使 CO_2 在车间内循环利用，减缓 CO_2 的排放[7]。

表 8-8 不同配碳量下 CO_2 溅渣护炉的 CO_2 转化率及能耗

配碳量/%	CO_2 转化率/%	吸收能/kJ	最大温降/K	标准煤/kg
1.00	20.49	1648397	114	56.31
2.00	35.37	3177037	221	108.54
3.00	59.27	4882320	339	166.80
3.50	67.56	5697051	396	194.63
4.00	66.10	6383043	443	218.07

8.3 转炉石灰石造渣的 CO_2 减排

若使用石灰石造渣，能释放出大量的氧化性气体 CO_2 参与铁水反应，相当于提高了转炉炼钢吹炼前期的供氧强度，因此产生了大量的 FeO，加快了新生石灰的化渣速度，有利于脱磷反应的进行[20]。石灰石分解过程直接影响所生产石灰活性等性能，因此对石灰石分解的研究至关重要，明确反应机理和分解过程变化规律有利于提高分解质量及资源化利用[21]。本节主要研究石灰石分解的热力学、动力学以及分解机理函数，通过热力学计算确定石灰石代替石灰造渣应用于转炉炼钢的可行性，为后期的工业生产提供理论依据。

8.3.1　石灰石分解的热力学

8.3.1.1　$CaCO_3$ 分解的热力学分析

转炉内加入石灰石颗粒，$CaCO_3$ 很快开始分解，由于热传递是从石灰石颗粒表面向里面逐层进行，因此 $CaCO_3$ 的分解反应是由表及里逐层发生。该分解反应在 900~1200K 时标准自由能的变化与温度的关系如下[10]：

$$CaCO_3 \longrightarrow CaO+CO_2,\quad \Delta G^{\ominus}=169120-144.60T \tag{8-5}$$

转炉炼钢吹炼前期的高碳低温铁水面附近，$CaCO_3$ 分解反应的温度低于标准状态下 $CaCO_3$ 分解反应的平衡温度，而在吹炼过程中炉温不断升高，可促进反应的进行。

8.3.1.2　CO_2 与铁水中各元素的反应

转炉炼钢吹炼初期，CO_2 与铁水中的元素发生氧化反应。铁水中的［C］、［Si］、［Mn］、Fe 及［P］分别被氧化为 CO、SiO_2、MnO、FeO、P_2O_5，如图 8-10 所示。由热力学计算可知，CO_2 与铁水中元素主要反应如下[10]：

$$CO_2+[C]\longrightarrow 2CO(g)\quad \Delta G^{\ominus}=144700-135.48T \tag{8-6}$$

$$CO_2+1/2[Si]\longrightarrow CO+1/2SiO_2(s)\quad \Delta G^{\ominus}=-117290+16.34T \tag{8-7}$$

$$CO_2+[Mn]\longrightarrow CO+MnO(s)\quad \Delta G^{\ominus}=-122050+38.66T \tag{8-8}$$

$$CO_2+Fe(l)\longrightarrow CO+FeO(s)\quad \Delta G^{\ominus}=4343-13.65T \tag{8-9}$$

$$CO_2+2/5[P]\longrightarrow CO+1/5P_2O_5(l)\quad \Delta G^{\ominus}=23410-2.04T \tag{8-10}$$

在 1400~1700K 时，反应式（8-6）~式（8-9）的标准吉布斯自由能均小于零，即 $\Delta G^{\ominus}<0$，表明在该实验条件下 CO_2 与［C］、［Si］、［Mn］和 Fe(l) 的反应均可自发进行。CO_2 与 Si 反应的标准吉布斯自由能最负，因此反应优先进行。CO_2 与［C］的反应和 CO_2

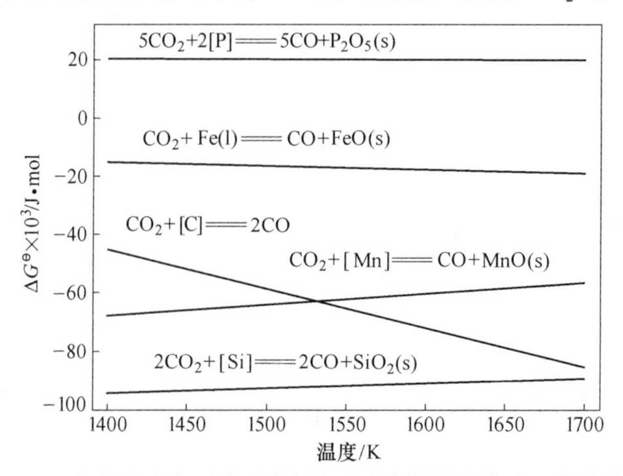

图 8-10　CO_2 与铁水中各元素反应的标准吉布斯自由能随温度的变化曲线

与［Mn］的反应在 1532K 时相交，温度低于 1532K 时，CO_2 与［Mn］反应优先进行；温度高于 1532K 时，CO_2 与［C］的反应优先进行。CO_2 与 Fe(l) 的反应使渣中 FeO 含量增加，加快了化渣速度，有利于石灰石造渣。CO_2 与［P］反应的标准吉布斯自由能大于零，即 $\Delta G^{\ominus}>0$，表明在该实验条件下反应无法自发进行。

CO_2 与铁水中元素发生氧化反应，相当于提高了供氧强度，加快了化渣速度。与采用石灰造渣相比，吹炼 2~3min 炉内会产生大量的泡沫渣从炉口溢出[21]，表明产生了大量的 FeO。石灰石分解出的 CO_2 作为氧化剂，能够氧化铁水中的元素，同时生成 CO，相当于提供了氧和能源。

8.3.1.3　碳氧反应平衡时 CO_2 的气体分压

通过热力学计算转炉炼钢前期石灰石分解的 CO_2 有多少参与了铁水的氧化反应。由化学反应平衡原理和热力学计算可知，高碳铁水平衡时气相中只有 CO 和 CO_2 存在，因此求出 CO_2 的气体分压 p_{CO_2}，即可估算有多少 CO_2 参与铁水的氧化反应。铁水中 CO_2 反应如下：

$$[C]+[O] \longrightarrow CO(g) \tag{8-11}$$

$$CO(g)+[O] \longrightarrow CO_2(g) \tag{8-12}$$

反应式（8-11）和式（8-12）平衡常数与温度的关系可由式（8-13）和式（8-14）计算[22]：

$$\lg \frac{p_{CO}}{a_{[O]} \cdot a_{[C]}} = \frac{1160}{T} + 2.003 \tag{8-13}$$

$$\lg \frac{p_{CO_2}}{p_{CO} \cdot a_{[O]}} = \frac{8718}{T} - 4.762 \tag{8-14}$$

式（8-14）减去式（8-13）可得：

$$\lg \frac{p_{CO_2}}{p_{CO}^2} = \frac{7558}{T} - \lg a_{[C]} - 6.765 \tag{8-15}$$

已知 $p_{CO}+p_{CO_2}=p^{\ominus}$，将其带入式（8-15）整理可得：

$$10^{\frac{7558}{T}-\lg a_{[C]}-6.765} \cdot p_{CO}^2 + p_{CO} - 1 = 0 \tag{8-16}$$

因此，解方程可得：

$$p_{CO} = \frac{-1+\sqrt{1+4\times 10^{\frac{7558}{T}-\lg a_{[C]}-6.765}}}{2\times 10^{\frac{7558}{T}-\lg a_{[C]}-6.765}} \tag{8-17}$$

由 $p_{CO_2}=1-p_{CO}$，求解 CO_2 分压 p_{CO_2} 与温度［C］浓度的关系式如下：

$$p_{CO_2} = 1 - \frac{-1+\sqrt{1+4\times 10^{\frac{7558}{T}-\lg a_{[C]}-6.765}}}{2\times 10^{\frac{7558}{T}-\lg a_{[C]}-6.765}} \tag{8-18}$$

求式（8-18）中的 $a_{[C]}$，需求以质量分数 1% 为标准态时碳的活度系数 $f_{C,\%}$，根据质量分数 1% 为标准态时碳的活度系数 $f_{C,\%}$ 与假想纯物质为标准态时的活度系数 $f_{C,x}$ 间的关系可根据下式进行推导：

$$f_{C,x} = f_{C,\%} \cdot \frac{[C](M_{Fe}-M_C)+100M_C}{100M_C} \tag{8-19}$$

将式（8-19）化简取对数可得：

$$\lg f_{C,\%} = \lg f_{C,x} + 1.44 - \lg([C] + 27.37) \tag{8-20}$$

由于高碳区内 Fe-C-O 三元系中氧含量极少，氧对碳的活度系数影响极小，可忽略，因而以假想纯物质为标准态时 Fe-C 二元系中碳的活度系数 $f_{C,x}$ 表示 Fe-C-O 三元系中碳的活度系数 $f_{C,x}$[10]，表达式如下：

$$\lg f_{C,x} = \frac{4350}{T}[1 + 0.0004(T - 1770)](1 - x_{Fe}^2) \tag{8-21}$$

将其代入式（8-20），整理可得 $f_{C,\%}$ 与温度和碳浓度的关系式，其中铁的摩尔分数 $x_{Fe}=1-x_C$，$x_C=1.27[C]/([C]+27.37)$。

$$\lg f_{C,\%} = 1.62\left(1 + \frac{730}{T}\right)\frac{[C]([C] + 69.52)}{([C] + 27.37)^2} + 1.44 - \lg([C] + 27.37) \tag{8-22}$$

将式（8-22）代入式（8-18），给［C］和 T 赋值可求出 p_{CO_2}。

8.3.2　石灰石热分解动力学研究

8.3.2.1　实验材料及步骤

采用 X 射线荧光光谱分析石灰石的化学成分，结果见表 8-9。将块状石灰石进行破碎研磨，依次用 40 目（450μm）、20 目（900μm）的筛子筛分得到不同粒径的石灰石粉末，在 110℃ 干燥箱中烘干 24h。采用 SDTQ600 同步热分析仪，将装有粒径为 450~900μm 的石灰石试样的氧化铝坩埚分别以 5K/min、10K/min、15K/min、20K/min、25K/min、30K/min 的升温速率从室温升温至 1000℃。气氛为氮气气氛，流量为 100mL/min。

表 8-9　石灰石的化学成分

组　分	CaO	SiO_2	Al_2O_3	MgO	Fe_2O_3	烧失量
质量分数%	55.25	0.43	0.30	0.23	0.11	43.68

8.3.2.2　石灰石分解动力学参数求解

图 8-11 所示为石灰石在 10℃/min 的升温速率下的 TG-DSC 曲线[23]。当温度达到 900K 时，石灰石进入热分解阶段，随着温度的升高石灰石质量快速下降，温度达到 1100K 时，石灰石质量不再变化，表明石灰石热分解结束，质量损失为 44%，与 $CaCO_3$ 分

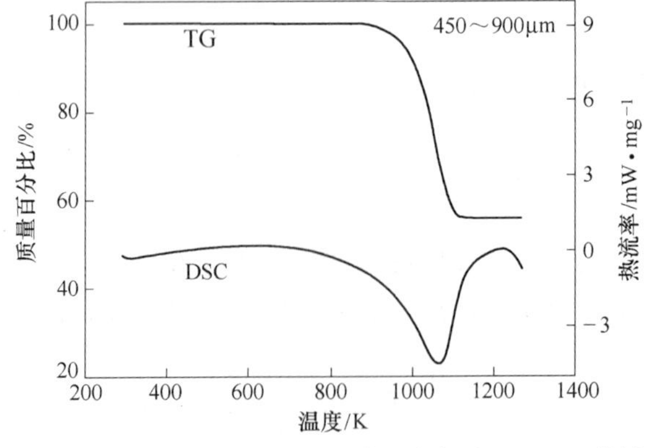

图 8-11　石灰石在 10℃/min 升温速率下 TG-DSC 曲线

解成 CaO 和 CO_2 的理论质量损失（44%）基本一致。在 900～1100K，DSC 曲线出现一个向下的峰，与石灰石分解失重过程相对应，说明石灰石分解反应为吸热反应。因此认为石灰石的质量损失台阶是由 $CaCO_3$ 分解成 CaO 放出 CO_2 引起的。

石灰石分解属于非均相复杂反应。根据非等温反应动力学理论，线性升温条件下固相分解反应的动力学方程为：

$$\frac{d\alpha}{dT} = \left(\frac{A}{\beta}\right)\exp\left(-\frac{E}{RT}\right)f(\alpha) \tag{8-23}$$

式中，A 为指前因子，s^{-1}；E 为活化能，J/mol；R 为通用气体常数，8.314J/(mol · K)；T 为反应温度，K；α 为温度为 T 时石灰石的分解率；$f(\alpha)$ 为热分解动力学微分形式机理函数。

热分析曲线动力学分析方法包括积分法和微分法。这里采用 Coats-Redfern 和 Flynn-Wall-Ozawa 积分法、Friedman-Reich-Levi 和 Kissinger 微分法。

Coats-Redfern 积分式：

$$\ln\left[\frac{G(\alpha)}{T^2}\right] = \ln\left(\frac{AR}{\beta E}\right) - \frac{E}{RT} \tag{8-24}$$

式中，$G(\alpha)$ 为积分形式机理函数。固定加热速率 β，由 $\ln[G(\alpha)/T^2]$ 对 $1/T$ 作图，用最小二乘法拟合数据，可以算出反应的表观活化能 E 及指前因子 A，从斜率得 E 值，截距得 A 值。

Ozawa 积分式：

$$\lg\beta = \lg\left(\frac{AE}{RG(\alpha)}\right) - 2.315 - 0.4567\frac{E}{RT} \tag{8-25}$$

由于不同升温速率 β 下各热谱峰顶温度 T_p 处各分解率 α 值近似相等，因此由 $\lg\beta$ 对 $1/T_p$ 作图，用最小二乘法拟合数据，可以算出反应的表观活化能 E 及指前因子 A，E 值由斜率计算得到。

Friedman-Reich-Levi 方程：

$$\ln\left(\frac{\beta d\alpha}{dT}\right) = \ln[Af(\alpha)] - \frac{E}{RT} \tag{8-26}$$

在不同加热速率 β 下，由 $\ln(\beta d\alpha/dT)$ 对 $1/T$ 作图，用最小二乘法拟合数据，可以算出反应的表观活化能 E 及指前因子 A，从斜率得 E 值，如果已知反应机理函数，截距可求 A 值。

Kissinger 方程：

$$\ln\left(\frac{\beta}{T_p^2}\right) = \ln\frac{AR}{E} - \frac{E}{RT_p} \tag{8-27}$$

在不同加热速率 β 下，由 $\ln[\beta/T_p^{\ 2}]$ 对 $1/T_p$ 作图，用最小二乘法拟合数据，可以算出反应的表观活化能 E 及指前因子 A，从斜率得 E 值，截距得 A 值。

不同升温速率对应的峰顶温度分别为 1041.15K、1066.15K、1088.15K、1102.15K、1115.15K 和 1125.15K。由 Kissinger 方法得到的 $\ln[\beta/T_p^{\ 2}]-1/T_p$ 曲线如图 8-12 所示。拟合曲线线性相关系数为 0.99583（R^2 数据开根号），斜率为−22385.84，截距为 9.28。计算得到反应活化能 E 为 186.12kJ/mol，指前因子 A 的对数值 $\lg A$ 为 8.38min^{-1}[24]。

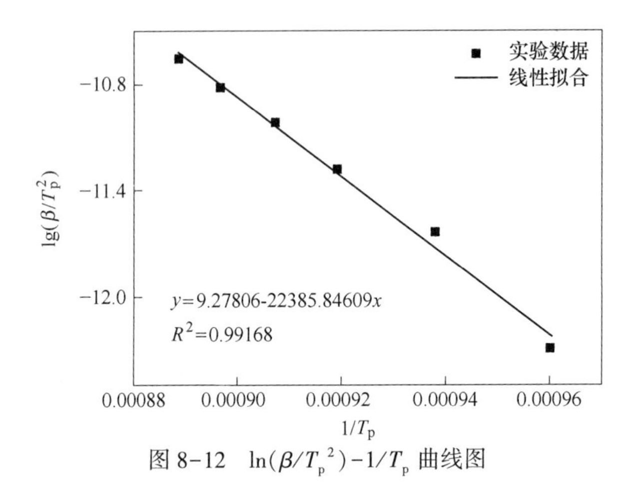

图 8-12　$\ln(\beta/T_p{}^2)-1/T_p$ 曲线图

由 Flynn-Wall-Ozawa 方法作 $\lg\beta-1/T_p$ 曲线，如图 8-13 所示。拟合曲线线性相关系数为 0.99661（R^2 数据开根号），斜率为 -10661.92，截距为 10.97，反应活化能 E 为 194.10kJ/mol[24]。

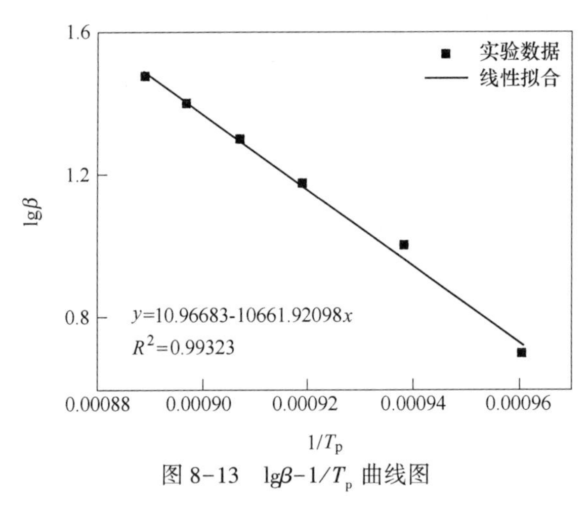

图 8-13　$\lg\beta-1/T_p$ 曲线图

8.3.2.3　石灰石分解机理函数确定

采用 Coats-Redfern 方法和 Friedman-Reich-Levi 方法研究石灰石非等温动力学。根据常用固相热分解反应动力学的机理函数，分别进行线性回归，线性相关系数绝对值越接近 1，说明相关程度越高，对应的机理函数越可靠[24]。

根据 Coats-Redfern 方法计算升温速率为 10K/min 的动力学回归结果见表 8-10。D3、R3、F1 三种机理函数拟合的相关系数更接近于 1，因此 D3、R3、F1 可能是石灰石热分解反应的机理函数[24]。

表 8-10　Coats-Redfern 方法计算石灰石动力学参数（β=10K/min）

机理	E/kJ · mo^{-1}	$\lg A$/min^{-1}	R^2
D3	419.4861244	19.28291	0.99913
R3	201.7337311	9.232435	0.99897
F1	214.4644742	9.994247	0.99825

续表 8-10

机理	E/kJ · mo^{-1}	lg$A$/min^{-1}	R^2
A2	99. 22320711	3. 948515	0. 99809
A3	60. 80945143	1. 832208	0. 99788
R2	196. 3591638	8. 909784	0. 99695
D4	404. 7643007	18. 41591	0. 99628
D2	397. 8521635	18. 66154	0. 99413

为了进一步确定 Coats-Redfern 方法计算石灰石动力学参数的可靠程度，对石灰石加热速率分别为 5K/min、15K/min、20K/min、25K/min 和 30K/min 的数据进行计算，结果见表 8-11。不同加热速率下拟合的相关系数都大于 0. 95，可靠程度较高[24]。

表 8-11 Coats-Redfern 方法计算石灰石动力学参数汇总

机理模型	动力学参数	β/K · min^{-1}				
		5	15	20	25	30
R2	E/kJ · mol^{-1}	161. 88	183. 19	188. 43	185. 44	151. 22
	lg$A$/min^{-1}	7. 00	8. 22	8. 48	8. 32	6. 48
	R^2	0. 99188	0. 99932	0. 99765	0. 99702	0. 94614
R3	E/kJ · mol^{-1}	167. 45	288. 44	196. 69	194. 52	163. 90
	lg$A$/min^{-1}	7. 34	11. 08	8. 94	8. 83	7. 18
	R^2	0. 98902	0. 99959	0. 99963	0. 99954	0. 96310
F1	E/kJ · mol^{-1}	180. 35	292. 43	216. 13	216. 62	163. 90
	lg$A$/min^{-1}	8. 12	11. 27	10. 02	10. 05	7. 18
	R^2	0. 97647	0. 99952	0. 99576	0. 99470	0. 96310
A2	E/kJ · mol^{-1}	82. 267	133. 90	99. 52	99. 67	90. 13
	lg$A$/min^{-1}	2. 82	4. 64	4. 09	4. 14	3. 64
	R^2	0. 97283	0. 99946	0. 99526	0. 99408	0. 98420
A3	E/kJ · mol^{-1}	49. 57	81. 06	60. 64	60. 68	54. 07
	lg$A$/min^{-1}	0. 95	2. 32	2. 00	2. 07	1. 73
	R^2	0. 96809	0. 99938	0. 99463	0. 99330	0. 97986
D2	E/kJ · mol^{-1}	328. 29	593. 62	377. 18	369. 88	295. 75
	lg$A$/min^{-1}	15. 20	23. 15	17. 29	16. 83	12. 86
	R^2	0. 99369	0. 999627	0. 99388	0. 99235	0. 93261
D3	E/kJ · mol^{-1}	350. 73	601. 52	410. 49	406. 33	345. 85
	lg$A$/min^{-1}	15. 88	22. 86	18. 47	18. 16	14. 89
	R^2	0. 98971	0. 999619	0. 99969	0. 99961	0. 96734
D4	E/kJ · mol^{-1}	335. 51	596. 25	387. 85	381. 41	310. 87
	lg$A$/min^{-1}	14. 97	22. 62	17. 23	16. 80	13. 02
	R^2	0. 99304	0. 99963	0. 99669	0. 99579	0. 94511

在不同加热速率 β 下，由于分解率 $\alpha<0.1$ 或 $\alpha>0.9$ 时，反应处于初始阶段或即将完成阶段，不能代表反应的真实过程，所以选取分解率 α 分别为 0.20、0.30、0.40、0.50、0.60、0.70 和 0.80。由 Friedman-Reich-Levi 方法得到的动力学回归计算结果、活化能和指前因子分别见表 8-12 和表 8-13。不同分解率下计算的石灰石热分解活化能的平均值为 196.98kJ/mol。不同机理函数对应的指前因子为 8min^{-1}左右。

表 8-12　Friedman-Reich-Levi 方法拟合结果及活化能

分解率 α	斜率	截距	E/kJ · mol^{-1}	R^2
0.20	-24268.25889	21.0977	201.77	0.99279
0.30	-23000.23242	19.7741	191.22	0.99869
0.40	-24712.94620	21.2983	205.46	0.98786
0.50	-23537.25934	20.0955	195.69	0.99030
0.60	-24189.26796	20.5699	201.11	0.99208
0.70	-23144.90361	19.4275	192.43	0.99350
0.80	-22991.64534	19.0004	191.15	0.98511

表 8-13　Friedman-Reich-Levi 方法指前因子

α	lg$A$/min^{-1}							
	R2	R3	F1	A2	A3	D2	D3	D4
0.20	9.21	9.63	9.26	9.28	9.22	8.51	7.91	7.87
0.30	8.67	8.94	8.74	8.66	8.56	8.14	7.56	7.51
0.40	9.36	9.52	9.47	9.32	9.19	8.96	8.42	8.34
0.50	8.88	8.93	9.03	8.81	8.66	8.57	8.07	7.97
0.60	9.13	9.08	9.33	9.05	8.88	8.90	8.44	8.31
0.70	8.70	8.54	8.96	8.62	8.43	8.52	8.13	7.95
0.80	8.60	8.32	8.95	8.55	8.34	8.46	8.16	7.93
平均	8.81	8.88	9.001	8.81	8.67	8.41	7.95	7.82

通过 Malek 法来确定最概然机理函数，进而判断石灰石热分解机理。对石灰石动力学计算结果分析得 $y(\alpha)-\alpha$ 曲线，如图 8-14 所示。实验曲线 e 与 R3 曲线十分接近且基

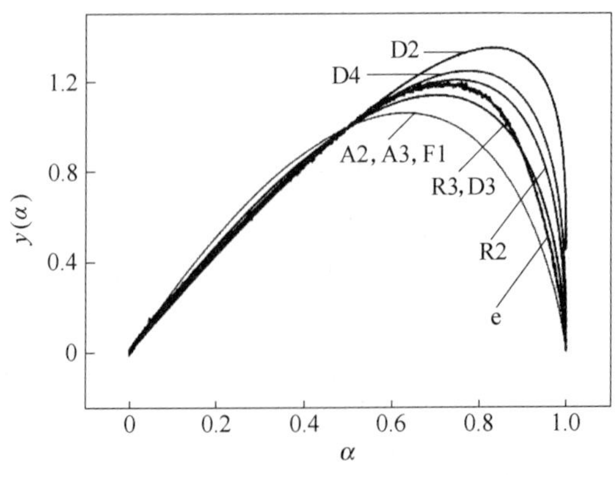

图 8-14　石灰石热分解 $y(\alpha)-\alpha$ 曲线

本重合。由此可以判断石灰石的分解机理函数为 R3。其微分和积分形式机理函数分别为 $f(\alpha)=(1-\alpha)^{2/3}$ 和 $G(\alpha)=3[1-(1-\alpha)^{1/3}]$。

根据计算得到石灰石动力学微分方程为[24]：

$$\frac{d\alpha}{dT}=\left(\frac{A}{\beta}\right)\exp\left(-\frac{E}{RT}\right)f(\alpha)=\left(\frac{10^{8.83}}{\beta}\right)\exp\left(-\frac{23421.94}{T}\right)(1-\alpha)^{2/3} \tag{8-28}$$

8.4 CO_2 在 AOD 炉不锈钢冶炼的资源化

面对与日俱增的环保压力和市场压力，如何降低钢铁生产过程中的废气、污染物排放以及如何降低能耗、节约成本成为诸多学者们关注的热门问题。目前世界最先进的减排技术难以再突破，循环利用 CO_2 气体成为新的发展趋势[25]。在 AOD 炉冶炼不锈钢的过程中，需要喷吹大量的 Ar 和 O_2 降低钢液中的一氧化碳气体分压，促进碳氧反应的进行，从而达到脱碳保铬的目的。结合 CO_2 的高温特性，其弱氧化性可以替代 O_2 与熔池内的元素发生氧化反应，生成产物 CO 可替代部分 Ar 的搅拌功能，改善熔池动力学条件[26]。若能使用 CO_2 代替 Ar 和 O_2 冶炼不锈钢，熔池内的富余热量降低，有利于实现熔池温度控制，提高氧枪寿命，减少钢铁行业 CO_2 气体排放，有效控制成本。

本节主要从 CO_2 与钢液中碳、铬等元素反应的热力学角度出发，研究 CO_2 应用于 AOD 不锈钢冶炼过程的可行性以及熔池内元素变化趋势，通过热力学计算确定合适的 CO_2 喷吹比例，为后期的实验研究及工业生产提供理论依据。

8.4.1 热力学计算条件

为了分析钢液中各元素与 CO_2 的亲和力，了解不同元素间的氧化顺序，计算各元素与 CO_2 反应的标准吉布斯自由能 $\Delta_r G^{\ominus}$，并将其折算成各元素与 1mol CO_2 反应，分析 CO_2 代替 Ar-O_2 的可行性。计算初始条件设定见表 8-14。

表 8-14 FactSage 计算初始条件

组别	钢液组分	CO_2 体积分数	O_2 体积分数	CO_2-O_2 混合气体总流量
1	20gC+240gCr+125gNi+615gFe	0	100%	800L/h
2		20%	80%	
3		40%	60%	
4		50%	50%	
5		100%	0	

8.4.2 计算结果分析

8.4.2.1 钢液中元素的氧化

AOD 炉冶炼不锈钢过程中，CO_2 与钢液中的 C、Cr、Fe、Si 等元素均可发生反应，因此在 CO_2 气氛下碳和铬的氧化顺序及氧化转化温度（图 8-15）是 CO_2 能否应用于 AOD 炉冶炼不锈钢的先决条件。

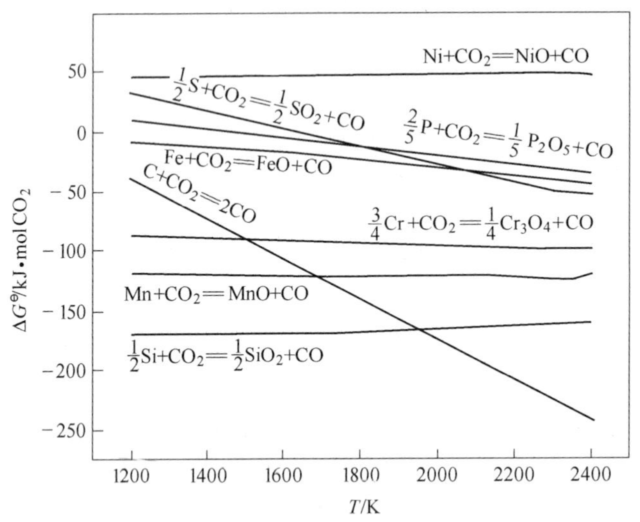

图 8-15　各元素与 CO_2 反应的吉布斯自由能与温度 T 的关系

利用热力学软件，得到钢液中 CO_2 与各元素反应的 $\Delta_r G^\ominus$ 与温度的关系，如图 8-15 所示。在溶于钢液的标准态下，铬和碳处于溶解状态，Cr 与 C 关系曲线交点处的反应如下：

$$3[Cr] + 4CO = 4[C] + Cr_3O_4,\quad \Delta_r G^\ominus = -254885 + 162.01T \tag{8-29}$$

当 $\Delta_r G^\ominus = 0$ 时，$T_{转} = 1573K$，即在标准态时高于 1573K 时碳先被氧化，低于 1573K 时铬先被氧化。但是实际冶炼过程并非标准态，根据 van't Hoff 等温式：

$$\Delta_r G = \Delta_r G^\ominus + RT\ln \frac{a_C^4 \cdot a_{Cr_3O_4}}{a_{Cr}^3 \cdot \left(\frac{p_{CO}}{p^\ominus}\right)^4} = \Delta_r G^\ominus + RT\ln \frac{f_C^4 \cdot w_{[C]}^4}{f_{Cr}^3 \cdot w_{[Cr]}^3 \cdot \left(\frac{p_{CO}}{p^\ominus}\right)^4} \tag{8-30}$$

式中，R 为标准摩尔气体常数；T 为温度，K；a 为物质的活度；f 为物质的活度系数；p_{CO} 为一氧化碳分压，Pa；$w[C]$ 为钢液中碳的质量分数；$w[Cr]$ 为钢液中铬的质量分数。

以常见的奥氏体不锈钢（0Cr18Ni9）为例，AOD 炉钢液成分约为：$w[Cr]=25\%$，$w[Ni]=12.5\%$，$w[C]=1.5\%$，当 CO 分压为 1atm 时，反应如下：

$$3[Cr] + 4CO = 4[C] + Cr_3O_4,\quad \Delta_r G = -254885 + 143.35T \tag{8-31}$$

当温度高于 1506℃时，钢液中的碳优先被 CO_2 氧化，其他条件下的氧化转化温度见表 8-15。喷吹 CO_2 时的氧化转化温度略高于喷吹 O_2 时的转化温度，且在 AOD 炉冶炼过程的温度区间内（超低碳钢除外），基于最小 Gibbs 自由能原理，CO_2 代替 O_2 冶炼不锈钢是可行的。

表 8-15　不同条件下［C］和［Cr］的氧化转化温度计算结果

实例	钢液成分/%			p_{CO}/Pa	$\Delta_r G$/J · mol^{-1}	氧化转化温/℃	
	$w[Cr]$	$w[Ni]$	$w[C]$			O_2	CO_2
1	12	9	0.35	101325	−254885+135.879T	1549	1603
2	12	9	0.10	101325	−254885+124.346T	1728	1777
3	12	9	0.05	101325	−254885+118.381T	1837	1880

续表 8-15

实例	钢液成分/%			p_{CO}/Pa	$\Delta_r G$/J · mol^{-1}	氧化转化温/℃	
	w[Cr]	w[Ni]	w[C]			O_2	CO_2
4	10	9	0.05	101325	−254885+120.424T	1802	1844
5	18	9	0.35	101325	−254885+130.632T	1626	1678
6	18	9	0.10	101325	−254885+119.117T	1821	1867
7	18	9	0.05	101325	−254885+113.134T	1943	1980
8	18	9	0.35	67550	−254885+134.003T	1575	1629
9	18	9	0.05	50662	−254885+118.897T	1827	1871
10	18	9	0.05	20265	−254885+126.515T	1691	1742
11	18	9	0.05	10132	−254885+132.278T	1601	1654
12	18	9	0.02	5066	−254885+130.291T	1631	1683
13	18	9	1.00	101325	−254885+142.219T	1461	1519
14	18	9	4.50	101325	−254885+170.117T	1164	1225

8.4.2.2 钢液含碳量及 p_{CO} 对反应平衡的影响

在冶炼过程中钢液元素含量是不断变化的，尤其是钢液中的碳含量。在不同碳含量下，碳和铬的氧化转化温度如图 8-16 所示。当含碳量大于 0.35%时碳和铬的氧化转化温度均在 1680℃以下。随着碳含量的降低，氧化转化温度升高且升温速率加快，当碳含量降低至 0.35%以下时，氧化转化温度迅速升高至 1700℃以上，在 AOD 精炼过程中很难达到。

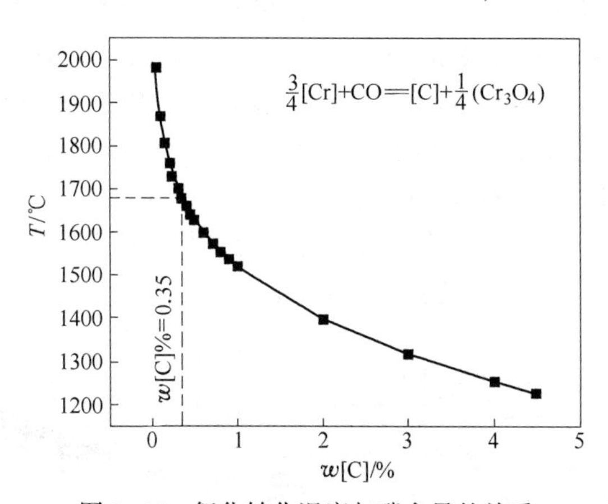

图 8-16　氧化转化温度与碳含量的关系

AOD 冶炼过程中的高碳区，采用 CO_2 部分代替 Ar−O_2 进行吹炼。CO_2 与［C］的反应是吸热反应，且对冶炼温度的要求相对较低，反应生成的 CO 气体虽然能改善熔池动力学条件，但同时也增加了 CO 分压。不同含碳量条件下 CO 的平衡分压与温度的关系如图 8-17 所示。随着冶炼温度的升高，CO 平衡分压升高，碳含量越高，CO 平衡分压越高。当［C］低于 0.35%时，在满足氧化转化温度的条件下，CO 的平衡分压低于 0.40atm 才能使脱碳反应顺利进行，但钢液中的 CO 分压越小，越不利于 CO 气体排出，因此在低碳区不宜使用 CO_2 代替 Ar−O_2。

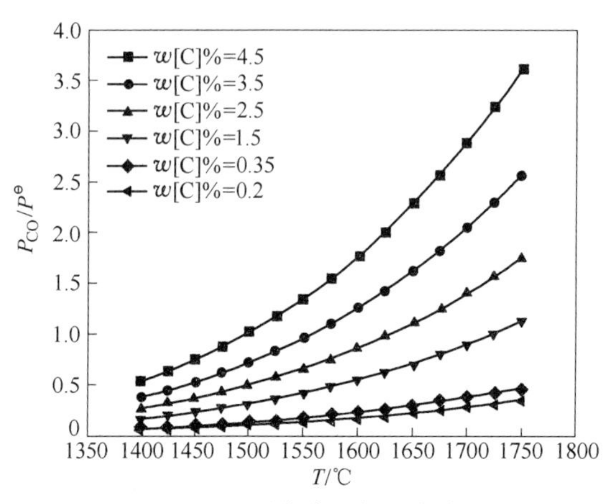

图 8-17　CO 平衡分压与温度关系图

8.4.2.3　不同 CO_2 喷吹比下的脱碳反应计算

AOD 炉吹炼过程分三期：第一期吹炼 Ar∶O_2 为 1∶3，终点碳含量控制在 0.2%～0.3%；第二期吹炼 Ar∶O_2 为 1∶1，终点碳含量控制在 0.04%～0.06%；冶炼超低碳不锈钢时需增加第三期吹炼，Ar∶O_2 为 3∶1，终点碳含量控制在 0.03%以下。

以 309S 耐热不锈钢为例，利用 FactSage 计算 1600℃时钢液与 CO_2-O_2 气体的反应进度，吹炼过程中钢液的 C 含量随时间的变化如图 8-18(a) 所示，随着 CO_2 含量的增加，钢液中的 C 含量增加，脱碳速率明显降低，当 CO_2 含量为 50%时，吹炼至 60min 后可以达到 AOD 炉第一期冶炼过程的要求；当 CO_2 含量高于 50%时，吹炼 60min 后碳含量大于 0.3%，不能达到第一期冶炼的要求，同时为保证冶炼过程中钢液温度，高比例喷吹 CO_2 时需额外增加热源。吹炼过程中钢液的 Cr 含量变化如图 8-18(b) 所示。随着冶炼时间的增加，铬含量升高，这是由于在吹炼过程中钢液中的铁、铬、镍等元素的氧化，总质量降低，因此铬含量逐渐升高。当喷吹 CO_2 比例分别为 0%和 20%，吹炼时间分别为 45min 和 50min 时，铬含量降低，这是由于随着脱碳反应的进行，碳含量不断降低，结合钢液中元素氧化条件的分析，铬被氧化。从图 8-18(a) 中可以看出此时钢液中的碳恰好低于

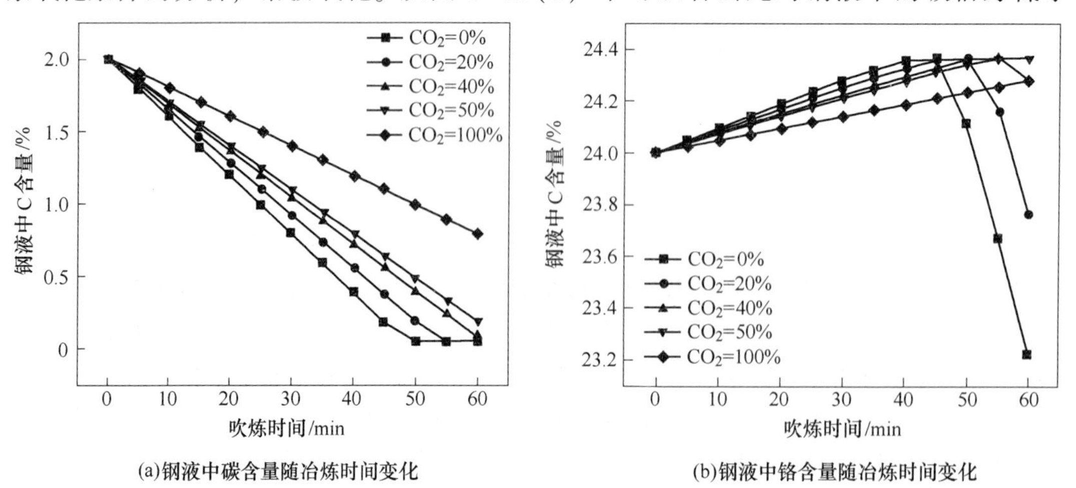

(a)钢液中碳含量随冶炼时间变化　　(b)钢液中铬含量随冶炼时间变化

图 8-18　钢中 C 及 Cr 含量随冶炼时间的变化

0.35%，因此当钢液中的碳含量降低至 0.35%以下时，应严格控制喷吹气体流量与成分，控制氧化反应速率，减少铬的损失。

8.5 转炉炼铜的喷吹原理

铜是国家重要的战略性资源，传统的炼铜工艺因高污染、高能耗、低效率等问题而逐渐被许多先进的炼铜工艺所取代，其中氧气底吹炼铜是拥有中国自主知识产权的炼铜新工艺。伴随熔炼、精炼工艺的发展与完善，PS 转炉吹炼工艺已成为约束冶炼厂炼铜洁净化的突出矛盾。本节提出采用 CO_2 代替部分 O_2 进行混合喷吹冶炼的设想，不仅能够使 CO_2 循环再利用，降低成本；还可降低炼铜氧耗，为创造环境友好型社会奠定基础。

8.5.1 铜冶炼工艺

从矿山开采出的铜矿先进行选矿，生产出含铜品位较高的精矿，然后送到冶炼厂进行"铜冶炼"，流程如图 8-19 所示。不同矿料与石英等熔剂按一定比例混合，混合物料通过皮带传输进入底吹炉进行熔炼，利用底部氧枪将氧气和空气送入熔炼炉的铜锍层，熔炼产生的冰铜运至 PS 转炉进行吹炼，吹炼产生的粗铜进入精炼炉进行火法精炼，精炼后的铜液经圆盘浇铸机浇铸成阳极板，阳极板运往电解车间进行电解精炼得到高纯阴极铜产品。电解后产生的阳极泥运往稀贵分厂进行金、银、铂、钯等有价金属的综合提取。

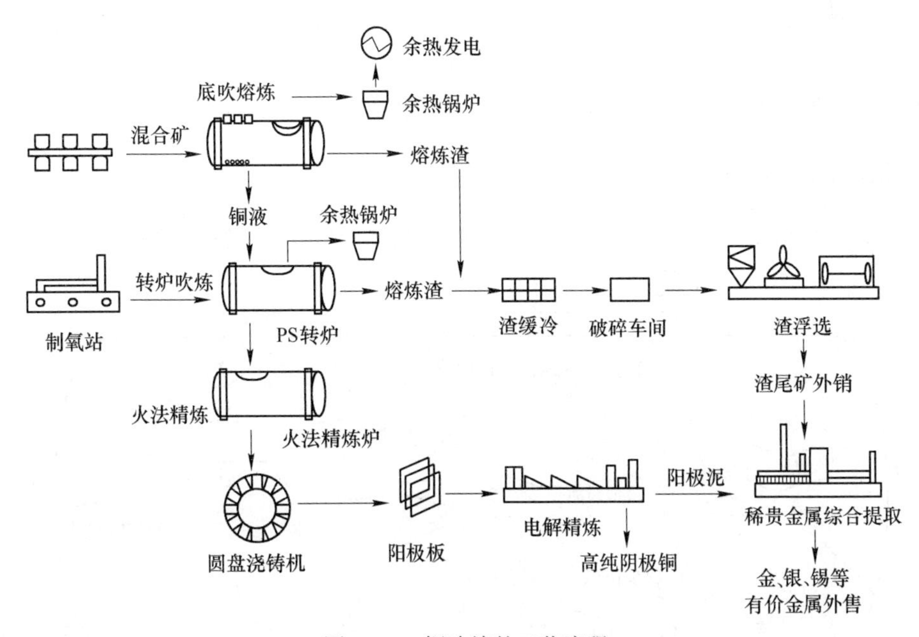

图 8-19 铜冶炼的工艺流程

熔炼渣、吹炼渣经缓冷场缓冷后进行渣选矿，渣精矿返炉熔炼，渣尾矿提铁后外售。熔炼、吹炼产生的烟气经余热锅炉降温，电收尘器收尘进入脱硫系统制取硫酸。

8.5.2　底吹炼铜炉体结构

氧气底吹炼铜工艺炉体是一种类似于诺兰达炉或特尼恩特炉的卧式圆筒回转反应炉，如图 8-20 所示。炉体尺寸为 ϕ4.4m×16.5m，内衬砖为铬镁砖。氧气和空气从炉底的氧枪喷入高温熔体内部。炉底的 9 个氧枪分成两排安装，氧枪分为两层，内层输送氧气，外层输送空气。

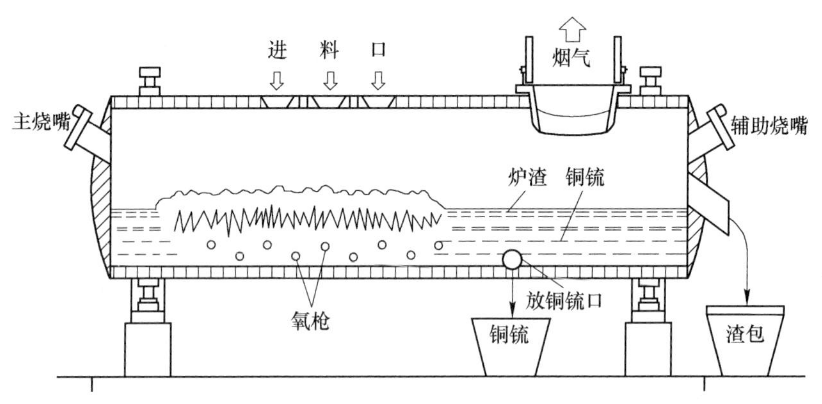

图 8-20　氧气低吹炉示意图

由不同矿料混合的铜精矿与石英等混合物料经皮带由炉体上部的进料口加入炉内，被卷入至高温熔体中，发生强烈的氧化反应和造渣反应。富氧空气由炉体底部的氧枪输送进入铜锍层，高速分裂成微小的气流，并分散在高温熔体中，气相和液相接触良好，从而强化了冶炼反应效率。从弥散冶金的观点看，底吹熔炼是把气相高度分散到液相中，接触面积大，化学反应迅速。从仿真模拟的效果图看，炉内反应传热、传质好，从高温熔体底部摄入的氧气，形成气-液-固三相乳浊液，搅拌均匀、反应迅速，氧气在底吹炉底部高速搅动，使铜锍不断反复冲洗精矿，提高了金属的捕集率。

8.5.3　底吹炼铜熔炼的机理

通过深入分析熔炼过程，建立的机理模型如图 8-21 所示。富氧底吹熔炼炉从上到下

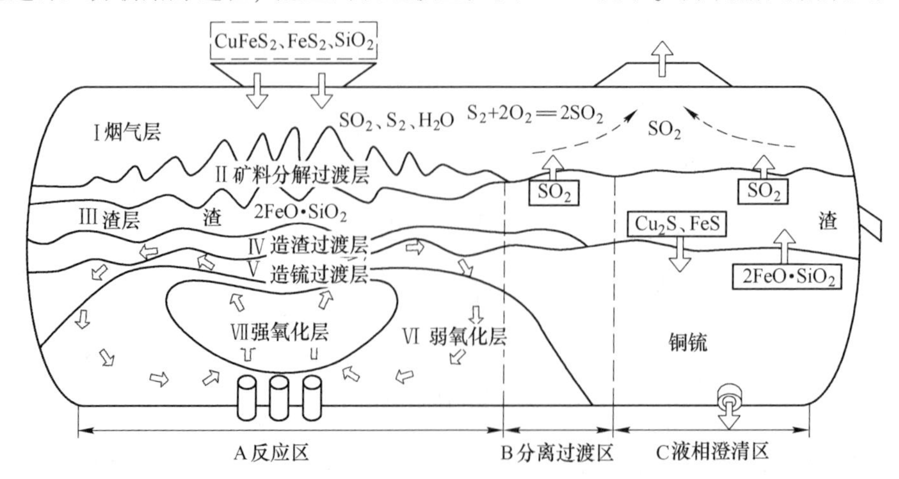

图 8-21　氧气底吹熔炼机理模型截面示意图

分为 7 个功能层，分别是烟气层、矿料分解过渡层、渣层、造渣过渡层、造锍过渡层、弱氧化层和强氧化层，其中渣层和造渣过渡层统称为炉渣层，造锍过渡层、弱氧化层和强氧化层统称为冰铜层；沿轴线方向分成 3 个功能区，分别是反应区、分离过渡区、液相澄清区[27]。

熔炼过程中每个功能层分别发生的反应如下：

（1）烟气层：

$$H_2O(l) = H_2O(g) \tag{8-32}$$

$$S_2(g) + 2O_2(g) = 2SO_2(g) \tag{8-33}$$

$$Me_xS_y(g/s) + \left(\frac{xn}{2w} + y\right)O_2(g) = \frac{x}{w}Me_xO_n(g/s) + ySO_2(g) \tag{8-34}$$

（2）矿物分解过渡层：

$$4CuFeS_2(s) = 2Cu_2S(s) + 4FeS(s) + S_2(g) \tag{8-35}$$

$$2FeS_2(s) = 2FeS(s) + S_2(g) \tag{8-36}$$

（3）造渣过渡层：

$$2FeO(l) + SiO_2(s) = 2FeO \cdot SiO_2(l) \tag{8-37}$$

（4）造锍过渡层：

$$FeS(l) + Cu_2O(l) = FeO(l) + Cu_2S(l) \tag{8-38}$$

$$3Fe_3O_4(s) + FeS(l) = 10FeO(l) + SO_2(g) \tag{8-39}$$

$$10Fe_2O_3(s) + FeS(l) = 7Fe_3O_4(s) + SO_2(g) \tag{8-40}$$

$$FeS(l) + 3Fe_3O_4(s) + 5SiO_2(s) = 5(2FeO \cdot SiO_2)(l) + SO_2(g) \tag{8-41}$$

（5）强氧化层：

$$2FeS(l) + 3O_2(g) = 2FeO(l) + 2SO_2(g) \tag{8-42}$$

$$2Cu_2S(l) + 3O_2(g) = 2Cu_2O(l) + 2SO_2(g) \tag{8-43}$$

$$6FeO(l) + O_2(g) = 2Fe_3O_4(s) \tag{8-44}$$

与其他铜冶炼工艺相比，氧气底吹铜冶炼工艺具有显著的优势。原料的适应性强，能够处理多种矿种，包括低品位的复杂矿石；能量利用效率高，硫和铁氧化产生的热量能够维持熔池熔炼所需的温度；可生产高品位冰铜，作业率高；炉内的富氧浓度高能够保证炉内维持一定的负压，烟尘不会外溢，工作环境干净无污染；炉内不易形成“泡沫渣”。

8.5.4 PS 转炉吹炼铜锍

全世界约 85%的冰铜采用 PS 转炉吹炼，将熔炼过程得到的铜锍送至 PS 转炉进行吹炼，在空气或氧气的作用下使铜熔体中的杂质氧化成氧化物，进入渣中，利用还原剂将溶解在熔体中的氧去除，同时投放冷料吸收剩余热量，最终形成粗铜。转炉吹炼整个过程包括造渣期和造铜期两个阶段[28]。造渣期产生的炉渣密度较小，浮于上层，定期排出，下层白铜锍 Cu_2S 进入造铜期，粗铜由钢包运至火法精炼车间进行精炼。在吹炼过程中，发生的反应几乎全是放热反应，放出的热量足以维持 1200℃下的高温进行自热熔炼。

由于 PS 转炉吹炼过程是间歇式熔池反应过程，产生的烟气量和烟气浓度波动范围大，炉口漏风及 SO_2 烟气泄漏，会阻碍制酸过程。另外，由于吹炼过程的进料和放渣操作，使烟气散逸到车间污染环境，因此，采用 PS 转炉吹炼，应选择合适的烟气净化及制酸工艺，保证低空污染等环保问题的实现。

造渣期基本反应为

$$2FeS + 3O_2 = 2FeO + 2SO_2 + Q \tag{8-45}$$

$$2FeO + SiO_2 = 2FeO \cdot SiO_2 + Q \tag{8-46}$$

$$6FeO + O_2 = 2Fe_3O_4 + Q \tag{8-47}$$

$$FeS + 3Fe_3O_4 + 5SiO_2 = 5(2FeO \cdot SiO_2) + SO_2 + Q \tag{8-48}$$

$$Cu_2S + 2Fe_3O_4 = 2Cu + 6FeO + SO_2 \tag{8-49}$$

造铜期基本反应[29]为

$$2Cu_2S + 3O_2 = 2Cu_2O + 2SO_2 + Q \tag{8-50}$$

$$Cu_2S + 2Cu_2O = 6Cu + SO_2 - Q \tag{8-51}$$

8.5.5　PS 转炉喷吹 CO_2+O_2 设想

调整产业结构，改变经济增长方式，发展低碳经济，减少 CO_2 排放，是当前的重要任务之一。若将 CO_2 循环资源化再利用，既可以降低成本，又可以创造环境友好型社会。采用 CO_2+O_2 混合底吹炼铜工艺可降低炼铜氧耗，与采用 O_2 相比体系温度降低，因此采用部分 CO_2 能够有效控制熔池温度，延长炉体内衬寿命，有助于改善现有转炉冶炼中熔池温度过高、转炉炉衬寿命较短的缺点；CO_2 与 O_2 共同搅拌熔池，相当于 CO_2 在“稀释”O_2 的同时，又保证了搅拌的动力学条件，起到均匀钢液的作用；CO_2 可用作氧枪冷却剂、炉壳焊接保护气；喷吹 CO_2+O_2 混合气体，可以达到控制体系内的氧分压和实现温度平衡的目的，有利于底吹炉熔炼能力的提高[30]。

参 考 文 献

[1] 张春霞，胡长庆，严定鎏，等．温室气体和钢铁工业减排措施［J］．中国冶金，2007，17（1）：7-12.

[2] 于冰．中国钢铁工业产业共生及碳减排效应影响机制［D］．北京：清华大学，2015.

[3] Figueroa J，Fout T，Plasynski S，Mcilvried H，Srivastava R. Advances in CO_2 Capture Technology-The US Department of Energy's Carbon Sequestration Program［J］. International Journal of Greenhouse Gas Control，2008，2（1）：9-20.

[4] 吕明，朱荣，毕秀荣，等．二氧化碳在转炉炼钢中的应用研究［J］．北京科技大学学报，2011（s1）：126-130.

[5] 毕秀荣，吕明．CO_2 在炼钢工艺的应用及发展［J］．钢铁，2012，47（3）：1-5.

[6] 武郁璞．基于 CO_2 在炼钢工艺应用及发展的分析［J］．河南科技，2014（19）：69-70.

[7] 赵宏欣．转炉冶炼过程耦合强化与 CO_2 溅渣护炉及润湿性的研究［D］．北京：中国科学院研究生院，2010.

[8] Li M，Song L，Wu Y. Multiscale coupling of pore structure evolution with decomposition kinetics of limestone［J］. Chemical Engineering & Technology，2015，38（10）：1793-1801.

[9] 于艳敏，毕万利，蔺德忠，等．石灰石晶形结构对煅烧石灰活性的影响［J］．辽宁科技大学学报，2015，38（2）：88-92.

[10] 李宏，冯佳，李永卿，等．转炉炼钢前期石灰石分解及 CO_2 氧化作用的热力学分析［J］．工程科学学报，2011（s1）：83-87.

[11] 杜玉涛，董大西，朱荣，等．转炉石灰石造渣留渣操作工艺实践［J］．炼钢，2015，31（3）：74-78.

[12] 朱道良，王青．舞钢转炉炼钢石灰石代替部分石灰的工艺实践［J］．宽厚板，2015，21（3）：29-31.

[13] 冯佳，年武，李晨晓，等．石灰石在转炉中与铁水相互作用研究［J］．材料与冶金学报，2014，13（2）：119-124.

[14] 李明周，童长仁，黄金堤，等．底吹炼铜工艺全流程模拟计算［J］．过程工程学报，2016，16（6）：1028-1037.

[15] 李洪臻．浅淡富氧底吹炉熔池炼铜新工艺［J］．山西冶金，2016，39（1）：91-93.

[16] 崔志祥，申殿邦，王智，等．高富氧底吹熔池炼铜新工艺［J］．有色金属（冶炼部分），2010（3）：17-20.

[17] 潘贻芳，赵宏欣，吴燕，等．120t 复吹转炉溅渣动力学冷态模拟及应用［J］．炼钢，2013，29（3）：1-5.

[18] Zhao H X，Yuan Z F，Wang W J，et al. A Novel Method of Recycling CO_2 for Slag Splashing in Converter［J］. Journal of Iron and Steel Research，International，2010，17（12）：11-16.

[19] Wang C，Ryman C，Dahl J. Potential CO emission reduction for BF - BOF steelmaking based on optimised use of ferrous burden materials［J］. International Journal of Greenhouse Gas Control，2009，3（1）：29-38.

[20] 张利娜，潘贻芳，袁章福，等．转炉复吹与石灰石造渣行为控制技术的研究［J］．有色金属科学与工程，2015（3）：16-21.

[21] 李自权，李宏，郭洛方，等．石灰石加入转炉造渣的行为初探［J］．炼钢，2011，27（2）：33-35.

[22] Li H，Guo L F，Li Y Q，et al. Industrial Experiments of Using Limestone Instead of Lime for Slagging during LD-Steelmaking Process［J］. Advanced Materials Research，2011，233-235：2644-2647.

[23] 张利娜．石灰石热分解及其在转炉炼钢中的应用研究［D］．北京：北京大学，2017.

[24] 张利娜，袁章福，李林山，等．石灰石热分解动力学模型研究［J］．有色金属科学与工程，2016，7（6）：13-18.

[25] 严珺洁．超低二氧化碳排放炼钢项目的进展与未来［J］．中国冶金，2017，27（2）：6-11.

[26] Yuan Zhangfu，Yang Xiao，Lu Zhixing，Huang Jiangning，Pan Yifang，Ma Enxiang. Jet behaviors and metallurgical performance of an innovated double-parameter oxygen lance in BOF［J］. Journal of Iron and Steel Research International，2007，14（3）：1-6，41.

[27] Wang Qinmeng，Guo Xueyi，Tian Qinghua. Copper smelting mechanism in oxygen bottom-blown furnace［J］. Transactions of Nonferrous Metals Society of China，2017，27（4）：946-953.

[28] 贺慧敏，廖胜明，刘骁浚，等．PS 转炉吹炼造渣期冷量及其影响因素的研究［J］．冶金能源，2014，33（4）：29-34，64.

[29] 杨理强，赵洪亮，张立峰．CCS 铜冶炼厂转炉生产模式的实践［J］．中国冶金，2017，27（1）：58-64.

[30] 姜平国，闫永播，刘金生，等．铜渣在 CO_2-CO 混合气体中焙烧实验研究［J］．有色金属科学与工程，2018，9（1）：28-33.